KB125336

PANDORA'S LAB

생명을 위협하는

# 과학 뒤집기

생명을 위협하는

**과학 뒤집기**



**초판 1쇄 인쇄일** 2019년 11월 1일
**초판 1쇄 발행일** 2019년 11월 10일

**지은이** 폴 A. 오핏 **옮긴이** 곽영직
**펴낸이** 김지영 **펴낸곳** 지브레인Gbrain
**편집** 김현주
**마케팅** 조명구 **제작 · 관리** 김동영

**출판등록** 2001년 7월 3일 제2005-000022호
**주소** 04021 서울시 마포구 월드컵로7길 88 2층
**전화** (02)2648-7224 **팩스** (02)2654-7696

ISBN 978-89-5979-627-4 (03400)

- 책값은 뒤표지에 있습니다.
- 잘못된 책은 교환해 드립니다.

PANDORA'S LAB

판도라 랩

## 생명을 위협하는

# 과학 뒤집기

위대한 발견인가? 인류의 재앙인가?

폴 A. 오핏, M.D.

식사 때마다 그리고 휴가 중에도

인내심을 발휘하여

로타바이러스에 대한

내 이야기를 들어준 나의 아내 보니와

모든 것을 보라 있는 일로 바꾸어 놓는

나의 아이들 윌과 에밀리에게 이 책을 바친다.

그러나 (판도라는) 손으로 항아리 뚜껑을 열어

모든 슬픔과 악의 원인이 되는 것들을

세상에 흩어지게 했다…….

《노동과 나날 Works and Days》 헤시오도스 Hesiod

Contents

# 서언

발명은 아무것도 없는 것에서 무엇을 창조하는 것이 아니라
혼돈 속에서 무엇을 만들어내는 것이다.

메리 셸리Mary Shelley

필라델피아에 있는 프랭클린 연구소에는 벤저민 프랭클린 국립 기념관이 있다. 1824년에 설립된 이 연구소는 미국에서 가장 오래 된 과학 교육 센터 중 하나이다.

2014년에 이 연구소에서는 '세상을 바꾼 101가지 발명' 전시회를 개최했다. 과학 작가인 아들과 함께 이 전시회를 방문하기 전에 우리는 어떤 발명이 101가지 과학 발명에 선정되었을지를 예측해 보았다. 우리는 많은 발명을 제대로 예측했지만 일부는 전혀 예상 외였다.

가장 중요한 발명 세 가지는 저온살균법, 종이 그리고 조절된 불이었다. 그리고 돛, 에어컨, GPS도 포함되어 있었으며, 전화,

생명체 복제, 알파벳, 페니실린, 물레, 예방 접종, 트랜지스터 라디오, 이메일, 아스피린도 한 자리를 차지하고 있었다. 우리가 전혀 예측하지 못했던 것은 화약(20번)과 원자폭탄(30번)이었다. 이 두 가지가 좋은 일보다는 나쁜 일에 더 많이 사용되었다는 것은 이론의 여지가 없다. 따라서 이 전시회의 제목은 '세상을 바꿨거나 나쁘게 만든 101가지 발명'이라고 바꾸는 것이 좋을 것 같다는 생각을 했다.

지난 몇 년 동안 나는 의사, 과학자, 인류학자, 사회학자, 심리학자, 회의론자 그리고 친구들에게 그들이 생각하는 최악의 발명 목록을 만들어 달라고 부탁해 50명으로부터 답을 들을 수 있었다.

처음에는 가장 많은 생명을 앗아간 발명으로 한정할 생각이었다. 그러나 냉매로 사용되던 프레온과 같이 환경에 해를 주는 발명에도 관심을 갖게 되었다. 그 결과 가장 놀라운 발명이면서 오늘날에도 그 영향이 남아 있는 발명들의 목록을 선정했다.

최종적으로 선정된 세상을 위험에 빠지게 한 일곱 가지 발명은 다음과 같다

**6000년 전**에 수메리아인들이 '쾌락의 식물'이라고 부르는 식

물을 발견했다. 이 식물로 만든 약물은 오늘날에도 미국에서 매년 2만 명의 목숨을 앗아가고 있다. 미국의 젊은이들은 교통사고보다 이 약물에 의해 더 많은 목숨을 잃는다.

1901년에 한 독일 과학자가 식품 산업에 혁명적인 변화를 가져온 실험을 했다. 100년 후 뉴잉글랜드 의학 저널의 편집자가 '1칼로리를 기준으로 할 때 이 식품이 다른 어떤 식품보다 심장 질환의 위험을 상승시키는 것으로 밝혀졌다' 라고 말했다. 하버드 공중보건 대학원은 미국 식생활에서 이것을 제거하면 매년 25만 명의 심장 질환을 예방할 수 있을 것이라고 추정했다.

1909년 독일 과학자에게 노벨상을 안겨준 화학 반응으로 인해 전 세계의 70억 명 이상의 사람들에게 식량을 공급할 수 있었다. 하지만 이 화학 반응으로 만들어진 물질에 대해 어떤 조치를 하지 않는다면 이것이 지구상의 생명체를 끝내 버릴 수도 있을 것이다.

1916년 뉴욕 시의 보수주의자들이 발표한 과학 논문을 근거로 의회는 이민을 엄격하게 제한하는 일련의 이민법을 통과시켰다.

이 논문은 수만 명의 미국 시민들이 강제로 불임시술을 받도록 했으며, 아돌프 히틀러가 600만의 유대인을 학살하는 과학적 근거를 제공했다. 도널드 트럼프 같은 정치인들이 멕시코 이민자들을 '강간범들'과 '살인자들'이라고 모욕하는 것에서 오늘날에도 이 논문의 영향이 남아 있다는 것을 알 수 있다.

1935년에 포르투갈의 신경과 전문의가 정신병을 수술로 치료하는 방법을 발명하고 노벨상을 받았다. 수술에 5분밖에 걸리지 않는 이 치료 방법은 존 F. 케네디 대통령의 여동생에게도 시술되었고, 이로 인해 그녀는 영구 정신장애자로 살아야 했다.

이 수술은 현재 공포 영화의 소재로 사용되고 있다. 또 이 위험한 치료 방법의 잔재는 오늘날 어린이들에게 자주 발생하는 정신 질환인 자폐증 치료 방법에서 발견할 수 있다.

1962년에 환경 운동의 어머니라고 불리는 한 유명한 자연주의자가 쓴 한 권의 책으로 특정한 살충제 사용이 금지되었다. 환경 운동가들은 이 금지 조치를 환영했지만 공중보건 담당자들은 크게 염려했다.

그들의 염려는 곧 사실로 밝혀졌다. 이 금지 조치로 인해 수천만 명의 어린이가 목숨을 잃었다.

1966년에 두 개의 노벨상을 받은 권위를 배경으로 한 미국 화학자가 '항산화제'라는 단어를 제품 홍보에서 빼놓을 수 없는 위치로 격상시켰다.

그러나 불행하게도 그의 권고를 따른 사람들은 암과 심장 질병의 위험만 가중시켰다. 더 심각한 문제는 그가 탄생시킨 산업의 폐해가 하와이에서 간 이식의 수요를 갑작스럽게 증가시켰고, 북동 지방에서 여성이 남성화되는 증상이 나타나도록 했다는 것이다.

이 모든 이야기는 예상하지 못했던 결과를 가져온 기원전 700년으로 거슬러 올라가는 한 신화와 연결되어 있다.

프로메테우스가 불을 훔친 것에 화가 난 제우스는 인간을 벌하기로 마음먹었다. 그는 판도라에게 보석으로 아름답게 장식한 상자를 주면서 절대 열어보지 말라고 했다.

호기심을 이기지 못한 판도라가 절대 열면 안 된다고 한 이 상자를 열자 질병, 가난, 불행, 슬픔, 죽음 그리고 모든 종류의 악마를 나타내는 유령들이 달아났다.

깜짝 놀란 판도라가 급하게 상자를 닫았지만 이미 늦어버린 후였다. 상자에 남아 있는 것은 희망뿐이었다.

과학은 판도라의 아름다운 상자가 될 수 있다. 과학이 우리에게 제공할 수 있는 것에 대한 우리의 호기심이 어떤 경우에는 많은 고통과 죽음의 악마를 풀어놓는 결과를 불러올 수도 있고, 언젠가 인류 문명을 파괴하는 씨를 뿌릴 수도 있다.

기록된 역사가 시작될 때부터 오늘날까지 판도라의 상자 이야기를 들어왔지만 사람들은 아직도 판도라의 상자가 주는 교훈을 깨닫지 못하고 있다.

35년 동안 백신을 연구한 과학자로서 나는 만병통치약인 과학이 주는 기쁨과 의도하지 못했던 결과로 인한 슬픔을 모두 경험했다. 예를 들면 서구 사회에서 백신을 이용하여 소아마비를 근절시켰지만 아직도 전 세계에서 사용되고 있는 경구용 소아마비 백신이 소아마비를 발생시킬 수도 있다. 이러한 부작용은 아주 드물게 나타나지만 그것은 사실이다.

1998년부터 1999년 사이의 10개월 동안 미국에서 유아들에게 접종했던 로터바이러스 백신은 드물게 장 폐색 증상을 유발하여 접종이 중지되었다. 이로 인해 한 어린이가 목숨을 잃었다.

2009년에 유럽과 스칸디나비아 국가들에서 사용된 돼지 독감 백신은 드물게 기면 발작이라고 부르는 영구 질환을 유발하는 것으로 알려졌다.

이 모든 발명들은 좋은 의도를 가지고 있었고, 치명적일 수 있는 감염 질병을 예방하는데 효과적이었지만 일정 수준의 부작용도 가지고 있었다.

이 책에서는 일곱 가지 발명이 가져온 엄청난 비극을 피하기 위한 방법을 분석하려고 한다. 그리고 마지막 장에서 이 발명들에서 배운 교훈을 전자담배, 합성수지, 자폐증 치료, 암 검사 프로그램, 유전자 변형 생물GMOs과 같은 오늘날의 발명들에 적용하여 과학의 발전과 과학의 비극을 구별하는 것이 가능한지 그리고 과거로부터 교훈을 얻을 것인지 아니면 다시 한 번 판도라의 상자를 열 것인지에 대해 알아볼 것이다. 그리고 그 결론은 틀림없이 놀라운 것이 될 것이다.

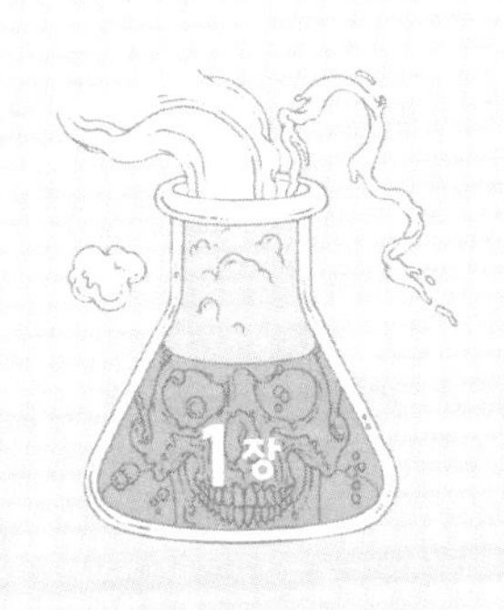


# 신이 만든 약품

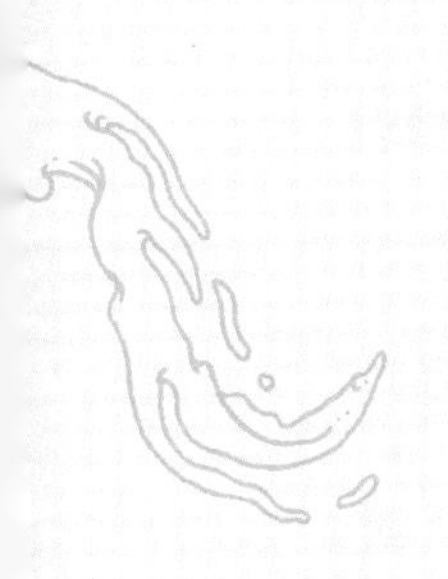

고통 속에서 원하는 것은 단 한 가지
고통이 멈추는 것뿐이다
육체의 고통보다 더 견딜 수 없는 것은 없다.
고통 앞에서는 영웅이 따로 없다

《1984》, 조지 오웰Gorge Orwell

최초의 문명이 최초의 의약품을 만들었다. 아브라함이 활동했던 것과 비슷한 시기인 약 6000년 전에 수메리아인들이 현재의 이란에 해당되는 페르시아에서 이주해 티그리스와 유프라테스 강 유역에 자리잡았다.

그들은 설형문자를 발명하여 40만 개 이상의 점토판에 기록을 남겼다. 농경을 시작하고, 보리, 밀, 대추 야자, 사과, 자두, 포도를 재배했던 그들은 인류 역사상 다른 어떤 식물보다도 더 많은 즐거움과 고통을 준 식물을 발견했다. 그들은 이 식물을 '기쁨의 식물'이라는 뜻으로 헐 길Hul gil이라고 불렀다.

18세기 스웨덴의 식물학자 카를 린나우스는 이 식물을 파파

베르 솜니페름Papaver somniferum이라고 불렀다. 오늘날 우리는 이 식물을 아편이라고 부른다.

아편은 매우 강력한 약효를 가지고 있어서 고대 문명에서는 신이 만든 약품이라고 생각했다. 수메리아인들은 이시스 신이 태양 신 라의 두통을 치료하기 위해 준 선물이라고 믿었다.

인도에서는 잠을 자지 않기 위해 눈꺼풀을 잘라버렸던 부처로부터 유래했다고 믿었다. 부처의 눈꺼풀이 땅에 떨어져 꿈과 잠을 제공하는 아름다운 꽃이 되었다는 것이다.

17세기 영국의 의사였던 토머스 시드넘Thomas Sydenham은 '전능한 신이 인간의 고통을 덜어주기 위해 준 모든 의약품 중에서 아편만큼 사용 범위가 넓고, 효과적인 약품은 없다'고 말했다.

아편을 신과 연결하는 일은 20세기에도 계속 되었다. 1900년대 초 존스 홉킨스 병원의 설립자였던 유명한 내과의사 윌리엄 오슬러William Osler는 아편을 '신의 약품'이라고 불렀다.

역사를 통해서 다양한 환경에 적응한 양귀비가 세계 여러 지역의 다양한 토양에서 재배되어 왔다. 양귀비는 해충과 균에 대한 저항성이 커서 자원이 빈약한 나라에서도 쉽게 재배할 수 있다(오늘날 양귀비는 아프가니스탄의 가장 중요한 현금 작물이다). 양귀비 중에서 돈이 되는 부분은 굳으면 검은색으로 변하는 우윳빛 액체가 들어 있는 씨방이다.

아편은 생물학적 작용을 하는 다섯 가지 성분을 포함하고 있다. 인류에게 알려진 가장 강력한 진통제인 모르핀, 약한 진통제 또는 기침 억제제로 사용되는 코데인(메틸모르핀), 근육 이완제로 사용되는 알파-나르코틴과 파파베린 그리고 1990년대 말부터 사용되어 현재 매년 약 2만 명의 미국인을 죽이고 있는 약품의 기반이 되는 테베인이 그것이다.

고대 그리스 이래 의사들은 고통을 줄이거나 다른 질병 치료에 아편을 사용해왔다.

의학의 아버지라고 불리는 히포크라테스는 아편을 불면증 치료에 사용했고, 고대 그리스의 마지막 위대한 의사였던 갈렌은 두통, 현기증, 간질병, 뇌일혈, 약시, 기관지염, 천식, 기침, 각혈, 복통, 당뇨병, 비장 경화, 요석, 비뇨기 질환, 열, 부종, 나병, 월경 불순, 우울증 치료에 아편을 사용했다. 그러나 이 위대한 의사들은 아편의 부작용에 대해 알지 못했다.

아편의 부작용을 알아낸 사람은 비교적 덜 알려진 의사였던 멜로스의 다이아고라스Diagoras of Melos였다. 동료 그리스인들 중 많은 사람들이 아편에 중독된 것을 발견한 그는 역사상 최초로 고통을 견디는 것이 아편에 중독되는 것보다 나으며 아편의 사용을 중지해야 한다고 주장했다. 그러나 그의 경고는 2500년 동안 무시되어왔다.

로마인들도 아편을 즐겨 사용했다. 그들은 아편을 동전에 새겨 넣거나, 잠의 신인 솜노스를 기리는 데 사용했다. 그런데 로마인들은 아편이 강력한 독이 될 수 있다는 것을 알고 있었다.

기원전 183년에 카르타고의 장군이었던 한니발은 아편을 이용하여 자살했다. 그리고 클라우디우스 황제의 황후였던 아그리파는 자신이 낳은 아들 네로를 황제로 만들기 위해 열네 살짜리 양아들을 아편으로 독살했다.

아편에 대한 이야기는 신약 성경에서도 발견할 수 있다. 마태복음 27장 34절에는 예수가 십자가에 매달렸을 때 그를 따르던 사람들이 고통을 줄이기 위해 무언가를 주었다고 기술되어 있다.

'쓸개 탄 포도주를 예수께 주어 마시게 하려 하였더니 예수께서 맛보시고 마시고자 하지 아니하시더라'

아편은 쓰기 때문에 포도주나 맥주에 섞어 마시는 경우가 많았다. 성경학자들은 '쓴 것'을 뜻하는 쓸개가 사실은 아편이었을 것으로 추정하고 있다.

그리스인들이나 로마인들은 아편을 다른 나라와 교역하지 않았다. 아편 무역을 시작한 사람들은 아랍 상인들이었다. 그들이 중국에 아편을 들여왔고 결국 나라 전체가 아편의 노예가 되었다.

아편이 중국에 처음 소개된 것은 7세기였다. 처음에는 주로 의학적인 목적으로 사용되었다. 때로는 감미료나 과자에 첨가하기도 했다. 기분 전환용이었던 아편이 포르투갈 사람들이 가져온 담뱃대를 이용해 피우면서 모든 것이 변했다. 중국 사람들은 충분한 아편을 확보할 수 없었다.

1660년에 영국 회사가 인도에서 중국으로 612kg의 아편을 들여왔다. 1720년에는 1만 5000kg으로 늘었고, 1773년에는 7만 5000kg이 되었다. 이로 인해 약 300만 명의 중국인들이 아편 중독자가 됐다. 그러자 중국 정부가 아편 흡연을 금지했지만 금지조치는 별 효과가 없었다.

놀랍게도 1839년 영국은 2500톤의 아편을 중국에 수출해 적어도 중국인의 25%가 아편에 중독됐다. 어떤 지역에서는 주민의 90%가 중독되기도 했다. 이로 인해 중국 사회가 붕괴 직전에 이르면서 중국 정부는 영국에게 아편 수입의 중단을 요구했다.

영국이 이를 거절하자 전국적인 중독 현상과 범죄의 확산을 방지하는 데 전력을 기울이던 중국 관원들은 다음 조치에 들어갔다.

1839년 흠차대신이었던 임칙서가 영국 아편 1200톤을 압수해 폐기했다. 이로 인해 영국과 중국 사이에 전쟁이 일어났다. 1839년과 1860년 사이에 영국과 중국은 두 번의 아편 전쟁을 치렀고, 이 두 번의 전쟁에서 중국이 모두 패배했다. 그 결과 중국은 아편 수입을 위해 더 많은 항구를 개방해야 했고, 영국에게 2100만 달러를 보상해야 했으며, 홍콩을 영국에게 조차해야 했다(홍콩은 1997년에 중국에 반환될 때까지 영국이 다스렸다).

중국은 아편을 합법화했다. 1900년에 중국은 3900톤의 아편을 수입했고, 1300만 명 이상이 중독되었다.

중국인들은 아편을 흡연했는데 반해 미국인들은 유럽 발명가 덕분에 아편을 마셨다.

16세기 초에 스위스의 연금술사겸 의사였고 점성술사였으며 철학자였던 파라켈수스가 아편을 브랜디에 섞어서 라우다눔이라는 음료를 만들었다. 라우다눔이라는 이름은 '찬양받다'는 의

미를 가진 라틴어 동사 라우다레laudare에서 유래했다.

파라켈수스는 '나는 라우다눔이라고 부르는 비밀 처방을 가지고 있는데 이는 다른 어떤 약물보다도 효과가 좋다'라고 말했다. 액체 아편은 유럽을 휩쓸었다. 술집이나 살롱에 자주 드나들 수 없었던 빅토리아 시대의 여성들은 라우다눔을 마셨다. 그리고 아기들을 재우는 데 사용하기도 했다. 영국 의사들은 라우다눔을 기침, 설사, 이질, 통풍의 치료제로 사용했다.

미국인들도 액체 아편을 마셨다. 루이자 메이 알콧Louisa May Alcott과 조지 워싱턴George Washington도 라우다눔을 사용했다. 메리 토드 링컨Mary Todd Lincoln은 라우다눔에 중독되었다. 1800년대 말에는 약 20만 명의 미국인들이 아편 중독자였다. 이 중 4분의 3은 여성들이었다.

중국의 아편 흡연자들과는 달리 라우다눔을 마셨던 유럽과 미국의 여성들은 큰 사회적 문제를 일으키지 않는 점잖은 중독자들이었다. 하퍼 리Harper Lee가 쓴 앨라배마의 작은 도시를 배경으로 하는 《앵무새 죽이기》에서 헨리 라파옛 두보스 부인이 라우다눔에 중독되어 피폐해진다. 그러나 인종 차별에 대항해 싸우는 변호사 아티커스 핀치는 존엄한 죽음을 위해 아편 중독과 싸우는 두보스 부인의 용기를 칭찬한다. 핀치는 두보스 부인을 불쌍하게 생각하기보다는 그의 상황을 공감하려고 애를 쓴다.

아편은 의약품 특허 열풍의 대표적인 약물이었다. 3%의 아편을 포함하고 있는 스코틀랜드 특산 과일 코디얼이나 아편, 마리화나, 클로로포름을 섞어 만든 클로로다인은 상점에서 쉽게 구입할 수 있었다. 그리고 까다로운 아기들을 조용하게 하기 위해 윌슬로우 부인의 수딩 시럽, 베일리 엄마의 콰이어팅 시럽, 후퍼의 아노다인을 숟가락으로 먹였다. 후에 미국 의약품 협회는 아편을 포함하고 있는 이런 제품들을 '베이비 킬러'라고 불렀다.

양귀비는 프랭크 바움이 쓴 베스트셀러 《오즈의 마법사》에도 카메오로 등장한다.

아무리 애를 써도 도르시의 눈이 감겼고, 자신이 어디에 있는지 잊어버렸다. 그녀는 양귀비 사이에 쓰러져 깊이 잠들었다. '이제 어떻게 하지?' 하고 양철 나무꾼이 묻자 '그녀를 이곳에 버려두면 죽을 거야'라고 사자가 대답했다.

'꽃 냄새가 우리 모두를 죽이고 있어. 나도 눈을 뜰 수 없어. 개도 벌써 잠들어 버렸어'

유럽인들과는 달리 미국인들은 아편 사용을 금지했다. 그들은 캘리포니아 골드러시로 인해 야기된 일련의 사건 때문에 아편을 금지할 수 있었다.

1850년과 1870년 사이에 약 7만 명의 중국인들이 금광과 철도 공사장에서 일하기 위해 미국으로 오면서 아편을 가지고 왔다. 그들은 샌프란시스코 항구를 통해 미국에 입국했다.

처음에는 아편 흡연이 중국 이민자들 사이에서만 제한적으로 행해졌다. 그러나 1870년대부터 아편굴에 배우, 도박꾼, 매춘부, 범죄자들이 드나들기 시작했고, 로스앤젤레스, 뉴욕, 시카고, 마이애미와 같은 주요 도시로 확산되었다.

아편 중독이 크게 유행해 문제가 되자 1875년 샌프란시스코 시는 아편 조례를 제정하고 공공장소에서의 아편 흡연을 금지했다. 그러자 다른 도시들도 이에 따랐고, 미국 정부도 개입했다.

1909년에 미국 의회는 아편 배제 법률을 통과시켜 아편 수입을 금지했다. 그러나 이러한 조치들은 너무 늦었다. 많은 미국인들이 이미 아편에 중독되어 있었다. 아편중독자들을 쓰레기junkies라고 부른 유행어에서 알 수 있듯이 아편 중독자들은 더 이상 동정을 받지 못했다.

아편 중독자들을 쓰레기라고 부른 것은 그들이 돈이 되는 물건들을 찾기 위해 쓰레기장을 뒤지는 경우가 많았기 때문이다. 또는 광동어에서 '새나 소의 똥'을 의미하는 하펜에서 따서 아편 중독자들을 홉 헤드라고도 불렀다.

1914년에 미국 의회는 의사들이 모든 향정신성 의약품 처방을 기록하고 등록하도록 하는 해리슨 법률을 통과시켰다(통증을 완화시키는 것 외에 아편은 '감각을 마비시키는'이라는 뜻을 가진 그리스어 나르코운narkoun에서 유래해 narcotic이라고 불리던 향정신성 의약품에 속했다. 신경 중추를 마비시키는 모든 향정신성 약물은 졸음과 마비 증세를 일으키고, 드물게는 혼수상태에 이르게 한다).

1919년에 미국 대법원은 이 법안을 확장하여 의사들이 중독성이 있는 향정신성 약물을 처방하지 못하도록 명시했다. 그러나 이 법률을 위반한 의사들에게 책임을 묻기까지는 거의 100년이라는 긴 세월이 걸렸다.

아편의 사용은 이제 법률에 의해 금지되고 미국 시민들로부터 비난 받고 있다. 그러나 아편과 아편에서 파생한 의약품 중독은 이제 시작되었다.

아편은 중독성이 있어 사회를 파괴하지만 아편이 가지고 있는 진통 효과는 부정할 수 없다. 다른 어떤 약품도 아편과 같은 진통 효과를 가지고 있지 않다. 과학자들은 아편의 진통 효과는 그대로면서 중독성을 없애는 방법을 찾기 위해 노력했다. 1800년대 초에 한 젊은 독일 화학자가 처음 이 일을 시도했다.

1803년 화학자 조수였던 스무 살의 프리드리히 제르튀르너Friedrich Sertürner는 아편에 가장 풍부하게 포함되어 있고, 가장 강한 진통 효과를 나타내는 성분을 분리해 냈다. 그는 이 성분을 꿈의 신인 모르페우스의 이름을 따서 모르피움이라고 불렀다. 후에 이 성분의 이름은 모르핀으로 바뀌었다.

제르튀르너는 대학 교육을 받지 않았고, 학위를 받은 적도 없으며, 직책도 없었다. 따라서 자신이 제작한 실험도구를 이용해 새롭게 발명한 제품의 효과를, 시험이 가능했던 유일한 사람인 자기 자신에게 시험했다. 부끄럼을 많이 타고 고독을 즐겼던 이 놀라운 젊은이는 의약품의 역사를 바꿔 놓았다.

제르튀르너는 모르핀이 아편보다 여섯 배나 더 강력한 진통 효과를 가지고 있어서 즉각적으로 효과가 나타나고, 우울증과 같은 부작용을 유발하고 의존성이 있다는 것을 발견했다. 연구가 끝냈을 때 그는 모르핀에 중독되어 있었다.

괴물을 만들었다는 걱정에 제르튀르너는 모르핀이 가져올 부작용을 경고했다.

'내가 모르핀이라고 이름 붙인 이 새로운 물질의 엄청난 부작용이 가져올 재앙을 피할 수 있도록 주의를 환기시키는 것이 나의 의무라고 생각한다.'

그러나 제르튀르너의 경고에 귀를 기울이는 사람은 아무도 없었다.

1827년에 독일 제약회사 메르크Merck는 이 약물을 대량 생산하기 시작했다. 유럽의 의사들이 알코올 중독을 비롯한 다양한 질병 치료에 모르핀을 처방한 결과 알코올 중독을 모르핀 중독으로 바꾸어 놓는 결과를 가져왔다.

그리고 새로운 의학 기술의 발전이 향정신성 약물 중독의 양상을 바꿔놓았다.

1853년 스코틀랜드 에딘버러의 의사였던 알렉산더 우드Alexander Wood가 주사기에 바늘을 달아 모르핀을 혈관 안에 직접 주사할 수 있도록 했다(모르핀은 최초의 정맥 주사 약물이었다). 우드는 모르핀을 먹는 대신 혈관에 주사하면 사람들이 이 약물에 '맛들이지' 않을 것이라고 주장했다. 그는 모르핀의 진통 효과와 중독성을 분리하는 방법을 찾아냈다고 믿었다.

1880년에는 피하 주사용 바늘을 사용하고 있던 미국의 거의 모든 내과의사들이 환자들에게 스스로 모르핀을 주사하는 방법을 가르치기 시작했다. 후에 모르핀 과다 사용으로 사망한 우드의 아내는 기록에 남아 있는 최초의 주사 약물 희생자였다.

피하 주사기의 발명으로 모르핀은 가장 많은 중독자들을 만들어낸 약물이 되었다. 1900년에는 미국에서만도 30만 명 이상이 모르핀에 중독되었으며, 모르핀 판매 금지 법률이 제정된 후에야 중독자의 수가 급격하게 줄어들었다.

이제 더 이상 중독자들은 연약하고, 동정이 가는 《앵무새 죽이기》 속 라우다눔을 마시는 여성이 아니라 넬슨 알그렌Nelson Algren의 베스트셀러 《황금 팔을 가진 사나이》 속 프랭키 머신과 같은 도시의 빈민 남성들로, 당구나 치면서 빈둥거리는 쓰레기들이었다(1955년에 제작된 영화에서 프랭크 시나트라가 머신 역할을 했다).

그렇다면 아편이나 아편의 주성분인 모르핀과 같은 진통 효과를 가지면서도 아편이 가지고 있는 중독이나 의존성은 없는 약물을 발명하는 것이 가능할까? 이때까지는 과학자들이 자연에서 발견할 수 있는 물질만 사용했다. 현대 화학을 이용하면 중독성이 없는 진통제를 합성하는 것도 가능할 것이다.

1800년대 말 한 과학자는 자신이 진통제의 성배를 발견했다고 생각했다.

1874년에 C. R. 아들러 라이트라는 이름의 런던 약사가 모르핀과 식초를 혼합하여 여러 시간 동안 난로 위에서 끓여 디아세틸모르핀을 만들었다(이 과정을 아세틸화라고 부른다).

마침내 중독성이 없는 진통제를 만들었다고 확신한 라이트는 흰색 가루를 개에게 먹여 보았다. 그러자 개는 놀라울 정도로 활동성이 커지더니 심하게 앓다가 죽었다.

가루를 버린 후에 라이트는 런던 화학회 학회지에 이 내용을 발표했다. 곧 왕립협회 펠로우가 되었지만 아무도 그가 쓴 것에 대해서는 관심을 기울이지 않았다.

그리고 21년이 흘렀다.

1800년대 말 라인란드에 있는 어려움에 처한 제약회사를 위해 일하고 있던 젊은 화학 교수 하인리히 드레서Heinrich Dreser가 아들러 라이트의 논문을 발견했다.

라이트처럼 모르핀의 중독성을 제거하고 싶었던 드레서는 라이트의 논문에서 깊은 인상을 받았다. 모르핀을 아세틸화하면 약물이 뇌에 더 빨리 흡수될 수 있다는 것을 알고 있었던 드레서는 훨씬 적은 양의 모르핀으로도 진통 효과가 가능할 것이라고 생각했다. 따라서 아주 적은 양의 약물만 사용하게 되면 약물에 중독될 가능성이 훨씬 줄어들 것이라고 보았다.

마침내 안전하면서도 효과적인 진통제가 개발되었다.

1895년에 드레서는 박사후 연구생으로 그의 조수였던 펠릭스 호프만에게 모르핀을 아세틸화하도록 지시했다. 최근에 류머티즘 치료에 사용되는 소염제인 소듐 살리실산을 아세틸화했던 호프만에게 이것은 어려운 일이 아니었다.

소듐 살리실산의 문제는 위 점막을 손상시켜 위염, 출혈 그리고 때로는 궤양을 발생시키는 것이었다. 호프만은 소듐 살리실산을 아세틸화하여 아세틸살리실산을 만들면 위염을 일으키는 문제가 사라지는 것을 발견했다.

1899년 설립자였던 프리드리히 바이어Friedrich Bayer의 이름을 따서 명명된 드레서와 호프만의 회사는 새로운 약품인 바이엘 아스피린을 시중에 내놓았다.

드레서와 호프만은 아스피린의 성공이 모르핀의 경우에도 적용되는지 알고 싶어 디아세틸모르핀을 몇 마리의 쥐들과 토끼에게 먹여 보았다. 이들은 이 약물을 좋아하는 것 같았다. 계속해서 그들은 회사에서 일하던 네 명의 노동자들에게 시험했다. 그들은 이 약물을 좋아해 계속 실험하고 싶어했다. 드레서와 호프만은 이 약물을 지역의 환자들에게도 사용해 보았다.

1898년 9월 하인리히 드레서는 70차 독일 자연주의자 및 내과의사 총회에서 이 발견을 발표했다.

드레서는 디아세틸모르핀이 감기, 목구멍 통증, 두통에 효과가 있을 뿐만 아니라 두 가지 중요한 사망 원인인 폐렴이나 폐결핵과 같은 심한 호흡기 감염 질환에도 효과가 있다고 주장했다. 그리고 디아세틸모르핀은 모르핀보다 다섯 배나 되는 진통 효과가 있으면서도 전혀 습관성이 없다고 설명했다(이때까지 드레서는 약 4주 동안 불과 몇 명에게만 시험했었다). 드레서는 모르핀 중독을 치료하는 완전한 약품을 발견했다고 믿었다. 총회 참석자들은 드레서에게 기립 박수를 보냈다.

드레서는 새로운 약품 출시를 위해 바이어의 경영자들을 애써 설득할 필요가 없었다. 그러나 새로운 약품의 이름을 짓는 문제에는 신경 써야 했다. 일부에서는 기적이라는 의미를 가진 분더리히를 주장했지만 드레서는 영웅이라는 뜻의 헤로이쉬라는 이름을 선호했다.

1898년 바이어는 헤로인이라고 부르는 새로운 약품을 출시했다. 위염을 유발할지도 모른다는 이유로 아스피린은 의사의 처방을 받아야 살 수 있었지만 훨씬 더 안전하다고 믿었던 헤로인은 의사의 처방 없이 누구나 쉽게 구입할 수 있었다.

1900년 바이어와 공동으로 일하고 있던 엘리 릴리가 미국에서 처방 없이 헤로인을 판매하기 시작했다. 그들은 아스피린과 함께 헤로인을 감기와 독감 치료제로 홍보했다. 릴리는 이 약품은 어린이뿐만 아니라 유아와 임신부에게도 안전하다고 주장했다.

헤로인의 판매가 시작되었다. 제1차 세계대전 동안 군에서는 병사들에게 헤로인을 정맥 주사로 사용했다. 그리고 시민들은 정제 형태나 글리세린과 혼합한 액체 상태로 구입했다.

영국과 미국에서 수백 만 개의 제품이 판매되었다. 1900년대 초에는 박애주의자들의 단체인 성 제임스 협회가 모르핀 중독자들에게 무료로 헤로인을 보내는 운동도 벌였다.

헤로인은 표준 치료제가 되었다. 1906년에 미국 의학협회 잡지는 헤로인을 '기관지염, 폐렴, 폐결핵, 천식, 백일해, 후두염 그리고 특정한 건초열의 치료제'로 추천했다.

그러나 헤로인이 주장하는 것과 같지 않다는 것이 밝혀지는 데는 오랜 시간이 걸리지 않았다.

1902년에 적어도 열두 건의 헤로인 중독 증상과 이로 인한 일부 유아의 사망이 보고되었다. 1905년에는 부작용의 증거가 넘쳐났다. 헤로인이 태반을 통해 태아에게 전달되기 때문에 헤로인에 중독된 상태로 태어난 아기들이 심한 금단 증상으로 고통받았다. 모유에서도 헤로인 성분이 발견되었다.

1906년에 제약 및 화학 협회는 '헤로인 의존 습관이 쉽게 만들어지며 이는 가장 비참한 결과를 초래할 수 있다'고 발표했다. 1910년에는 의사들이 헤로인의 위험을 잘 알게 되었고, 사용이 줄어들었다. 그러나 바이어는 헤로인이 안전하다는 광고를 1913년까지 계속 했다. 1918년까지 뉴욕 시에서만도 20만 명이 헤로인에 중독되었다.

1924년에 의회가 헤로인 법률을 통과시켜 헤로인의 제조와 판매를 불법화했다. 그 결과 헤로인은 지하로 잠입했다.

1920년대와 1930년대 초에는 헤로인의 주 공급자들이 메이어 랜스키, 더취 실츠, 레그스 다이아몬드와 같은 갱단들이었다(이들은 모두 유대인들이었으므로 헤로인은 유대인들이 사용하던 언어에서 '중독'을 뜻하는 '스맥'이라는 이름으로 불리기도 했다). 1930년대 중반에는 이탈리아의 마피아가 넘겨받았다. 특히 찰스 '럭키' 루치아노는 '프렌치 컨넥션'을 만들었다. 프랑스령 인도차이나나 터키에서 재배된 아편은 레바논으로 보내져 모르핀으로 만든 다음 프랑스의 마르세유로 보내 질이 좋은 헤로인으로 만들어 미국으로 밀수했다.

처음에는 주로 도시의 가난한 사람들이 헤로인을 남용했다.

그러나 1940년대에 뉴욕의 흑인 거주 지역으로 퍼졌고, 1950년대에는 잭 케루악Jack Kerouac과 윌리엄 버로우William Burroughs의 작품들을 통해 패배세대로 확산되었다.

1960년대 중반에는 50만 명 이상의 미국인들이 헤로인에 중독되었다. 거의 모든 미국의 주요 도시와 영국, 프랑스, 독일과 같은 나라들이 헤로인이라는 독사에 사로잡혔다.

미국 정부는 터키에 아편의 생산을 중단하도록 압력을 가했고, 프랑스로부터의 헤로인의 수입을 금지했다(이것의 성공을 그린 것이 1971년에 발표된 진 해크만과 로이 샤이더가 주연한 영화 〈프렌치 컨넥션〉이었다).

1970년대에는 아편의 생산이 황금의 삼각지대라고 불리던 라오스, 태국, 버마(현재의 미얀마)의 고지대로 옮겨졌다.

아편 생산지의 이동으로 가장 큰 고통을 받은 사람들은 베트남에서 근무했던 미군들로, 약 15%가 헤로인에 중독되었다.

1971년 여름 닉슨 미국 대통령이 '약물에 대한 전면전'을 선포했다.

'미국은 가장 많은 해로인 중독자들을 가지고 있다. 미국에서의 약물 위험을 제거하지 않으면 약물이 우리를 파괴할 것이다.'

닉슨은 엘비스 프레슬리Elvis Presley를 약물과의 전쟁의 홍보대

사로 선택했다. 그러나 1977년에 프레슬리가 사망한 후 그의 혈액에서 발륨, 메타콸론, 모르핀, 코데인, 바르비투르산염이 발견되었다.

약물 남용으로 사망한 유명인사는 플레슬리만이 아니었다. 1970년에는 재니스 조플린Janis Joplin, 1982년에는 존 벨루시John Belushi, 1997년에는 크리스 팔리Chris Farley, 2014년에는 필립 세이무어 호프만Philip Seymour Hoffman이 헤로인 남용으로 사망했다.

1990년대에는 값은 싸지고 순도는 더 높아진 헤로인을 주석 포일 위에서 액화하여 증기를 들이마실 수 있게 되었다('용 따라잡기'라고 불렀다). 그러자 더 많은 여성들이 이 약물을 사용하기 시작했다.

1995년까지 60만 명 이상의 미국인들이 헤로인에 중독되었다. 황금 삼각지대 외에도 콜롬비아의 메델린 카르텔이 많은 양의 아편을 생산했다.

현재 50개국에 75개 이상의 사무실을 가진 미국 마약 단속국은 헤로인을 추방하기 위해 매년 130억 달러를 사용하고 있다.

2003년에는 헤로인에 중독된 미국인의 수가 60만 명에서 10만 명으로 줄어들었다. 이러한 감소는 미국인들이 향정신성 의

약품에 흥미를 잃었기 때문이 아니라 다른 약물로 바꿨기 때문이었다.

과학자들은 모르핀이 아편 중독을 치료할 수 있기를 바랐다. 그리고 그들은 헤로인이 모르핀 중독을 해결할 수 있기를 원했다.

모든 시도가 실패하자 이제 다른 것을 시도해볼 차례였다.

다시 한 번 그들은 중독으로부터 안전한 진통제를 합성했다. 그리고 또 다시 실패했다. 이번에는 그 실패가 더욱 참담했다.

과학자들은 놀라운 약물을 찾아내기 위해 아편의 또 다른 성분인 테바인에 주목했다. 테바인이라는 이름은 양귀비를 재배했던 고대 이집트의 도시 테베에서 유래했다. 1916 프랑크푸르트 대학에서 근무하던 두 명의 독일 화학자가 테바인의 최초 합성 약물을 만들어 옥시코돈이라고 불렀다.

1950년대 초에 옥시코돈이 처음으로 미국에 소개되었다. 초기 제품들은 다른 다양한 약물들과 혼합한 것이었다. 예를 들면 옥시코돈과 아스피린을 혼합하여 만든 페르코단, 옥시코돈과 이부프로펜을 혼합하여 만든 비스테로이드계 소염제인 컴브녹스, 옥시코돈과 아세트아미노펜(타이레놀)을 혼합한 페르코셋과 같은 약품들이 판매되었다.

이 중 가장 강력하고 따라서 가장 중독성이 강해 가장 많이 남용된 약물은 다른 약물을 섞지 않은 순수한 옥시코돈으로 만든 옥시콘틴이었다. 관절염 치료제로 판매한 옥시콘틴은 생산자인 퍼듀 파머에게 황금을 안겨주었다. 퍼듀 파머의 수입 중 80%를 이 약품이 차지했다.

후에 퍼듀는 옥시콘틴을 시간을 두고 서서히 분해되는 아크릴로 포장하여 하루에 여러 번 먹을 필요가 없도록 했다. 그러나 중독자들은 알약을 씹어 먹거나 부수어 160mg의 옥시코돈을 한꺼번에 섭취할 수 있었다. 이로 인해 옥시코돈은 시장에서 구할 수 있는 가장 강력한 중독성 약물이 되었다.

현재 중독자들은 생명을 위협할 정도로 이 약품을 섭취할 가능성이 있다(무게로 비교하면 옥시코돈이 모르핀보다도 강한 중독성을 가지고 있다).

1996년 옥시콘틴이 처음 시장에 나왔을 때는 상표에 '옥시콘틴 정이 제공하는 지연된 흡수는 약물의 남용 가능성을 줄일 것으로 믿는다'라는 말이 들어 있었다. 식품의약국FDA의 직원들은 곧 이 상표가 잘못된 것이라는 것을 알아냈다. 결국 오랜 시간 동안 지속적으로 배출하기 위해 만든 옥시콘틴 정제로는 아무것도 통제할 수 없었다.

1800년대에 모르핀에 데었고, 1900년대에는 헤로인에 데었으며, 역사가 시작된 이후 아편에 데었던 의사들은 옥시콘틴의 사용에 신중했다. 다시는 데이고 싶지 않았던 의사들은 다음 아편에 기반을 둔 기적을 처방하는 데 주저했다. 그런데 1980년대 중반에 모든 것이 변했다.

1948년 4월 20일 간호사인 시실리 손더스Cicely Saunders가 런던 동부에 있는 죽어가는 사람들을 위한 성 누가 병원에 취직했다. 손더스는 생애 마지막 단계에 있는 환자는 마지막 몇 주를 고통 속에서 울부짖으면서 보내면 안 된다고 생각했다. 그보다는 가능하면 고통에서 해방되어 존엄한 죽음을 맞이해야 한다고 믿었다. 고통을 치료하는 것보다는 예방하는 것이 낫다고 생각했던 손더스는 1967년 죽어가는 환자들에게 많은 양의 진통제와 중독성 약품을 제공하자는 호스피스 운동을 시작했다.

손더스의 운동은 대서양을 건넜다. 1984년에 미국 의회는 말기 환자에게 헤로인을 처방하는 것을 합법화한 동정적인 통증 완화 법률Compassionate Pain Relief Act을 통과시켰다. 1986년에는 위스콘신 주가 처음으로 주 단위에서 암 환자들의 통증 관리 프로그램을 시작했고, 곧 다른 주들도 이에 따랐다.

신에게 맡겨지던 말기 질병으로 고통받는 많은 환자들의 통증 관리는 이제 다량의 향정신성 약물 처방으로 달라졌다. 처음에는 말기 암환자들에게만 제한적으로 허용되었던 처방은 뉴욕의 한 존경받는 의사가 고통에 시달리는 사람들에게 향정신성 약물을 사용하면서 한 걸음 더 나아갔다.

1986년 서른한 살의 뉴욕 시 통증 전문의였던 러셀 포테노이Russell Portenoy가 페인 잡지에 논문을 발표했다. 미국 의사들이 '아편 공포증'이라고 부른 진통제에 대한 두려움을 극복해야 한다고 믿었던 포테노이는 다량의 진통제를 처방한 38명의 사례를 보고했다(이중 12명은 옥시콘틴을 처방했다). 38명 중 중독 증세를 나타낸 사람들은 중독 전력이 있었던 두 명뿐이었다.

포테노이는 자신의 발견이 최초가 아니라고 주장했다. 이전에 발표된 세 편의 논문에서도 장기 진통제 사용자 중 1% 미만만이 중독 증세를 보였다고 보고했다. 그는 '아편 성분을 이용한 관리 치료는 안전하고, 유익하며, 난치성 통증에 시달리는 약물 남용 전력이 없는 환자를 위한 좀 더 인간적인 대안'이라고 주장했다.

시슬리 손더스가 말기 암 환자에게 보여주었던 동정심을 모든 환자에게도 보여주어야 한다고 믿었던 포테노이는 통증은 체온, 혈압, 심장 박동수, 호흡수에 이어 다섯 번째 생명징후로 간주해야 한다고 주장했다. 아무도 고통받게 내버려 둘 수 없다는 것이 그의 주장이었다(러셀 포테노이는 옥시코돈과 같은 합성된 형태의 아편 성분을 합성아편opioid, 모르핀이나 코데인과 같이 단순히 아편을 정제한 약물은 아편 제제opiates라고 불렀다).

카리스마가 있었고, 명석했으며, 설득력이 있었던 러셀 포테노이는 통증 관리와 관련해 신문과 대중 잡지 등 매스컴에서 자주 찾는 사람이 되었다. 그의 학문적 업적 또한 뛰어났다. 포테노이는 의학 학술지와 과학 잡지에 140편 이상의 논문을 저자나 공동저자로 발표했고 열다섯 권의 책을 썼다. 러셀 포테노이가 이야기하면 의사들이 관심을 기울였다. 포테노이는 의사들이 아편 추출물들로 돌아가도록 설득하는 데 성공했다. 의사들이 이번에는 중독과 죽음이 거의 없을 것이라고 확신할 수 있게 되었다. 아편과 모르핀 그리고 헤로인의 시대는 지나간 시대였다.

옥시코돈과 같은 약물이 중독 없는 진통제의 문제를 마침내 해결하면서 리처드 닉슨의 약물에 대한 전쟁이 러셀 포테노이의 약물 금지에 대한 전쟁으로 바뀌었다.

1995년 말 러셀 포테노이가 미국 의사들에게 진통제에 대한 두려움을 극복하라고 요구하고 있던 시기에 FDA가 퍼듀 파머의 시간 지연 배출형 옥시콘틴을 승인했다. 퍼듀는 이 약물을 허리 통증, 관절염, 정신적 외상, 근육통, 치과 질환, 골절, 스포츠 외상, 수술로 인한 통증의 치료약으로 널리 사용되도록 하는데 성공했다. 다시 말해 만병통치약이 되도록 했다. 그들은 1% 미만의 환자만이 이 약물에 중독 증세를 나타낸다는 포테노이의 주문을 반복해서 암송했다.

1996년에 30만 건 이상의 옥시콘틴 처방전이 발행되었고, 퍼듀 파머는 4400만 달러의 순이익을 올렸다.

적절한 시기에 적절한 약품을 개발했다는 것을 알게 된 퍼듀는 판매원을 배로 늘렸고, 7일과 30일짜리 약품 공급 쿠폰을 발행했으며(3만 4000쿠폰이 회수되었다), 연간 광고비 예산을 2억 달러로 증액했고, 4000만 달러의 판매 인센티브 보너스를 지급했다.

2001년에 퍼듀는 옥시콘틴으로 14억 5000만 달러의 매상을 올렸다. 옥시콘틴은 비아그라를 포함한 모든 제약 회사 제품 중에서 가장 많은 매상을 올린 제품이 되었다.

옥시콘틴의 판매는 활발한 암시장의 덕도 보았다

기분 전환용 옥시콘틴 사용자의 70% 이상은 친구나 친척으로부터 제공받았고, 5%는 인터넷 약품 판매상에게서 구했다. 일부는 제약회사에서 약품을 훔치기도 했다. 버지니아 풀라스키에 있었던 도난 사건의 90%는 옥시콘틴 남용에 기인한 것이었다. 그리고 켄터키 주 하자드에 수감 중인 재소자들의 반이 옥시콘틴 관련 범죄로 수감되었다. 때로는 사회보장 제도가 제공하는 적은 금액의 생활비를 보충하기 위해 일부 가난한 노인들은 80mg의 옥시콘틴정 100개를 구입할 수 있는 건강보험 제도를 이용해 거리에서 1mg당 1달러씩에 팔아 8000달러의 수익을 올렸다. 10대들은 옥시콘틴을 그들의 부모에게서 훔쳤다(거리에서는 옥시콘틴을 '아기 마약'이라고 부르기도 했다). 처방전이 위조되기도 했다. 여성들은 옥시콘틴을 구입하기 위해 매춘에 눈을 돌리기도 했다. 약사들은 이 약품을 빼돌려 몰래 팔았다. 한 펜실베이니아 약사는 체포되기 전까지 3년여 동안 처방전이 필요한 옥시콘틴을 포함한 진통제를 불법적으로 수십만 달러어치나 판매했다. 이로 인해 그는 90만 달러의 불법 이익을 챙겼다(후에 그는 이 돈을 주식 시장에서 잃었다).

의사들도 돈이나 섹스를 위해 처방전을 팔아 옥시콘틴 골드러시의 이익을 보았다. 인디애나폴리스의 란돌프 W. 리버츠는 주의 건강 프로그램이 지불하는 100만 달러어치의 처방전을 발행했다. 이 중 13만 달러어치는 마약 조직에 속해 있는 한 여성 환자에게 발행되었다. 그녀는 이 처방전으로 구입한 옥시콘틴을 거리에서 팔았다. 처방전대로라면 이 여성은 제조사가 권장한 12시간에 한 정이 아니라 31정을 먹어야 했다.

처방전을 남용한 사람은 리버츠뿐만이 아니었다. 이 약품을 파는 곳이 전국에 우후죽순처럼 생겨났다. 한 이스턴 켄터키 의사는 하루에 150명의 환자를 보았다. 그는 3분도 안 되는 시간 동안 환자와 면담하고 진통제를 처방했다. 플로리다에도 이런 곳이 수백 개가 넘었다.

의사들이 체포되어 살인죄로 처벌받기도 했다. 일부는 감옥에 수감되었다. 그러나 전국적인 관심을 끈 가장 유명한 사건은 55세의 플로리다 내과의사가 약물 남용으로 네 명의 환자를 죽게 한 후 살인죄로 기소된 제임스 그레이브스 사건이었다.

그레이브스의 처방전 공장은 중독자들 사이에 널리 알려져 있었다. 주 검사보인 러스 에드가는 '그에게 가기만 하면 약품을 구할 수 있다는 소문이 널리 퍼져 있었다'라고 말했다. 법정에서 그는 에드가는 그레이브스가 환자를 조사하지 않아도 되고, 치료 기록을 남길 필요도 없어 진통제 처방전이 '금광'이라고 자랑했다고 증언했다. 에드가는 또한 그레이브스가 그의 처방전 발행 관습을 바꾸라는 약사나 부모들의 요구를 무시했다고 주장했다.

실제로 그레이브스의 주차장에서는 스포츠 행사 주차장에서 흔히 볼 수 있는 장면이 연출되었다. 환자들은 자동차 안에서 먹기도 하고 일을 하기도 했으며, 옥시콘틴 처방전을 받고는 하이파이브를 나누기도 했다. '사무실 밖에서 사람들이 차 뒷문을 열어 놓고 파티를 하고 있다면 무언가 잘못되고 있다는 것을 알아차려야 했다'라고 에드가가 말했다.

재판에서 에드가는 '어머니들이 계속해서 피고의 사무실에 전화해 아이들에게 약을 주지 말라고 요구했고 그렇지 않으면 아이들이 죽을지도 모른다고 했지만 피고는 중지하지 않았고, 어린이들은 계속해서 약물을 남용했다'고 주장했다. 그레이브스는 환자들이 처방대로 사용하기만 하면 아무도 죽지 않을 것이라고 반박했다. 그리고 그는 신을 믿지 않는 것처럼 보였던 검사를 저주하고 판사를 향해 '나는 신에게 그를 변화시켜 그리스도를 알게 해달라고 기도한다'라고 말했다. 제임스 그레이브스는 살인혐의가 인정되어 63년형을 선고받았다. 그는 무책임하게 진통제를 처방하여 살인죄로 처벌받은 최초의 의사였다.

옥시콘틴의 악몽으로 애팔래치아와 오하이오 밸리만큼 큰 고통을 받은 지역은 없을 것이다.

옥시콘틴의 남용이 최초로 문제가 된 것은 1990년대 메인 주의 시골이었다. 그리고 웨스트버지니아, 켄터키, 오하이오 남부를 포함하는 동부 해안을 따라 확산되었다(옥시콘틴의 또 다른 이름은 '힐리빌리 헤로인'이었다).

1995년부터 2001년까지 메인 주에서 옥시코돈 남용으로 차료 받은 환자의 수가 460% 증가했으며, 이스턴 켄터키에서는 500% 증가했다. 웨스트버지니아에서는 여섯 개의 새로운 약물치료소에서 3000명 이상의 중독자들을 치료했다. 사우스이스턴 버지니아에서는 2000년에 처음으로 약물 치료소를 설립했고, 3년 동안 1400명 이상의 환자를 치료했다.

2003년까지 이 지역에서는 옥시코돈 남용으로 목숨을 잃는 사람이 830% 증가했다. 1999년에 웨스트버지니아의 알레게니카운티에서 옥시코돈 남용으로 사망한 사람이 자동차 사고로 사망한 사람보다 많았다.

애팔래치아 응급센터의 내과의사들은 약물 중단으로 인한 금단 증상을 구별하는 전문가가 되었다. 금단 증상에는 분노, 콧물, 땀, 하품, 불면증, 식욕 부진, 닭살 피부, 등 통증, 복통, 떨림, 무의식적 발차기 같은 증상들이 포함되어 있다.

러셀 포테노이가 옥시코돈의 장기 사용이 비교적 해롭지 않으며 중독성이 없다는 논문을 발표하고 17년이 지난 2003년에 제인 발렌타인Jane Ballantyne이 정확하게 반대 주장을 하는 논문을 뉴잉글랜드 의학 잡지에 발표했다.

발렌타인은 옥시콘틴과 같은 약물의 장기 사용이 내성(같은 효과를 내기 위해 점점 더 많은 양의 약물을 사용해야 되는 것)을 기르며, 감각 과민증(진통제를 사용하는 동안 경험하는 통증이 최초의 통증보다 심한 것)을 나타내고, 호르몬의 변화(특히 부신피질에서 만들어지는 코르티솔의 생산을 저하시킨다)와 면역체계의 변화를 유발하며, 수정 능력과 성적 충동을 저하시킨다고 주장했다. 발렌타인은 '이전에는 사용량의 제한 없는 증가가 안전하다고 생각했지만 증거에 따르면 합성 아편을 장기간 다량 사용하는 것은 안전하지도 않고 효과도 없다'고 결론지었다.

발렌타인의 논문은 옥시콘틴의 상표를 이미 바꾼 FDA에게는 새로울 것이 없었다. 옥시콘틴의 상표에는 더 이상 지연된 배출이 남용을 줄일 것이라는 내용이 포함되어 있지 않았다. 대신에 남용, 중독, 사망의 위험이 있다는 내용이 포함되었다. 이 경고문은 작은 글씨로 쓴 것이 아니었다. FDA는 소위 말하는 '검은 사각형' 경고문을 넣도록 했다.

그러나 그것은 너무 작았고 너무 늦었다.

2002년에 시골에 있는 미시간 고등학교 학생들을 조사하자 학생들의 98%가 옥시콘틴에 대해 들어 보았으며 9.5%는 이것을 시도해 보았다고 대답했다. 옥시콘틴을 시도해본 학생들 중 50%는 20번 이상 섭취한 것으로 드러났다. 그 해 4월까지 1300명이 옥시콘틴으로 인해 사망한 것으로 FDA에 보고되었다. 대부분의 경우 의사가 이 약물을 처방했다. 2002년 말까지 퍼듀 파머는 매주 3000만 달러어치의 옥시콘틴을 판매하여 연간 매상이 20억 달러를 넘어섰다.

2003년에 약물 남용자들을 윤리적으로 파산한 사람들이라고 비판했던 보수적인 라디오 해설자인 러시 림바우Rush Limbaugh가 옥시콘틴에 중독되었다고 인정했다.

2004년에는 300만 명이 미국에서 가장 널리 사용되고 있는 처방전이 필요한 진통제인 옥시콘틴을 사용하고 있었다.

2007년에는 처방전을 필요로 하는 진통제의 남용으로 1만 4000명이 목숨을 잃었다. 그리고 건강관리와 사법처리에 550억 달러가 소요되었다.

2008년에 처방전이 필요한 진통제의 남용으로 1만 5000명이 목숨을 잃었다. 30개 주에서 진통제 남용은 가장 중요한 사고 사망 원인이 되었다.

2009년에 건강 보험이 처방전을 필요로 하는 진통제와 관련된 직접적인 건강관리를 위해 720억 달러를 지출했다.

2010년에는 2200만 명이 처방전을 필요로 하는 진통제를 남용했다. 이런 약물로 인한 사망자 수가 헤로인과 코카인으로 인한 사망자 수를 합한 수보다 많았다. 그럼에도 충분한 양의 진통제가 미국에 살고 있는 모든 어른들에게 24시간 처방되고 있다.

2012년에는 12세 이상의 미국인 1200만 명이 기분 전환용 진통제를 사용하는 것으로 보고되었다. 이 중 1만 6000명이 지나친 사용으로 목숨을 잃었다.

현재 진통제는 미국에서 가장 많이 처방되는 약품이다. 매 19분마다 지나친 진통제 사용으로 누군가가 죽어가고 있다(옥시콘틴의 과용에 의한 증상은 아편, 모르핀, 헤로인의 과용으로 인한 증상과 구별할 수 없다. 이 모든 진통제의 과용은 호흡수를 줄이고, 호흡의 심도를 얕게 한다. 환자들은 1분에 네 번까지 호흡수가 줄어들고, 혈압이 떨어지기 시작하며, 체온이 내려가 피부가 차가워지고 끈적끈적해 진다. 뇌가 충분한 산소를 공급받지 못해 환자가 정신을 잃게 되고 결국 호흡이 정지되어 목숨을 잃는다).

2014년에는 미국 소매 약사들이 2억 4500만 달러어치의 합성 아편 진통제를 조제했고, 2500만 명의 성인이 약물에 중독되었다.

약물 남용을 줄이기 위해 여러 가지 조치를 하는 보험 회사는 거의 없다. 옥시콘틴이 등장하기 전에는 만성적 통증은 정신적인 치료와 생체 자기 제어, 운동을 결합하여 치료했다. 목표는 진통제를 사용하지 않는 것이었다. 많은 연구에 의하면 통증 완화를 위한 이러한 다양한 접근이 장기간의 진통제 사용보다 낫다고는 할 수 없다고 해도 잘 작동했다. 그러나 진통제 사용이 다른 치료 방법보다 비용이 덜 들기 때문에 불행하게도 보험회사는 약물 사용을 권장하고 있다.

하지만 이것은 근시안적인 처사이다. 같은 부상을 당한 경우에 다량의 진통제를 사용하는 노동자가 적은 양의 진통제를 사용하는 노동자보다 일을 못하는 기간이 길다.

2007년 5월 10일에 퍼듀 파머는 이 회사의 세 명의 경영자와 함께 옥시콘틴의 '잘못 배합'한 죄목에 대하여 유죄 판결을 받았다. 법원은 위험성이 아주 적다고 고지한 퍼듀의 주장은 근거가 없으며 특정한 조건에서 약물이 얼마나 치명적일 수 있는지에 대해 분명한 경고를 하지 않았다고 판단했다. 바이어가 약물이 해로울 수 있다는 것이 분명하게 밝혀진 다음에도 헤로인을 판매했던 것처럼 퍼듀는 옥시콘틴의 잠재적 위험성을 빠르게 알리지 않았다.

세 경영자들에게는 3450만 달러의 벌금형이 선고되었고(퍼듀가 지불했다), 12년 동안 의약품을 생산하는 어떤 회사에도 근무하지 못하도록 했으며, 400시간 동안 약물 치료소에서 사회봉사를 하도록 했다. 퍼듀에도 6억 3400만 달러의 벌금이 부과되었다.

옥시콘틴으로 목숨을 잃은 어린이들의 부모들 다수가 재판을 참관했다. '우리 아이들은 약물 중독자가 아니었다. 그들은 보통 10대였다. 우리는 무기형을 선고받은 것이나 마찬가지이다'라고 열아홉 살짜리 아들을 잃은 한 여성이 말했다. 이 재판을 주재했던 제임스 P. 존스 판사는 회사 경영자들을 감옥에 보내고 싶었지만 사전 형량 조정제도 때문에 그럴 수 없었다고 말했다.

2010년 8월에 퍼듀는 시간 지연형 옥시콘틴을 '개봉 저항형'

제품으로 바꿨다. 새로운 제품은 두껍고 끈적끈적한 물질로 만들어져 부수기 어려웠다. 2년 후 뉴잉글랜드 의학 저널에 실린 연구는 새로운 제품의 효과를 조사했다. 연구자들은 옥시콘틴의 남용이 줄어들었지만 24%의 사용자들은 개봉 저항을 해결하는 방법을 알고 있었으며, 66%는 다른 약물로 바꿨다. 그들이 새로 선택한 제품은 주로 헤로인이었다. 이러한 조치들에도 불구하고 옥시콘틴의 연간 매출은 20억 달러에 이르고 있다.

2012년 뉴욕에 있는 베스 이스라엘 메디컬센터의 통증 완화 약물 분야 회장으로 있던 러셀 포테노이는 자신의 주장을 철회했다.

'나는 1980년대와 1990년대에 중독이 사실이 아니라는 것에 대한 수없이 많은 강의를 했다. 그때는 지금 알고 있는 것들을 알지 못했다.'

지난 10년 동안에 10만 명 이상이 진통제의 과용으로 숨졌다. 포테노이와 가까운 사이였던 정신과 전문의 스티븐 패식Steven Passik은 통증에 대한 전쟁을 다음과 같이 회고했다.

'거기에는 종교적 운동의 모든 특징을 다 가지고 있었다. 그것을 정당화하는 정신 같은 것이 있었다.'

결국 옥시콘틴은 지금까지 판매된 약물 중에서 가장 많은 중독자를 만든 약물이 되었다. 그리고 로셀 포테노이의 통증에 대한 전쟁은 현대 의학의 가장 큰 실수였다.

2016년 1월 16일 〈뉴욕 타임즈〉에 실린 기사에서 지나 콜라타Gina Kolata와 사라 코헨Sarah Cohen은 다음과 같이 설명했다.

'젊은 백인의 사망률 증가로 1960년대 중반에 있었던 베트남 전쟁 이후 처음으로 앞선 세대보다 더 많은 젊은 사람들이 죽는 것을 경험한 세대가 됐다.'

합성 아편의 남용은 미국에서 가장 많은 사고 사망의 원인이 되고 있다.

2016년 3월 15일에 질병통제예방센터(CDC)는 현명한 진통제 사용을 위한 지침을 만들었다.

(1) 이부프로펜과 같은 처방전이 필요 없는 진통제나 물리 치료가 실패한 후에만 사용한다.
(2) 단기 통증은 3일 이상 사용하지 않으며, 길어도 7일 이상을 넘지 않는다(그 때까지는 보통 2주 또는 한 달 분량의 진통제를 처방했다).
(3) 증상이 현저하게 개선된 경우에만 사용한다. 이 지침은 암

환자나 말기 환자에게는 적용되지 않는다.

퍼듀와 테바 제약회사로부터 연구비를 지원받고 있는 미국 통증 관리 아카데미와 법정에서 제약 회사의 이익을 대변해온 워싱턴 법무 법인은 새로운 지침을 반대했다. 어찌 되었던 진통제는 현재 연 매출 90억 달러의 산업이다. 아카데미의 책임자인 로버트 트윌맨Robert Twillman은 3일과 7일 복용 권장을 좋아하지 않았다. '이 숫자 역시 임의적이다' 그러나 CDC의 센터장인 톰 프리덴Tom Frieden은 이런 논쟁에 지쳤다. '만성 통증에 시달리고 있는 대부분의 환자들에게 약물 복용으로 얻을 수 있는 이익과는 비교할 수 없는 치명적인 심각한 위험을 줄 수 있다. 우리는 처방전으로 살 수 있는 진통제가 헤로인만큼 중독성을 가지고 있다는 사실을 간과하고 있다.'

오늘날 전 세계에서 발급되는 합성 아편 제제 처방전의 80%가 세계 인구의 5%만이 살고 있는 미국에서 발급되고 있다.

통증에 대한 잘못된 전쟁이 주는 교훈은 간단하다. 모든 것은 통계 자료가 말해준다.

프리드리히 제르튀르너가 판도라의 상자를 열어 괴물이 달아나도록 했을 때 모르핀에 대해 했던 경고는 무시되었다.

하인리히 드레서는 몇 주 동안 소수의 사람들에게만 헤로인을 시험하고 헤로인이 안전하다고 주장했다. 그리고 러셀 포테노이가 합성 아편의 사용을 권장하는 운동을 시작했을 때 그의 주장은 38명의 환자에 대한 조사를 근거로 한 것이었고, 이중 옥시콘틴을 사용한 사람은 12명밖에 안 됐다.

가장 널리 알려진 텔레비전 광고 중 하나인 웬디스 햄버거 광고에서 클라라 펠러가 '소고기는 어디 있지?'라고 묻던 것을 생각나게 한다. 많은 사람들에게 영향을 주는 치료법에 대해 새로운 주장을 하려면 두더지가 파놓은 작은 흙무더기 정도가 아니라 큰 산만큼 많은 근거를 바탕으로 해야 한다.

# 마가린의 커다란 실수

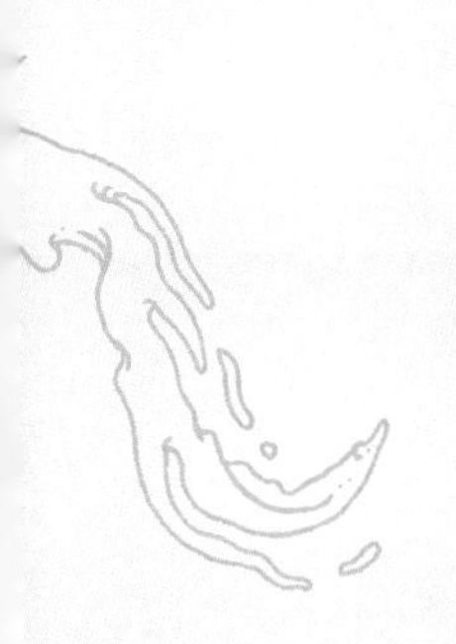

튀긴 음식을 피하라.
이런 음식은 혈액을 화나게 만든다

사트첼 페이지Satchel Paige

나는 메릴랜드 주에 있는 볼티모어에서 자랐다. 다시 집으로 돌아갈 수 없고, 젊은 시절로도 돌아갈 수 없다는 것을 잘 알고 있지만 그곳에는 아직도 그대로 남아 있을 것만 같은 일들이 있다.

예를 들면 열세 살부터 열여덟 살까지 나는 볼티모어 콜트의 계절 티켓을 가지고 있었다. 매년 세 명의 친구들(지미, 잭, 로버트)과 함께 35달러를 마련하여 일곱 번의 홈 게임을 위한 계절 티켓을 샀다. 일요일에는 버스를 타고 '세계 최대의 야외 정신이상자 수용소'인 메모리얼 스타디움으로 갔다. 볼티모어는 콜트를 사랑했다. 우리는 콜트를 최대한 지원했다. 그러나 아무런 경고도 없이 그들은 한밤중에 그들에 대한 추억을 메이플라워 트럭에 싣고 인디애나폴리스로 가버렸다. 분명히 사랑은 일방통행일 수 있었다.

또 다른 볼티모어의 명품은 체사피크만의 게였다. 여름 동안 우리는 그 지역 게집에 가서 볼티모어의 맥코믹 & 컴페니가 만든 올드 베이 양념 맛 게를 먹었다. 그러나 남획으로 게들이 사라졌다. 요즘은 볼티모어 게를 텍사스에서 공수해 오고 있다.

그리고 볼티모어에는 내가 항상 그곳에 아직도 있을 것이라고 믿고 있는 또 다른 전통이 있다. 그것은 2011년에 '볼티모어 최고 상'을 수상했고, '뷰'라는 프로그램과 푸드 네트워크인 라차엘 레이와 '내가 먹어본 최고의 음식'에 소개되었으며 모든 볼티모어 사람들이 좋아하는 베르헤르 쿠키이다.

부서지기 쉬운 작은 빵에 연한 캔디를 듬뿍 바른 베르헤르 쿠키는 1835년에 게오르고와 헨리 버거가 독일에서부터 들여온 이후 볼티모어의 전통이 되었다. 볼티모어의 체리힐 지역에 있는 작은 제과점에서 만들고 있는 베르헤르 쿠키Berger Cookie는 2012년에 250만 달러의 매상 중 98%를 차지했다. 대부분의 쿠키가 이 지역에서만 소비된다는 것을 감안하면 이것은 놀라운 일이다.

불행하게도 볼티모어 콜트나 체스트피크 만의 게처럼 볼티모어의 베르헤르 쿠키도 곧 과거의 것이 될는지 모른다. 제과점의 주인인 찰스 디바우프레 주니어가 레시피를 바꾸지 않으면 FDA가 쿠키의 생산을 금지할 예정이다. 불포화 수소를 포함하고 있는 식물성 기름을 이용해 만든 베르헤르 쿠키에는 트랜스지방이 포함 되어 있기 때문이다. 디바우프레는 트랜스지방이 없는 기름과 쇼트닝으로 시도해 보았지만 실패했다.

'우리는 시도해 보았지만 결과는 형편없었다. 질감이 살아나지 않아 전혀 다른 제품이 되었다.'

만약 디바우프레가 대체 레시피를 빨리 개발하지 못하면 그의 쿠키와 함께 그의 사업도 사라질 것이다.

볼티모어 베르헤르 쿠키를 위협하는 이유는 가장 흔한 미국인의 사망 원인인 심장질환 때문이다. 1900년대 초에는 대부분의 사람들이 세균이나 바이러스 감염으로 죽었다. 그러나 20세기에 는 항생제, 백신, 안전한 식수, 순수한 음식물의 발전으로 평균 수명이 30년이나 늘어나 심장질환이 가장 흔한 사망원인이 되기에 충분할 만큼 오래 살게 되었다. 왜 심장질환이 위협적인지를 이해하기 위해서는 우선 심장이 왜 그렇게 취약한지를 이해해야 한다.

심장도 다른 근육과 마찬가지로 산소를 날라다 주는 혈액이 계속적으로 공급되어야 하는 근육으로 이루어져 있다. 관상동맥이라고 부르는 두 개의 중요한 동맥이 심장 근육에 산소를 공급하고 있다.

이 두 개의 동맥 중 하나라도 막히면 혈액 공급이 중단되어 심장 근육이 손상을 입게 되고 이는 갑작스런 죽음으로 이어지는 경우가 많다(이것이 심장마비이다). 동맥이 막히는 현상을 연구하던 연구자들은 몸 안에서 만들어져 세포막의 필수 성분이 되는 물질인 콜레스테롤을 발견했다. 또한 몸을 구성하는 지방의 대부분을 차지하고 있는 중성지방도 발견했다. 의사들은 동맥이 막히는 질병을 '동맥이 굳어진다'는 의미로 동맥경화라고 부르고 있다.

다음에 해야 할 일은 동맥경화를 방지하는 방법을 찾아내는 것이다.

1913년에 니콜라이 아니치코프Nikolay Anichkov가 처음으로 희망의 빛을 발견했다. 러시아의 성페테르스부르크에 있던 황제 육군 의학 연구소에서 근무중이던 니콜라이 아니치코프가 콜레스테롤 함유량이 많은 우유와 달걀 노른자를 주로 먹인 토끼가 동맥경화에 잘 걸린다는 것을 발견했다. 그는 식이요법을 통해 심장질환을 예방할 수 있으며, 콜레스테롤을 적게 먹으면 더 오래 살 수 있다고 주장했다.

1950년대 중반에는 안셀 키스Ancel Keys가 콜레스테롤만의 문제가 아니라고 주장했다. 키스는 일곱 개 국가에서 사람들이 먹는 음식물을 조사해 일본과 크레타 사람들에게서는 심장 질환이 현저하게 적게 나타나는 반면 지방을 많이 섭취하는 핀란드에서는 심장병이 더 많이 나타난다는 것을 발견했다. '심장 건강 다이어트'라는 말을 처음 사용한 그는 미국인들에게 지방 섭취를 줄이라고 권고했다. 지방의 섭취를 줄이라고 권유하면서도 키스는 '음식물이 인간 동맥경화에 주는 영향에 대한 직접적인 증거가 아주 적고 이런 상태는 한동안 계속 될 것이다'라는 것은 인정했다.

아니치코프의 연구가 별 영향력이 없었던 것과는 달리 키스는 막강한 영향력을 가지고 있었다. 그는 세계보건기구의 국제 심장협회 회장이었고, 유엔식량농업기구의 고문이었으며, 그의 아내와 함께 다이어트와 질병에 관한 여러 권의 베스트셀러를 출판했다.

1961년에 안셀 키스는 타임지의 표지 모델로 등장해 미국인들에게 지방과 콜레스테롤을 적게 먹으라고 권유했다. 같은 해에 미국 심장협회는 하루 콜레스테롤 섭취 권장량을 300mg 이하로 정했다. 달걀에 하나에 약 200mg의 콜레스테롤이 포함되어 있기 때문에 이로 인해 달걀 판매가 30% 줄어들었다. 필라델피아의 위스타 연구소에 근무하고 있던 과학자 데이비드 크리체프스키David Kritchevsky는 '미국에서 우리는 더 이상 신을 두려워하지 않는다. 우리는 지방을 두려워한다'라고 말했다.

지방 소비와 건강 사이의 관계에 대한 과학적 증거는 모호했지만 미국 연방 정부는 이 문제를 명확하게 하기로 했다.

1968년 상원의원이었던 조지 맥거번George McGovern이 영양과 인간 필요에 관한 상원 선정 위원회를 발족시켰다. 맥거번과 그의 아내는 당시 다이어트 전문가인 나단 프리티킨스가 제안한 저지방 다이어트와 운동 프로그램을 실천하고 있었다. 맥거번은 곧 이 프로그램을 그만 두었지만 이 프로그램의 주술에서는 벗어나지 못하고 있었다.

1977년에 맥거번의 위원회는 전례가 없는, 한 역사학자의 표현을 빌리자면 '혁명적인' 보고서를 제출했다. 이 보고서가 혁명적이었다는 평가를 받은 것은 이 보고서가 영양학 분야에 대해 전혀 전문적인 소양을 가지고 있지 않던 정치 운동가이자 프로비

던스 저널의 노동 기자 닉 모턴이 작성했다는 사실 때문이었다.

모턴은 과학, 영양학, 건강과 관련된 아무런 배경 지식을 가지고 있지 않았다. 따라서 그는 미국인들을 위한 올바른 음식물을 결정하기 위해 무조건 지방 섭취를 줄여야 한다는 믿음을 가지고 있던 공중건강 대학원의 영양학자 마크 헥스테드Mark Hegsted에게 의존했다. 그는 자신의 견해가 극단적이라는 것을 알고 있었다. '미국을 위한 다이어트 목표'라는 제목의 모턴의 보고서는 미국인들이 섭취하는 총 지방의 양을 필요한 총 에너지의 30% 이하로 줄여야 한다고 권유했다.

소비자 운동가로 미국 농무성USDA의 식품 및 소비자 서비스 차관으로 임명된 캐롤 터커 포맨Carol Tucker Foreman이 없었더라면 매거번 위원회의 권유는 조용히 사라질 뻔했다. 위원회의 권장사항을 정부 정책으로 격상시키기로 한 포맨은 과학적 연구의 부족에도 불구하고 밀어붙였다. 그녀는 과학자들에게 '나는 하루 세 번 먹어야 하고, 아이들을 먹여야 한다. 나는 당신들이 현재 가지고 있는 최선의 해답이 무엇인지 말해주기를 바란다'고 요구했다.

불행하게도 사람에 따라 최선의 해답이 달랐다. 과학자들은 명확한 대답을 할 수 있을 만큼 충분히 알지 못했던 것이다.

그러나 충분한 자료가 없었음에도 불구하고 USDA의 권장사항은 명확했다. 지방 섭취의 제한은 공식적인 정부 정책이 되었다.

모턴의 보고서가 공개된 후 맥거번의 보좌관 중 한 사람이 여러 과학자들 의견을 듣는 것이 좋겠다는 생각을 했다. 따라서 그들은 위원회가 다른 과학자들의 의견도 청취할 수 있도록 했다.

처음 등장한 사람은 국립 심장, 폐, 혈액 연구소의 선임 연구원이었던 로버트 레비Robert Levy였다. 레비는 콜레스테롤이나 지방 섭취를 줄이는 것이 심장 질환을 줄이는 것인지 아무도 모른다고 증언하고, 그의 연구소가 이 문제를 밝혀내기 위해 3억 달러짜리 연구 프로젝트를 진행 중이라고 말했다. 그러나 레비도 말이 이미 마구간을 벗어나 버렸다는 것을 알고 있었다. '훌륭한 상원위원들이 권장 사항을 결정해 놓고, 우리를 불러 자문해 달라고 한다'고 그는 한탄했다.

다음으로 위원회의 보고서를 반대했던 사람은 뉴욕 록펠러 연구소에서 근무하고 있던 대사 작용 연구자 피터 아렌스Pete Ahrens였다.

그는 1969년에 위원회에서 로버트 레비와 같은 결론을 제시했다. 미국 의학협회에서도 맥거번 위원회가 제안한 다이어트가 '해로운 결과를 가져올 가능성'이 있다고 항의했지만 이미 때는 늦었다. 개리 타우브스가 〈사이언스〉에 기고한 '다이어트 지방에 대한 간단한 과학'이라는 제목의 기사에 의하면 '이 나라의 영양 정책을 바꾸고, 지방 섭취에 대한 가설을 신조로 바꾼 사람들은 소수의 맥거번 위원회 위원, 좀 더 정확하게는 몇 명의 맥거번 보좌관들이었다.' 그 당시에 그들은 몰랐지만 미국인들은 자신도 모르는 사이에 지방 섭취를 줄이는 것이 심장 질환을 줄이는지를 알아보는 국가적 시험의 대상이 되었다.

아마도 이 정부 정책으로 가장 고통 당한 제품은 버터였을 것이다.

버터의 기원은 인류가 가축을 기르기 시작한 1만 년 전으로 거슬러 올라간다. 버터는 우유에서 크림을 분리해낸 다음 고체 상태로 굳힌 것으로 밝은 노란색을 띠고 있다. 맥거번과 키스가 잘못된 권장 사항을 밀어붙이자 미국인들은 1869년에 프랑스의 나폴레옹 3세가 처음 도입한 제품을 선호하게 되었다. 나폴레옹은 그의 군대를 먹이기 위해 버터 대용으로 사용할 수 있는 값 싼 식품이 필요했다.

첫 번째 단계는 히폴리트 메게-마우리스라는 이름의 프랑스 화학자가 시작했다. 그는 올레오마가린이라고 부르는 식품을 개발했다. 동물 지방으로 만든 버터와는 달리 식물 기름으로 만든 마가린은 밝은 노란색인 버터와는 달리 흰색이었다. 값이 싸지만 맛과 식감이 버터와 비슷했으므로 마가린은 곧 세계에서 가장 인기 있는 식품 중 하나가 되었다.

1886년에 미국낙농협회는 연방 정부에 압력을 행사해 마가린을 판매하는 모든 사람들에게 세금을 물리도록 하는 올레마가린 법을 통과시켰다. 세금을 피하기 위해 일부 마가린 생산자들은 제품을 노랗게 염색하여 버터로 팔았다. 이에 화가 난 낙농 산업가들은 마가린 생산자들이 제품을 염색하지 못하게 했고 그러자 마가린을 파는 사람들은 마가린과 염료를 함께 팔았다. 소비자들이 노란 마가린을 먹고 싶으면 마가린과 염료를 섞기만 하면 됐다. 버몬트, 뉴햄프셔, 웨스트버지니아의 세 개 주는 한 발 더 나가 마가린을 핑크색으로 염색하도록 했다.

마가린에 부과하는 세금은 1950년에 철회되었고, 염색법은 1955년에 폐기되었다(낙농을 주로 하는 미네소타와 위스콘신 주는 1967년까지 염색법을 폐기하지 않았다). 현재는 노란색 마가린을 판매할 수 있으며 연방 세금이 부과되지 않는 제품이 되었다. 마가린 판매자들은 버터에 비해 마가린이 우수하다고 홍보했다.

1911년 미국인들은 일 년에 평균 8.6kg의 버터를 먹었고, 마가린은 0.45kg을 먹었다. 마가린이 '심장 건강' 대체식품으로 알려진 1957년에는 버터와 비슷한 양인 3.85kg의 마가린을 먹었다. 윌리엄 로스스타인[William Rothstein]은 그의 책 〈공중건강과 위험요소〉에서 '건강에 좋다는 대대적인 홍보 덕분에 마가린은 질과 맛이 나쁨에도 불구하고 상업적으로 대단한 성공을 거뒀다'라고 말했다. 엘리노어 루즈벨트도 여기에 가세했다.

1959년 〈굿 럭 마가린〉이라는 텔레비전 프로그램에 출연한 그녀는 '이것이 내가 토스트에 뿌리는 것이다'라고 말했다.

1976년에는 마가린의 소비가 5.4kg으로 증가해 버터의 세 배를 넘어섰다.

이처럼 버터에서 '심장 건강'에 좋다는 마가린으로 바꿨지만 미국의 심장병 발병률은 오히려 증가했다. 정책 수립자들이 실제로는 마가린이 '심장에 안 좋은 건강 대체품'이라는 것을 알기까지는 수십 년이 걸렸다.

다음 20년 동안 지방과 심장병의 관계를 밝혀내기 위해 30만 명을 대상으로 1억 달러가 소요되는 본격적인 연구가 진행되었다. 결론은 아무런 관련이 없다는 것이었다. 이 연구 결과에도 공식적인 정부 정책은 바뀌지 않았다. 이 연구를 주도했던 하버드 대학의 의생태학자 월터 윌렛[Walter Willett]은 격분했다. 그는 '권장 사항을 바꾸기 위해서는 높은 수준의 증명이 필요하다고 말한다. 그것을 만들 때는 높은 수준의 증명이 전혀 없었으면서 그렇게 말하는 것은 역설적이다'라고 말했다.

안셀 키스와 맥거번 위원회가 지방에 대해 잘못된 결론을 내렸던 것은 모든 지방이 똑같다고 생각했기 때문이다. 그들은 포화지방, 불포화지방, 시스 지방 그리고 가장 중요한 트랜스지방과 같은 여러 가지 형태의 지방에 대해 몰랐다. 이로 인해 미국인들은 무지에 대한 큰 대가를 치러야 했다.

키스와 맥거번이 잘못된 길을 가게 된 것을 이해하기 위해서 우리는 고등학교에서 배운 화학을 잊어버린 소수의 사람들을 위해 간단한 화학 공부를 해야 할 것 같다.

농담이다. 모든 사람들이 고등학교에서 배운 화학은 잊어버린다. 시험이 끝나고 1분 안에 모두 잊어버리는 것이 정상이다. 그러나 '포화', '불포화', '트랜스지방'과 같은 말의 의미를 이해하기 위해서는 이들 뒤에 있는 화학을 조금은 이해해야 한다. 어려운 것은 아니니 걱정마시라.

지방은 탄소(C), 수소(H), 산소(O)의 세 가지 원소로 이루어져 있다. 지방의 골격을 형성하고 있는 탄소 원자는 네 개의 결합 위치를 가지고 있다(하나의 결합 위치에는 하나의 원자가 결합할 수 있다). 네 개의 결합 위치가 모두 결합되면 탄소 원자의 결합 위치가 포화되었다고 말한다. 아래 보여주는 지방은 포화지방이다. 포화지방이 많은 식품에는 버터, 돼지 기름, 코코넛 기름, 야자유, 마요네즈, 생선 기름등이 있다. 크림, 치즈, 우유, 사우어크림, 아이스크림과 같은 낙농 제품이나 베이컨, 육류, 소시지, 살라미 소시지, 햄, 소고기, 런천미트와 같은 가공 식품에도 포화지방이 많이 포함되어 있다.

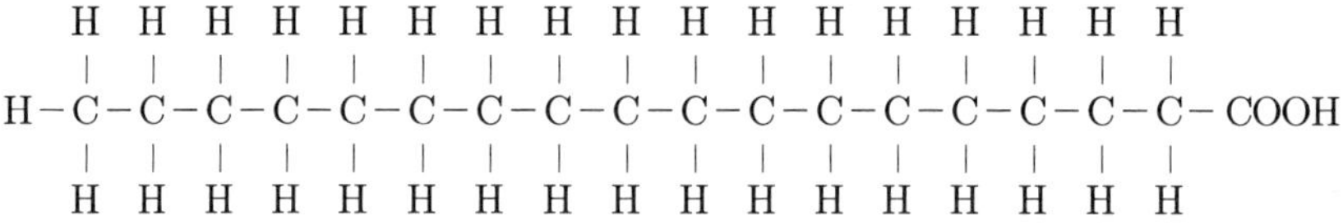

```
  H H H H H H H H H H H H H H H H H
  | | | | | | | | | | | | | | | | |
H-C-C-C-C-C-C-C-C-C-C-C-C-C-C-C-C-C-COOH
  | | | | | | | | | | | | | | | | |
  H H H H H H H H H H H H H H H H H
```

포화지방

그러나 때로는 탄소 원자와 다른 탄소 원자와 두 개의 결합 위치를 공유하는 경우도 있다(아래 그림에서 굵은 글씨로 표시된 것과 같이). 이런 경우에는 탄소 원자가 하나의 결합 위치를 다른 원자(수소와 같은)와 결합할 수 있기 때문에 이런 지방은 불포화지방이라고 부른다. 따라서 아래의 지방은 불포화지방이다.

불포화지방을 많이 포함하고 있는 식품에는 올리브 오일, 연어, 알몬드, 호두, 아보카도, 올리브, 지방이 많은 생선, 마가린, 피넛 버터, 호박, 해바라기, 아마유 등이 있다.

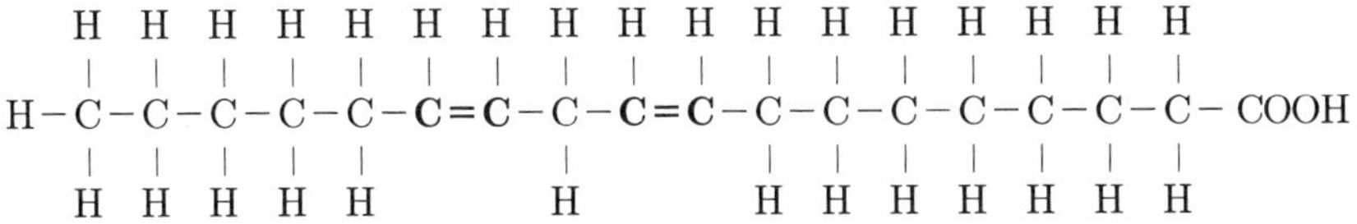

```
  H   H   H   H   H   H   H   H   H   H   H   H   H   H   H   H   H
  |   |   |   |   |   |   |   |   |   |   |   |   |   |   |   |   |
H-C - C - C - C - C - C = C - C - C = C - C - C - C - C - C - C - C - COOH
  |   |   |   |   |           |           |   |   |   |   |   |   |
  H   H   H   H   H           H           H   H   H   H   H   H   H
```

**불포화지방**

두 가지 지방의 상대적 양을 명확하게 알게 된 1980년대 초의 여러 연구들은 포화지방이 심장병 위험을 증가시킨다는 것을 보여 주었다. 이런 연구로 인해 불포화지방은 좋은 것이고 포화지방은 악마라는 인식이 확산되었다. 이에 따라 두 단체가 미국 식품에서 포화지방을 제거하기 위한 운동을 벌였다. 그들이 잘못되었다는 것을 알게 된 것은 훨씬 후의 일이다.

1984년에 대중 관심 과학 센터[CSPI]는 포화지방을 많이 포함하고 있는 동물성 지방이나 코코넛 오일, 팜유와 같은 열대 식물 기름을 사용해 식품을 굽거나 튀기는 회사들을 목표로 하는 '포화지방 공략'을 시작했다.

1년 후에는 목숨을 잃을 뻔한 심장병으로 고통받았던 필 소콜로프[Phil Sokolof]가 국립심장구조협회[NHSA]를 출범시켰다. 그는 패스트푸드 회사들이 포화지방을 제거하도록 하기 위해 1500만 달러를 사용했다.

1988년에 소콜로프는 포화지방의 사용을 중지해달라고 회사들에 요구 하는 수천 통의 편지를 발송했다. 이 편지가 무시되자 그는 〈뉴욕 타임즈〉〈워싱턴 포스트〉〈뉴욕 포스트〉〈USA 투데이〉〈월스트리트 저널〉을 비롯한 여러 신문에 전면 광고를 실었다.

'누가 미국을 독으로 오염시키고 있는가?'

그의 광고는 거창했다. 질문 다음에 오는 문장은 신랄했다.

'식품 업자들이 포화지방을 이용하여 미국을 오염시키고 있다! 우리는 위험 가능성이 있는 성분의 사용을 중지해달라고 요청하기 위해 모든 중요한 식품 가공 업체와 접촉했다. …… 그러나 우리의 요청에 아무런 답이 없었다. 분명이 이들 회사들은 우리의 건강보다 다른 것을 우선으로 생각하고 있다. 우리는 무엇인가 해야 한다. …… 우리는 당신들에게 간청한다. 코코넛 오일이나 팜유를 사용한 제품을 사지 말라. 당신의 생명이 위험에 처해 있다.'

CSPI의 '포화지방 공략'과 NHSA의 편지 쓰기 운동은 쇼트닝이나 포화지방이 많이 포함된 기름을 사용하는 모든 중요 회사를 대상으로 했다. 여기에는 아치웨이, 보르덴, 프리토-레이, 제너럴 푸드, 하디스, 하인츠, 호스테스, 키블러, 켈로그, 켄터키 프라이드 치킨, 랜스, 맥도널드, 맥키 베이킹 컴퍼니, 나비스코, 페퍼리지 팜, 필스버리, 프록터 & 갬블, 퀘이커 오트, 랄스톤 퓨리나, 로만 밀, 로이 로저스, 스페셜리티 베이커스, 스토퍼, 썬샤인, 타코 벨, 웬디스가 포함되었다.

1980년대 말까지 거의 모든 요리책이나 명성 있는 영양사들이 포화지방을 적게 포함하고 있는 식품을 홍보했다. 이러한 노력은 미국 식품의약국FDA, 세계보건기구, DSDA, 국립건강연구소의 적극적인 지원을 받았다. 심장 질환의 문제를 해결하는 방법이 명백해 보였다. 포화지방을 불포화지방으로 바꾸는 것이 그것이었다. 미국인들은 버터 대신 마가린을 먹으라고 권유받았다. 하지만 불행하게도 마가린은 누구도 생각할 수 없을 정도로 위험한 다른 종류의 지방(트랜스지방)을 포함하고 있었다.

트랜스지방이 무엇인지 이해하기 위해서 앞에서 이야기했던 불포화지방에 대한 이야기로 돌아가 보자.

아래 그림에서 굵은 글씨로 나타낸 탄소 원자를 살펴보자. 굵은 글씨로 표시된 탄소 원자에 결합되어 있는 수소 원자가 같은 쪽에 있다. 이런 경우 우리는 '시스 구조'를 하고 있다고 말한다.

라틴어에서 시스(cis)는 '같은 쪽에'라는 뜻이다. 두 개의 수소 원자가 같은 쪽에 있으면 서로 밀어내 굽어진 분자를 만든다. 굽어진 구조로 인해 이런 분자들은 차례로 쌓이기가 어렵다. 쌓이기 어려운 분자들은 결정을 만들지 못한다. 다시 말해 고체가 되기 어렵다. 그 결과 시스 불포화지방은 카놀라유나 해바라기 기름과 같이 항상 액체 상태를 유지하는 지방이 된다.

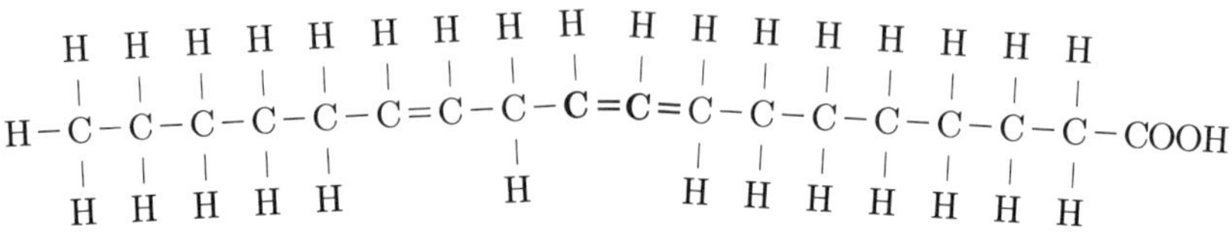

```
  H H H H H H H H H H H H H H H H H
  | | | | | | | | | | | | | | | | |
H-C-C-C-C-C-C=C-C-C=C=C-C-C-C-C-C-C-COOH
  | | | | |     |     | | | | | | |
  H H H H H     H     H H H H H H H
```

시스 불포화지방

71쪽 예에 나타난 것과 같이 불포화지방의 수소 원자가 반대쪽에 있는 경우도 있다. 이런 경우 수소 원자가 트랜스 구조를 하고 있다고 말한다. 트랜스는 라틴어로 '반대 쪽에'라는 뜻이다.

수소 원자가 반대쪽에 있으면 분자가 곧게 뻗게 된다. 이런 분자들은 쉽게 쌓일 수 있다. 단단하게 쌓일 수 있는 분자들은 결정을 만들기 쉬워 쉽게 고체로 변한다. 일반적으로 사용하는 식물 쇼트닝이 식물 기름으로 만들었는데도 부엌에서 고체 상태인 것은 이 때문이다.

대부분의 경우 자연에서는 많은 양의 트랜스지방이 발견되지 않는다. 트랜스지방은 불포화 식물 기름에 의도적으로 수소 원자를 첨가할 때 만들어진다. 이런 과정을 수소화라고 한다. 최종 생성물을 보통 '부분적으로 수소화된 식물 기름'이라고 한다. '부분적으로' 라는 말은 생성물이 완전하게 포화되지 않았다는 것을 나타낸다. 다시 말해 아직 불포화되었다는 것을 뜻한다. 그것은 또한 생성물에 트랜스지방이 많이 함유되어 있다는 것을 뜻한다.

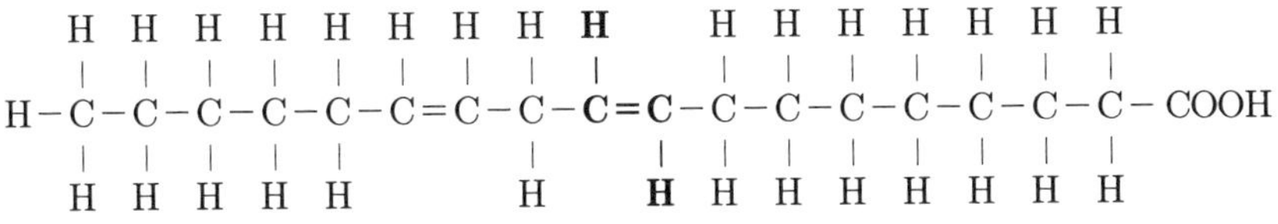

```
  H   H   H   H   H   H   H   H   H       H   H   H   H   H   H   H
  |   |   |   |   |   |   |   |   |       |   |   |   |   |   |   |
H-C - C - C - C - C - C = C - C - C = C - C - C - C - C - C - C - C - COOH
  |   |   |   |   |           |       |   |   |   |   |   |   |   |
  H   H   H   H   H           H       H   H   H   H   H   H   H   H
```

트랜스 불포화지방(또는 트랜스지방)

미국인들은 1980년대에 처음으로 불포화지방에 많은 양의 트랜스지방이 함유되어 있다는 것을 알게 되었다. 그러나 실제로는 이미 100년 전부터 미국에서 가장 인기 있는 요리 재료 중 하나로 이런 제품들이 사용되고 있었다.

1901년 2월 27일 빌헬름 노르만은 최초로 액체 상태의 기름을 수소화했다. 그는 이 과정을 '지방 경화'라고 불렀다.

1902년 8월 14일에 노르만은 독일 특허 #141,029를 취득했다. 트랜스지방이 탄생한 것이다.

1년 후 노르만은 영국에서 특허를 받았고, 조셉 크리스필드 & 선스가 영국 와링턴에 대량 생산을 위한 설비를 갖추었다. 1909년까지 크로스필드는 매년 약 300만kg 부분적으로 수소화된 식물 기름 제품을 생산했다. 5년 후 전 세계적으로 20개의 공장이 수소화된 식물 기름을 고체 상태로 바꿨다. 이 제품들은 모두 트랜스지방을 포함하고 있었다.

같은 해에 조셉 크로스필드 & 선스는 고체 기름을 대량 생산하기 시작했고, 프록터 & 갬블P&G이 노르만이 가지고 있던 특허의 미국 권리를 확보했다. 그들은 이것을 비누나 양초를 만드는 데 사용할 계획이었다.

곧 프록터 & 갬블의 과학자들이 노르만의 방법을 이용하여 목화씨 기름을 액체에서 고체로 바꾸는 방법을 알아냈다. 새로운 요리 재료를 만들어냈다는 것을 알게 된 윌리엄 프록터는 평생 동안 요리용 기름만 팔아온 사람의 사무실로 찾아가 그의 책상 위에 단단한 흰색 블록을 던졌다.

'이것이 목화씨 기름이다'

그들은 이것을 결정화된 목화씨 기름이라는 뜻의 영어를 줄여서 크리스코라고 불렀다.

여러 가지 이유로 트랜스지방을 포함하고 있는 크리스코의 부분적으로 수소화된 식물 기름은 전에 사용하던 쇼트닝이나 요리용 기름보다 우수했다.

(1) 트랜스지방은 산소에 노출되었을 때 좀 더 안정했다. 따라서 버터와 같은 동물 지방보다 훨씬 더 오래 보관할 수 있었다.

(2) 트랜스지방은 아주 높은 온도에서만 탔다. 따라서 요리용 기름이 많은 연기를 내지 않았고, 자주 바꿀 필요가 없었다. 이것은 하루 종일 튀김을 해야 하는 사람들에게 신이 준 선물이었다.

(3) 트랜스지방은 중성 맛을 가지고 있었다. 따라서 음식 고유의 맛을 해치지 않았다.

(4) 트랜스지방은 버터처럼 보여 쉽게 버터를 대체할 수 있었다.

(5) 트랜스지방은 아주 쌌다.

1930년대부터는 동물 사료로 사용되던 콩에서 나온 기름을 이용하여 만들었다. 그리고 크리스코와 같은 반고체 상태의 지방을 이용하면 질감, 구조, 윤활 정도, 공기와의 접촉에 따라 다양한 제품을 만들 수 있어 더 폭신한 케이크, 더 잘 부서지는 쿠키, 더 바삭한 크래커, 잘 떨어지는 파이, 더 파삭한 치킨, 좀 더 부드러운 빵을 만들 수 있게 되었다.

자신들의 손에 금광이 들려 있다는 것을 알아차린 프록터 & 갬블은 굽거나 튀기는데 크리스코를 사용하는 다양한 레시피를 담은 요리책을 부착한 크리스코를 판매했다. 그들은 크리스코를 '전체가 식물성이다! 이것은 모두 소화된다!', '완전히 새로운 제품, 모든 미국 부엌에 영향을 줄 과학적 발견'이라는 광고와 함께 판매했다. 그리고 크리스코는 정결한 식품이었기 때문에 그들은 '유대인들은 4000년 동안 크리스코를 기다렸다'라는 홍보 문구를 사용하기도 했다.

1940년대에는 버터와 같은 동물 기름이 미국에서 사용되는 모든 지방의 3분의 2를 차지했지만 1960년대 초에는 트랜스지방이 포함된 부분적으로 수소화된 식물 기름의 사용이 늘어나면서 그 비율이 반대가 되었다.

《트랜스지방》이라는 제목의 책을 쓴 주디스 쇼은 두 가지 사건이 부분적으로 수소화된 식물 기름(트랜스지방) 산업을 시작했다고 주장했다.

첫 번째 사건은 1956년에 미국 의회가 인터스테이트 고속도로 체계를 구축하도록 하는 법안을 통과시킨 것이다. 이로 인해 맥도날드, 버거킹, 타코벨, 칠스와 같은 패스트푸드 식당이 전국으로 확산될 수 있었다. 부분적으로 수소화된 식물 기름은 상온에서 오랫동안 보관할 수 있었기 때문에 쿠키, 프렌치 프라이스, 프라이드치킨, 프라이드 피시와 같은 식재료를 보관하지 않고 전국으로 배송할 수 있게 했다.

트랜스지방이 확산되는 데 도움을 준 두 번째 법률인 식료품 첨가물 수정안은 1958년 9월 6일에 통과되었다. 미국인을 위험한 활동으로부터 보호하기 위한 이 수정안에는 '식료품이 건강에 해를 줄 수 있는 독성 성분이나 유해 성분을 포함하고 있다면 불량식품으로 간주한다'는 내용이 포함되어 있었다. 불행하게도 1958년 이전부터 사용되던 식료품 첨가물(부분적으로 수소화된 식물 기름과 같은)은 FDA의 승인을 받을 필요가 없었다. 트랜스지방은 기득권을 인정받았던 것이다.

1980년대에 부분적으로 수소화된 식물 기름은 모든 굽거나 튀기는 재료 중에서 가장 인기 있는 제품이 되었다. 2001년는 세계에서 네 번째로 큰 식료품 제조 과정이 되었다.

2001년에 CDC는 미국의 심장 발생 건수를 집계하여 발표했다. 1260만 명이 관상동맥 관련 질병으로 고통을 받았고, 540

만 명이 심장병으로 치료받았으며, 50만 명이 심장마비나 이와 관련된 질병으로 목숨을 잃었다. 심장 질환으로 지불한 비용은 매년 3000억 달러나 되었다.

악마의 물질이라고 믿고 있던 포화지방이 많이 포함된 코코넛이나 팜 오일과 같은 열대 기름이나 버터와 같은 동물성 지방을 사용하는 회사를 공격함으로서 CSPI와 NHSA는 자신들도 모르는 사이에 미국인들로 하여금 훨씬 더 위험한 트랜스지방을 사용하도록 했다. 이로 인해 25%의 트랜스지방을 포함하고 있는 마가린과 같은 제품이 갑자기 '건강한 대체식품'이 되었고, 1990년대 초에는 부분적으로 수소화된 식물 기름을 이용한 수만 가지 제품이 만들어졌다. 부분적으로 수소화된 식물 기름은 싸고, 정결했으며, 심장 건강 대체식품으로 알려졌기 때문에 큰 인기를 끌었다.

1981년에 웰시 연구자들이 최초의 경고음을 울렸다. 그들은 부분적으로 수소화된 식물 기름에 포함된 트랜스지방이 심장 질환과 관련이 있다고 주장하는 논문을 발표했다.

9년 후에 권위 있는 뉴잉글랜드 의학 저널에 두 네덜란드 연구자들이 웰시의 연구를 지지하는 연구결과를 발표했다.

처음으로 미국인들은 불포화지방이 몸에 좋다는 것을 알아차리기 시작했다.

1993년에 하버드 연구자들이 수행한 연구는 트랜스지방에서 얻는 에너지의 2%를 다른 불포화지방으로 바꾸면 심장 질환의 위험을 33% 줄일 수 있다는 것을 보여주었다. 또 다른 연구는 트랜스지방의 섭취를 같은 양 줄였을 때 심장 질환의 위험을 53% 줄일 수 있다는 것을 보여주었다. 후에 하버드 대학의 공중보건 대학원은 미국 식단에서 트랜스지방을 제거하면 매년 심장마비와 심장 관련 질환으로 숨지는 25만 명의 사람들을 구할 수 있을 것이라고 추정했다!

결과가 서로 상반되거나 결정하기 어려운 총지방, 총콜레스테롤 그리고 불포화지방에 대한 연구와는 달리 모든 연구자들은 트랜스지방이 가장 유해한 제품이라는 것을 보여 주었다. 모든 불포화지방이 같지 않다는 것을 더 잘 이해하게 됨에 따라 트랜스지방의 문제가 명확해졌다.

콜레스테롤은 어떤가? 동맥경화증으로 고통받는 환자들의 관상동맥에서 콜레스테롤이 발견되지 않았던가? 세포의 필수 구성 요소인 콜레스테롤이 관상동맥을 막는 지방 덩어리에 포함되어 있는 것이 사실이기는 하지만 저밀도지질단백질[LDL] 콜레스테롤이라고 하는 특정한 형태의 콜레스테롤만 포함되어 있다.

이 콜레스테롤은 일반적으로 나쁜 콜레스테롤이라고 부른다. 포화지방을 많이 포함하는 제품을 반대한 것은 포화지방이 LDL 콜레스테롤을 증가시키기 때문이다. 그러나 사람들은 두 가지 다른 종류의 LDL 콜레스테롤이 있다는 것을 알지 못하고 있었다. 크고 솜털 형태의 LDL은 그다지 해롭지 않다. 하지만 초저밀도지질단백질[vLDL] 콜레스테롤이라고 부르는 콜레스테롤은 해롭다. 포화지방은 별로 해롭지 않은 LDL 콜레스테롤은 증가시키지만 매우 해로운 vLDL은 증가시키지 않는다.

또 다른 형태의 콜레스테롤은 오히려 좋다. 고밀도지질단백질 콜레스테롤 또는 HDL 콜레스테롤이라고 부르는 콜레스테롤은 관상동맥 안의 vLDL을 간으로 보내 제거한다. 포화지방은 혈액 안의 HDL을 증가시키지도 않고, 감소시키지도 않는다.

따라서 종합하면 포화지방이나 특정한 형태의 콜레스테롤은 건강에 해롭지 않다.

그러나 트랜스지방은 이야기가 다르다. 트랜스지방은 가장 나쁜 종류의 콜레스테롤인 vLDL을 극적으로 증가시킬 뿐만 아니라 건강에 도움을 주는 HDL을 크게 감소시킨다. 이런 이유로

2006년 뉴잉글랜드 의학 저널은 '칼로리를 기준으로 비교할 때 트랜스지방은 다른 어떤 영양소보다 관상동맥 질병 위험을 많이 증가시키는 것으로 드러났다'고 선언했다.

식품 및 식품첨가물 수정안에는 1958년 이전부터 사용하던 첨가물은 FDA의 승인을 받을 필요가 없다고 규정되어 있지만 한 조항으로 인해 FDA가 조치를 취할 수 있도록 했다.

'식품을 앞으로도 계속 사용하기 위해서는 현재의 과학 정보를 바탕으로 조사되어야 한다.'

1994년에 처음으로 건강 활동가들이 트랜스지방의 사용을 제한하자고 청원했다. 5년 후인 1999년에 FDA는 마침내 트랜스지방의 소비를 제한하는 계획을 만들겠다고 선언했다. 그리고 3년이 지났지만 아무 일도 일어나지 않았다.

2002년 7월 10일 의학연구소[IOM]가 FDA의 조치를 촉구하기 위해 아무리 적은 양의 트랜스지방도 안전하지 않다고 선언했다. 그들은 '트랜스지방의 허용한도를 0으로 해야 한다'고 권장했다. IOM이 허용 한도를 정하기 위해 노력하고 있을 당시 쿠키의 95%, 냉동 조식의 80%, 스낵과 칩의 75%, 케이크 혼합물의 70%, 시리얼의 50%가 트랜스지방을 포함하고 있었다.

포화지방 퇴치 운동을 벌였던 사람들은 결국 자신들이 트랜스지방을 포함하고 있는 불포화지방의 섭취를 권장한 것을 후회했다. 2004년에 CSPI의 대표가 '20년 전에는 나를 포함한 과학자들이 트랜스지방이 무해한 것으로 생각했다. 그 후 그것이 사실이 아니라는 것을 알게 되었다'라고 말했다.

1년 후 하버드 의대 교수로 하버드 공중보건 대학원의 영양학과 학과장이었던 월터 윌렛Walter Willett은 뉴욕 타임즈에 실린 기사에서 '많은 사람들이 버터 대신 마가린을 먹으라고 말하며경력을 쌓았다. 내과의사로 일하던 1980년대에 나도 사람들에게 그렇게 말했다. 불행하게도 우리는 그들을 일찍 무덤으로 보냈다'라고 말했다.

건강 운동가들이 콜레스테롤 또는 총지방 또는 포화지방이 심장 질환의 위험을 증가시킨다고 생각했을 때 그들은 곧바로 소비자들에게 그것을 알리기 위한 운동을 시작했다. 트랜스지방이 식품에 포함되어 있으면 건강에 해가 되는 것이 명백했으므로 그것을 금지하기 위해 정부도 나섰다. 이는 유럽에서 먼저 시작되었다.

2004년 1월 1일에 덴마크가 트랜스지방의 함량을 음식물에 포함된 총 지방의 2% 이하로 제한하는 법률을 도입했다. 1975년에는 트랜스지방의 하루 섭취량이 4.5g이었던 것이 1993년에는 2.2g, 1995년에는 1.5g, 2005년에는 거의 0g으로 떨어졌다. 그리고 2010년까지 덴마크에서 심장 질환으로 인한 사망자 수가 60% 줄어들었다.

트랜스지방의 사용을 제한하자고 처음 청원을 내고 12년이 흐른 2006년 1월 1일에 FDA가 마침내 포장 식품의 제조자들로 하여금 모든 식품에 트랜스지방의 함량을 표시하도록 하겠다고 발표했다. 그 해 말에 미국인들 중 84%가 트랜스지방에 대해 들었고, 그들 중 적어도 반이 트랜스지방이 건강을 위협한다는 것을 정확하게 알게 되었다.

켄터키 프라이드치킨이 자발적으로 트랜스지방을 없앴고, 애플비와 아비스, 타코벨, 스타벅스도 여기에 동참했다. 도리토스, 토스티토스, 치토스와 같은 제품을 생산하는 크라프트, 소덱쏘, 프리토-레이와 같은 대형 식품 제조사들도 트랜스지방의 사용을 중지했다.

2008년까지 조리된 식품에 포함된 트랜스지방의 양이 반으로 줄어들었다. 2012년에는 1만 개의 제품에서 트랜스지방이 제거되었고, 적어도 13개 미국 재판 관할 구역 안에 있는 식당에서 트랜스지방의 사용이 금지되었다. 예를 들면 뉴욕은 2만개의 식당과 1만 4000명의 식품 공급자들에게 트랜스지방이 포함된 부분적으로 수소화된 식물 기름의 사용을 중지하라고 요청했다.

그러나 여기에도 하나의 허점이 있었다. FDA는 제품이 0.5g 이하의 트랜스지방을 포함하고 있는 경우 제조자들이 0g의 트랜스지방을 포함하고 있다고 표시할 수 있도록 허용했다. 많은 제품들이 0.5g보다 조금 적은 양의 트랜스지방을 포함하고 있기 때문에 미국 심장 협회가 정한 하루 2g보다 더 많은 양의 트랜스지방을 섭취할 가능성이 있다. 예를 들면 크림이 들어 있는 스펀지케이크는 0.46g의 트랜스지방을 포함하고 있지만 라벨에는 0g으로 표시되어 있다. 그리고 전자오븐 팝콘은 0.25g의 트랜스지방을 포함하고 있지만 0g으로 표시되어 있다. 트랜스지방은 일부 마가린과 커피 크림에도 포함되어 있고, 볼티모어의 베르헤르 쿠키에도 포함되어 있다. 따라서 숨어 있는 트랜스지방을 피하기 위해서는 상표에 '부분적으로 수소화된 식물 기름partially hydrogenated vegetable oil'이라는 말이 들어 있는지를 세심하게 살펴보아야 한다.

몇 년마다 독일 화학회는 지방 연구와 지방 과학에 뛰어난 공헌을 한 사람에게 빌헬름 노르만 상을 수여하고 있다. 역설적이지만 불포화지방을 트랜스지방으로 바꾼 노르만 반응은 인간이 만든 어떤 화학 반응보다 더 많은 사람들을 질병과 죽음에 이르게 했다.

여기서 우리가 배울 수 있는 교훈은 무엇일까? 이런 시행착오를 피해갈 수 있는 방법이 있을까? 진통제의 경우와 마찬가지로 모든 것은 통계 자료가 말해준다. 맥거번 위원회가 총지방 섭취량을 총칼로리의 30% 이하로 해야 된다고 했던 1970년대에는 그런 주장을 정당화할 통계 자료가 없었다. 이와 마찬가지로 어떤 형태의 지방을 선호해야 하는지를 권장할 때는 상반된 연구 결과들이 나와 있었다. 많은 연구에서 포화지방이 심장 질환의 위험을 증가시킨다고 나왔지만 웰시의 연구는 반대로 불포화지방이 심장 질환의 위험을 크게 증가시킨다는 것을 보여 주었다.

이러한 상반된 결과는 적어도 잠시라도 뒤를 돌아보게 했어야 했다. 그러나 그러지 못했다. 잘못된 근거에 기인한 결론이 판도라의 상자 밖으로 달아났고, 미국 식탁에 버터의 '심장 건강' 대체품으로 자랑스럽게 제공된 마가린은 실제로는 '심장 안 건강' 식품이었다.

# 공기로부터 빵 대신 피를

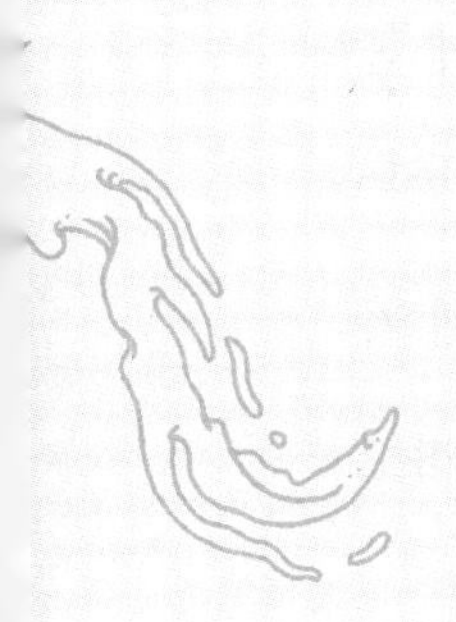

땅은 악마로 가득하다.
그리고 바다도 가득하다.

《노동과 나날The Works and Days》, 헤시오도스Hesiod

우리는 생각처럼 복잡하지 않다. 모습과 크기, 키와 몸무게, 배경과 성격이 다르고, 단백질과 효소를 만드는 유전자가 다르지만 우리 모두는 수소, 산소, 탄소, 질소의 네 가지 기본 원소들로 이루어졌다. 이 네 가지 원소들 중 하나라도 없어진다면 지구상에서의 우리 시대는 끝나 버릴 것이다.

네 가지 원소 중 세 가지는 쉽게 확보할 수 있다.

수소는 두 개의 수소와 하나의 산소로 이루어진 우리가 마시는 물($H_2O$)에서 얻는다. 산소는 우리가 숨 쉴 때 들이마시는 산소($O_2$)에서 온다(물고기는 아가미를 통해 물에 녹아 있는 산소를 추출할 수 있다). 탄소 역시 공기로부터 얻는다. 녹색 식물은 햇빛의

에너지를 이용하여 공기 중에서 흡수한 이산화탄소($CO_2$)를 탄소를 포함하고 있는 복잡한 당으로 바꾼다(이것을 광합성작용이라고 한다). 우리는 식물이나 식물을 먹고 사는 동물을 먹어 탄소를 확보한다. 공기와 물은 풍부하게 존재하기 때문에 수소, 산소, 탄소 역시 풍부하다.

생명 물질의 순환과정에서 가장 어려운 것이 흙에서만 구할 수 있는 질소의 순환이다. 농부들이 옥수수, 밀, 보리, 감자, 벼와 같은 작물을 재배하면 흙에 포함되어 있는 질소가 고갈된다. 따라서 질소를 보충해주지 않으면 토양에서 더 이상 작물을 재배할 수 없게 된다.

질소는 세 가지 방법으로 땅 속에 보충된다. 부식한 식물이나 동물의 배설물을 천연비료로 사용하여 흙 속의 질소를 보충하거나 공기 중의 질소를 고정하여 식물이 사용할 수 있는 흙 속의 질소 화합물로 바꾸는(이것을 '질소 고정'이라고 부른다.) 뿌리혹박테리아를 가지고 있는 콩과 식물(병아리콩, 완두콩, 콩, 클로버 등)을 교대로 재배한다. 아니면 천둥과 번개를 기다린다. 번개도 공기 중의 질소를 고정할 수 있다.

만약 지구상의 모든 땅에 작물을 재배하고, 천연비료만 사용하며, 작물을 교환해가면서 농사 짓고, 모든 사람들이 채식만 한다면 지구상에는 약 40억 명이 살아갈 수 있다. 그러나 2016년 현재 지구상에는 70억 명 이상의 인구가 살고 있다(2018년에는 75억 9100만 명). 많은 사람들이 배고픔에 시달리고 있지만 그것은 식량이 모자라기 때문이 아니다. 식량은 풍부하다. 문제는 필요한 사람들에게 식량이 골고루 분배되지 않고 있기 때문이다.

그렇다면 농부들은 어떻게 그 많은 사람들이 먹고 살 수 있는 식량을 생산하고 있을까? 그 대답은 1909년 7월 2일 있었던 사건에 들어 있다. 현재 우리 몸을 이루고 있는 질소의 50%는 자연적인 방법으로 조달되고 있고, 50%는 한 사람의 연구 결과에 의해 공급되고 있다. 그는 수많은 사람들의 목숨을 살렸지만 동시에 파괴의 씨앗도 심었다.

프리츠 하버Fritz Haber는 1868년 12월 9일 독일 브레슬라우에서 태어났다. 그의 부모였던 지그프리드와 파울라는 사촌으로 가족의 반대를 무릅쓰고 결혼했다. 곧 비극이 뒤따랐다. 프리츠가 태어나고 3주 후인 섣달 그믐날 파울라가 산후 후유증으로 세상을 떠났다. 지그프리드는 심한 상실감에서 벗어나지 못했다. 그는 아들을 거들떠보지 않고 일에만 파묻혔다. 따라서 프리츠는 그의 숙모와 할머니 그리고 가정부가 키웠다.

파울라가 죽고 7년 후 지그프리드는 재혼해 5년 동안 세 명의 딸을 낳아 세심하고 자상한 아버지가 되었다. 그러나 그는 아들에 대해서는 계속 무관심했다. 아들의 존재가 죽은 아내를 떠올리게 했기 때문이다. 프리츠는 어린 시절 아버지에게 인정받기 위해 끊임없이 노력했지만 성공하지 못했다.

다음의 에피소드가 두 사람의 잘못된 관계를 잘 나타낸다.

프리츠가 고등학교를 졸업한 후 술집에서 밤늦게까지 축하 모임을 가졌다. 지그프리드 하버의 집에서는 아침 식사를 항상 7시 15분에 시작했다. 여기에는 누구도 예외가 없었다. 지그프리드는 프리츠가 아직도 자고 있는 것을 보고 그의 딸들을 아들의 방으로 데리고 갔다.

'잘 봐둬라! 이것이 술주정뱅이가 인생을 시작하는 방법이다.'

그는 딸들에게 경고했다. 그로부터 40년이 지난 후 그때까지도 아버지와의 거리를 좁히지 못하고 있던 프리츠는 친구에게 이 이야기를 하면서 울었다.

아버지의 사랑을 받는데 실패한 프리츠는 조국의 사랑을 찾아 나섰다. 그러나 조국마저도 그를 가장 잔인한 방법으로 배신했다.

열아홉 살에 프리츠는 하이델베르크 대학에 입학했다. 로버트 분젠Robert Busen의 지도를 받으며 프리츠는 화학과의 사랑에 빠져 분젠이 새로 발명한 분젠 버너를 이용하여 원소 스펙트럼을 연구했다. 동료들과는 달리 하버는 계속 대학에 남기보다는 좀 더 현실적인 일을 하고 싶었다. 무언가 세상을 바꾸고 산업을 혁명적으로 변화시킬 수 있는 큰 일을 하고 싶었던 그는 대학을 떠나 부다페스트에 있는 증류소, 아우슈비츠 부근에 있는 비료 공장, 브레슬라우 부근에 있는 방직 공장에서 일했다.

스물두 살에 하버는 샬롯텐부르크 기술 연구소에서 붉은색 염료인 알리자차린을 최초로 합성한 카를 리베르만Carl Liebermann과 함께 연구하기 위해 베를린으로 돌아왔다. 천연 염료를 사고파는 일을 했던 지그프리드 하버에게 사랑받고 싶었던 프리츠는 합성염료가 그가 얻고자 했던 화학에 대한 사랑과 아버지의 인정을 모두 받을 수 있게 해줄 것이라고 생각했다. 프리츠 하버는 아버지의 회사를 천연 염료의 어두운 시대에서 합성염료의 밝은 시대로 나올 수 있게 할 수 있을 것이라고 확신했다.

그러나 프리츠는 뛰어난 사업가적 기질을 가지고 있지 않았다. 1892년에 콜레라가 독일 함부르크를 휩쓸자 프리츠는 아버지를 설득해 유일한 소독제인 생석회를 모두 사들이도록 했다. 콜레라가 빠르게 진정되자 쓸모없는 물건에 갇히게 되었다. 지그프리드는 아들을 바보라고 비난하면서 해고해 버렸다.

'대학으로 돌아가라! 너는 사업에 맞지 않는다!'

스물여섯 살에 프리츠는 염색 사업을 떠나 카를스루에 대학으로 갔다. 하이델베르크 남쪽의 라인 강변에 위치한 그곳에서 그는 당시 대부분의 화학자들이 가능하지 않다고 생각하던 일을 해냈다. 이 발견으로 노벨상을 수상하게 되었지만 그가 스톡홀름으로 노벨상을 받기 위해 갔을 때 다른 노벨상 수상자들이 그가 저지른 악행을 이유로 시상식 참석을 거부했다.

1898년 가을, 영국 브리스톨의 음악당에서 윌리엄 크룩스가 연설을 하기 위해 일어났다. 크룩스는 영국 과학아카데미 의 회장이었다. 화학자이며 물리학자였던 그는 새로운 원소(탈륨)를 발견했고, 후에 텔레비전과 컴퓨터에 사용된 음극선관을 발명했다. 그의 강의가 있기 1년 전에 영국 여왕은 그에게 기사 작위를 하사했다. 그는 일생을 바르게 살았다.

그가 일어나 이야기를 시작하자 사람들이 주목했다.

참석자들은 모두 크룩스가 이전의 아카데미 회장들과 같이 영국 과학자들의 업적을 지루하게 나열할 것이라고 생각했다. 그러나 크룩스는 준비했던 원고와는 다른 강의를 했다. 그 강의는

19세기에 행해진 최고의 강의 중 하나라는 평가를 받고 있다.

'영국을 비롯한 모든 나라들이 절망적인 위험에 직면하고 있습니다'라는 말로 시작된 강의에서 크룩스는 과학과 의학의 발전이 어떻게 진퇴양난의 상황을 만들었는지를 설명했다.

사람들의 수명이 늘어났다. 그 결과 더 많은 사람들을 먹여 살려야 했다. 지구상의 모든 초원은 이미 경작지가 되었다. 1에이커로는 열 명을 먹여 살릴 수 있다. 도시 인구는 점점 더 늘어나고 있다. 충분한 식량 공급이 가능하지 않아 기아가 심각한 문제가 되는 것은 시간 문제일 뿐이다. 크룩스는 '문명화된 나라들은' 기아의 위험 앞에 놓여 있다고 주장했다.

1930년대부터 기아로 죽는 사람들이 나타날 것이며, 처음에는 수천 명이 굶어 죽겠지만 곧 그 수가 수십만으로 그리고 다시 수백만으로 늘어날 것이라고 예측했다.

과학자들은 언제 이런 일이 시작될는지에 대해서는 의견을 달리했지만 이런 일이 일어날 것이라는 데는 이견이 없었다. 인구는 지구가 먹여 살릴 수 있는 능력을 추월해 빠르게 증가하고 있었다. 크룩스는 질소를 포함하고 있는 합성비료를 생산하는 것만이 이 문제를 해결할 수 있을 것이라고 했다. 과학자들은 공기 중에 포함되어 있는 질소를 고정하여 식물이 이용할 수 있는 형태로 바꿀 수 있는 방법을 찾아내야 했다. 콩과 식물과 번개가 고정하는 질소만으로는 충분하지 않았다. 크룩스는 '질소의 고정은 인류 문명이 발전해 나가기 위해 필수적인 것입니다. 인류를 구원하기 위해 화학자들이 나서야 합니다. 실험실에서 기아를 번영으로 바꿀 수 있습니다'라고 말했다.

윌리엄 크룩스는 화학자들이 이 문제에 도전하는 계기를 제공했다. 실험실에서 질소를 고정하여 합성비료를 만드는 것은 이제 화학의 성배가 되었다. 그러나 그것은 쉬운 일이 아니었다.

합성비료의 수수께끼를 해결하는 것이 얼마나 중요한 일인지를 독일보다 더 잘 알고 있는 나라는 없었다. 20세기가 시작될 무렵 독일 인구는 5800만으로, 대부분은 도시에 모여 살고 있었다. 독일 농부들은 식물과 동물의 배설물을 재사용하여 최선을 다해 식량을 생산했다. 그러나 그것으로는 어림도 없었다. 독일은 천연비료를 수입해야 했다. 그러지 않고는 식량 문제를 해결할 수 없었다. 천연비료를 구하기 위해서는 바다를 건너야 했다.

남아메리카의 아타카마 사막에는 질산염 상태의 천연 질소 함유물이 풍부했다(하나의 질소 원자에 세 개의 산소 원자가 결합한 질산염은 천연 질소의 훌륭한 공급원이다). 이 사막은 칠레가 소유하고 있었다.

1900년에 칠레는 전 세계에서 사용하는 천연비료의 3분의 2를 공급했다. 그중 3분의 1을 독일이 사용했다. 수요가 엄청나게 많았기 때문에 20세기가 시작될 무렵 독일은 35만 톤의 질산염을 수입했다. 1912년에는 수입량이 90만 톤으로 늘어났다.

칠레 질산염 의존도가 높아지자 독일은 특히 전쟁에서 위험에 처하게 되었다. 그리고 제1차 세계대전이 눈앞에 있었다. 적국의 해군이 독일 배들이 칠레로 가는 것을 막을 것이었다. 그렇게 되면 독일인들은 기아에 빠질 것이 뻔했다.

카를스루에 대학에서 하버는 혜성처럼 등장했다.

하버는 대학에 들어오고 2년이 지난 1896년에 그의 경력의 초석이 된 물리화학 책 한 권을 써 조교수로 승진했다. 크룩스가 유명한 연설을 하던 1898년에 하버는 이론 화학과 실용 화학을 연결시킨 두 번째 책을 써서 다음 승진을 보장받았다.

1905년에 그는 열역학에 관한 세 번째 책을 쓰고 학과장이 되었다. 이때 그의 나이는 37세였다. 하버는 그의 세 번째 책을 블레슬라우 학생시절부터 알고 지내다 4년 전에 결혼한 아내 클라라에게 헌정했다. 그들은 아들 하나를 두고 있었다.

클라라는 특별한 사람이었다. 화학자 가정에서 태어난 클라라는 브레슬라우 대학에서 화학으로 박사학위를 받은 유일한 여성이었으며, 독일에서 박사학위를 받은 최초의 여성이었다. 그러나 결혼은 그녀에게 어울리지 않았다. 당시 성 차별의 희생자였던 그녀는 밝은 성격의 젊은 과학자에서 명성만을 추구하면서 아내와 아들을 무시하는 남편만을 바라봐야 하는 가정주부가 돼야 했다. 그녀는 '프리츠는 집안에 관심이 없었다. 내가 가끔씩이라도 아들을 그에게 데려가지 않으면 자신이 아버지라는 사실도 잊었다'라고 말했다.

반면에 하버에게 카를스루에 대학은 가능성으로 넘쳐났다. 카를스루에 대학은 가까운 라인 강변에 있는 거대한 화학 회사인 바디셰아닐린 & 소다파브릭(바스프)BASF과 좋은 관계를 유지했다. 하버가 그의 연구를 실용적으로 응용해 보고 싶은 경우 BASF와의 협력은 큰 도움이 되었다. 더 중요한 것은 화학과 물리학을 연구하기에는 독일이 가장 적당한 장소였다. 빌헬름 2세 황제 치하에서 독일 교수들은 가장 놀라운 이론들을 만들어 냈고, 독일 과학자들이 가장 중요한 발견을 했으며, 독일 산업은 가장 발전된 설비를 갖추고 있었다. 그 결과 독일 연구자들은 다른 나라의 연구자들보다 더 많은 노벨상을 수상했다.

하지만 아돌프 히틀러가 정권을 잡은 후 이 모든 것이 사라졌지만 프리츠 하버가 카를스루에 대학에 들어갈 즈음까지는 화학의 성배를 찾고 싶은 사람이 있었다면 독일로 가야 했다.

독일인들은 질산염을 구하기 위해 지구의 반을 돌아 항해해야 했다. 그런데 사실 공기의 79%는 질소이다. 실제로 $0.8m^2$의 지표면 위에는 7톤의 질소가 있었다. 그러나 문제는 공기 중의 질소는 원자 상태($N$)가 아니라 두 원자가 결합하여 만들어진 질소 분자($N_2$) 상태로 존재한다는 것이었다.

질소 분자는 자연에서 발견되는 가장 단단한 결합인 3중결합을 하고 있어 분리가 거의 불가능했다. 공기 중의 $N_2$는 수백만 개의 풍선을 부풀리는 데는 사용할 수 있지만 한 그루의 옥수수도 기를 수 없었다. 화학 교과서에는 $N_2$가 무색, 무취이며, 불연성이고, 폭발성이 없으며, 무독성이고, 화학 반응을 하지 않는다고 설명되어 있다. 여기서 핵심적인 것은 '화학 반응을 하지 않는다'는 것이다.

$N_2$는 불활성의 죽은 기체이다. 아미노산, 단백질, 효소, DNA, RNA의 합성과 같은 생명 활동에 이용되기 위해서는 질소 분자를 우선 두 개의 원자로 분리해야 한다. 그런 다음에야 질소가 수소와 결합하여 암모니아($NH_3$)를 형성하거나 산소와 결합하여

질산염($NO_3$)를 형성할 수 있다. 이 두 가지 형태로 토양 속에 포함되어 있으면 작물에게 질소를 공급할 수 있다.

$N_2$는 일반적으로 자연에서 분리되지 않으므로 이것을 분리하기 위해서는 인공적인 방법을 사용해야 한다. 다시 말해 자연에 대항하여 행동해야 한다.

1909년에 프리츠 하버가 최초로 $N_2$를 분리하는 상업적인 방법을 알아냈을 때는 이 문제에 대한 논문이 3000여 편 발표되어 있었다. 그러나 그중 어느 것도 이 문제를 해결하지 못했다. 지구의 토양이 보유하고 있는 질소가 서서히 고갈되어 가고 있었고, 시간은 흘러가고 있었다.

반응식은 아주 간단하다.

$$N_2 + 3H_2 \leftrightarrow 2NH_3$$

이 반응식을 좌측에서 우측으로 읽어 가면 두 개의 원자로 이루어진 질소 분자 하나가 수소 원자 두 개로 이루어진 수소 분자 세 개와 반응하여 두 개의 암모니아 분자를 형성한다는 것을 나타낸다. 하버는 이렇게 만들어진 암모니아가 완전한 합성비료로 사용될 수 있다는 것을 알고 있었다.

반응이 좌측에서 우측으로 일어나도록 하기 위해서는 아주 높은 온도와 압력이 필요했다. 1904년에는 좌측에서 시작한 질소의 0.005%만이 우측의 암모니아로 변하게 할 수 있었는데 이것은 상업적으로 실용성이 없었다. 하버는 생성되는 암모니아의 양을 증가시키기 위해 반응을 촉진시키는 다양한 촉매를 이용해 실험했다. 니켈이나 망간과 같은 금속은 질소와 수소가 서로 교환할 수 있는 장소를 제공했다. 그러나 잘 작동하지 않았다.

하버는 공기 중의 질소에서 암모니아를 만드는 것은 실용적이지 않다고 결론짓고 포기했다. 그러나 그 전에 그동안 발견한 것을 화학 학술지에 발표했다.

하버의 논문은 괴팅겐 대학의 최초 물리화학 교수로 이 분야의 권위자였던 발터 네른스트Walther Nernst의 관심을 끌었다. 네른스트는 그의 연구 인생의 많은 부분을 후에 열역학 제3법칙이라고 부르게 된 열과 관련된 이론을 연구하는 데 바쳤다. 그리고 이 이론으로 노벨상을 수상했다.

네른스트는 0.005%의 질소를 암모니아로 바꾼 하버의 논문이 그의 이론에 모순된다고 보고 화를 내며 자신의 조수 한 사람에게 하버의 실험을 다시 해보도록 하여 하버가 논문에서 주장한 것보다 더 적은 양의 암모니아를 얻었다. 그리고는 즉시 하버에게 편지를 써서 하버의 논문 내용을 반박했다.

네른스트의 비판을 받아들인 하버는 실험을 다시 해 네른스트가 옳았다는 것을 확인했다. 같은 실험을 하여 같은 결론에 도달한 것이다. 공기 중의 질소를 이용해 암모니아를 합성하는 것은 비효율적이었다.

그러나 발터 네른스트는 그것으로 만족하지 않았다. 하버의 첫 번째 논문을 불쾌하게 생각했던 네른스트는 1907년 5월 분젠 협회의 국제 학술회의에서 하버를 거론했다.

'나는 하버 교수가 이제 진정으로 가치가 있는 것을 만들어 낼 수 있는 방법을 사용하기를 제안하고 싶습니다.'

그는 하버의 발견을 '심하게 부정확한' 것이었다고 말하고 실험실에서 질소를 고정하는 것은 바보의 놀이라고 비하했다.

네른스트가 동료들 앞에서 자신을 지명해 비판한 것에 대해 매우 분노한 하버는 명예를 되찾기 위해 기어코 공기에서 암모니아를 만들겠다고 다짐했다.

분젠 협회 회의 후 있었던 일련의 사건들이 프리츠 하버로 하여금 불가능해 보이던 일을 해내도록 했다.

첫 번째는 젊은 영국 화학자 로버트 르 로시뇰Robert Le Rossignol이 그의 실험실에 온 것이었다. 손재주가 뛰어난 발명가 기질을 가진 실험가 르로시뇰은 수정과 철을 이용하여 책상 위에 얹어 놓을 수 있는 실험 장치를 설계했다. 이 실험 장치는 구리가 녹는 온도인 1000℃에서도 견딜 수 있었고, 잠수함도 파괴할 수 있는 압력인 20MPa의 압력도 이겨낼 수 있었다.

두 번째는 하버가 반응을 촉진할 수 있는 촉매인 오스뮴을 찾아낸 것이다. 오스뮴은 전구의 필라멘트로 사용되는 희귀 금속이다.

세 번째로 하버는 암모니아를 빠르게 식혀 높은 열에 의해 타지 않도록 하는 방법을 찾아냈다.

마지막으로 그러나 가장 중요한 것은 하버의 후원자였던 카를스루에의 카를 엥글러Carl Engler가 BASF를 설득해 하버의 실험 자금을 지원하도록 한 것이었다. 실험이 성공하면 BASF는 특허를 갖게 되고, 하버는 사업에 동참하기로 했다.

하버와 르로시뇰은 실험 장치를 만들고 여러 가지 온도와 압력에서 실험해 마침내 1909년 3월 성공의 징조를 발견했다. 하버는 흥분했다.

'이리 와봐. 액체 암모니아가 흘러나오고 있는 것을 봐!'

그는 동료들에게 소리쳤다. 동료 중 한 사람은 그때의 일을 잘 기억하고 있었다.

'나는 아직도 그때의 일이 눈앞에 선하다. 암모니아의 양은 1

세제곱센티미터 정도밖에 안 됐지만 그것은 놀라운 일이었다.'

5분의 1 숟가락밖에 안 되는 적은 양이지만 그러나 그것은 시작이었다. 몇 달 안에 하버와 르로시뇰의 장치는 하루 종일 암모니아를 만들어냈다.

1909년 7월 2일 BASF는 프리츠 하버의 실험실에 두 명의 대표를 보냈다. 하버의 실험을 방문한 사람들은 선임 연구원이었던 카를 보쉬Carl Bosch와 화학자로 촉매 전문가였던 알빈 미타쉬Alwin Mittasch였다. 불행하게도 하버의 조수 중 한 사람이 연결을 잘못해 실험 도중 액체가 외부로 샜다. 수리를 하는 동안 보쉬는 기다렸다. 시간이 흘렀다. 보쉬가 그의 시계를 보기 시작하더니 떠나 버리고 미타쉬만 남았다.

설비의 수리가 끝난 후 반응이 시작되었고, 장치는 완벽하게 작동해 다섯 시간 동안의 실험을 통해 85g의 암모니아를 만들어냈다. 이것은 이전보다 훨씬 좋은 결과였다. 0.005%가 아니라 8% 가까운 것이었다. 미타쉬는 이 정도면 상업성이 있다고 확신했다. 그는 BASF로 돌아가 보쉬에게 좋은 소식을 전했다.

독일 카를스루에에 있는 작은 대학에서 소수의 사람들이 만든 적은 양의 암모니아가 곧 세상을 바꿔 놓았다. 그리고 그것은 프리츠 하버를 부자로 만들었다. 하지만 그는 대가를 치러야 했다.

규모를 키우는 것은 쉽지 않았다. BASF는 책상 위의 실험 장치를 산업용으로 바꿔야 했다. 그것을 해낸 사람은 카를 보쉬였다.

이 프로젝트 책임을 맡았을 때 보쉬의 나이는 서른다섯이었다. 쾰른에서 기체와 배관을 공급하던 사람의 아들로 태어난 보쉬는 어릴 때부터 아버지의 작업장을 마음대로 드나들 수 있었다. 아이였을 때 보쉬는 침대 아래 있는 목재 부분을 보기 위해 침대 윗부분을 모두 걷어내기도 했고, 어떻게 작동하는지 보기 위해 어머니의 재봉틀을 분해해 보기도 했다. 젊었을 때는 자주 아버지의 공장을 방문해 땜질, 관 연결하는 방법, 기계 다루는 방법, 목재 다루는 방법, 금속 다루는 방법을 배웠다. 이런 것들은 모두 후에 유용하게 쓸 수 있었다.

하버의 시범 실험이 있고 10개월 후 카를 보쉬는 카를스루에서 멀지 않은 루드비샤펜에 작은 시험용 설비를 완성했다. 이 공장은 1910년 5월 18일에 공식적으로 가동을 시작했다. 하버의 1.2m 높이의 탁상용 시험설비가 8m 높이의 설비로 바뀌었다.

두 달 안에 이 설비는 900kg의 암모니아를 생산했다. 1911년 1월 초까지 매일 3600kg 이상의 암모니아를 생산했다. 보쉬는 라인 강을 따라 조금 더 멀리 떨어진 오파우로 설비를 이전했다.

1913년에 공식적으로 가동을 시작한 오파우의 공장은 최초의 거대한 시설을 가지고 있었다. 1억 달러가 소요된 오파우 공장은 1만 명 이상의 종업원이 일했으며, 철도와 선적 시설도 갖추고 있었고, 수km의 관들이 이리저리 연결되어 있었다. 그리고 이전에는 볼 수 없었던 높은 압력과 온도에서 견딜 수 있는 기관차 크기의 콤프레서가 설치되어 있었다. 5층 높이의 연구용 실험실에서는 250명의 화학자들과 1000명의 조수들이 일했다.

하버와 르로시뇰의 실험은 이제 산업 규모에서 작동하고 있었다. BASF 화학자들은 4000가지 다른 촉매를 이용해 2만 번의 실험을 했다. 그 해 말 하루 24시간 가동하는 오파우 공장은 1년에 6만 톤의 암모니아를 생산했다! 독일에서는 이제 칠레의 질산염이 필요 없게 되었다.

그의 노력으로 인해 카를 보쉬는 자신이 발명하지 않은 기술을 상업화한 공로로 노벨상을 받은 첫 번째 사람이 되었다. 그러나 그 과정에도 비극이 있었다. 1921년에 오파우에서 폭발 사고로 500명이 목숨을 잃었다.

그의 놀라운 발견으로 프리츠 하버는 유럽 여러 나라의 대학들과 각종 단체들 그리고 왕들로부터 상과 축하, 기사 작위를 받았다. 소련은 그를 국립과학아카데미 의 회원으로 선출했고, 미국 예술과학아카데미는 그를 명예 외국인 회원으로 받아들였다.

소동이 진정된 후 하버는 카를스루에를 떠나 독일의 중심이고 지적 활동의 중심지였던 베를린으로 옮겨갈 기회를 얻게 되었다. 하버가 받은 제안은 거절하기 어려운 것이었다. 하버는 카이저 빌헬름 연구소의 물리화학 및 전기 화학 책임자가 되었고, 상당한 액수의 보수가 주어졌으며, 연간 30만 마르크의 활동비가 지급되었고, 그와 가족이 살 주택이 주어졌으며, 베를린 대학의 석좌교수로 임명되었다.

다렘이라고 부르는 베를린 교외에 있던 카이저 빌헬름 연구소는 독일에서는 새로운 형태의 연구소로 연방 정부에서 투자한 기초 과학 연구소였다. 과학 진흥을 위한 카이저 빌헬름 협회는 전성기에 전국에 38개 연구소를 운영했고, 1000명 이상의 과학자와 11명의 노벨상 수상자를 고용하고 있었다. 이 연구 은하 중심에서 가장 밝게 빛나는 별은 다렘에 있던 프리츠 하버의 연구소였다.

다른 나라들도 보쉬의 프로세스를 흉내냈다. 1963년에 300개의 암모니아 공장이 가동되고 있었고, 40개 이상의 공장이 건설 중에 있었다. 오늘날에는 약 1억 3000만 톤의 질소가 공기 중에서 수거되어 비료로 땅에 뿌려지고 있다. 현재는 약 30억 명 이상이 그리고 미래에는 10억 명이 더 프리츠 하버와 카를 보쉬 덕분에 생명을 유지할 수 있을 것이다. 이전에는 인류가 이렇게 많은 사람들을 위해 많은 식량을 확보한 적이 없었다.

아마도 하버-보쉬 프로세스의 중요성을 가장 잘 알고 있던 사람은 녹색 혁명을 시작한 공로로 1970년에 노벨 평화상을 받은 노먼 볼로그Norman Borlaug일 것이다. 새로운 품종의 밀과 벼를 개발한 블로그는 이야기의 진정한 영웅이 누구인지 알고 있었다. 그래서 그는 노벨상 수상 연설에서 '수확량이 많은 키 작은 밀과 벼가 녹색 혁명에 불을 붙이는 촉매 역할을 했다면 화학 비료는 이것을 앞으로 나아게 한 연료였다'라고 말했다.

지난 100년 동안 하버-보쉬 과정은 기본적으로 변하지 않았다. 그리고 암모니아는 지구상에서 가장 많이 사용되는 합성 화학물질이다.

중국보다 하버-보쉬 과정의 위력을 잘 보여준 나라는 없다.

1972년 미국의 리차드 닉슨 대통령은 '죽의 장막'을 넘어 중국을 방문했다. 그는 M. W. 켈로그 사의 제임스 핀너란James Finneran

사장을 대동했다. 그 당시 중국은 세계에서 사람과 동물의 배설물을 가장 많이 재사용하는 나라였다. 사용 가능한 모든 천연 질소가 경작 가능한 모든 땅에 뿌려졌다. 중국은 중국 땅에서 생산할 수 있는 가능한 가장 많은 양의 식량을 생산하고 있었다.

그러나 그것으로는 충분하지 않았다. 농부들은 가축, 야생 식물, 풀로 만든 죽, 나무 껍질을 먹기 시작했다. 일부 지역에서는 인육을 먹었다는 소문도 돌았다. 1961년까지 3000만 명의 중국인이 굶주림으로 죽었다. 살아남은 사람들은 쌀과 채소를 먹었다. 육류는 귀했다. 식량은 배급되고 있었다. 설상가상으로 중국의 인구는 해마다 1000만 명씩 늘어나고 있었다.

M. W. 켈로그 회사는 세계에서 가장 효율적인 암모니아 제조 공장을 건설했다. 닉슨이 핀너란을 대동하고 중국으로 간 것은 중국 사업가들이 암모니아 공장을 짓는 것을 도와주도록 하기 위해서였다. 닉슨은 중국인들이 하나의 공장을 지을 것이라고 생각했지만 그들은 13개의 공장을 세웠다. 몇 년 안에 중국 비료 생산은 두 배로 늘었다. 농부들은 사람들뿐만 아니라 가축을 먹이기에도 충분한 곡물을 생산했다. 육류가 풍부해졌다. 1989년에는 중국은 세계에서 가장 많은 합성비료를 생산하고 소비하는 나라가 되었다.

중국에는 세계 인구의 5분의 1이 살고 있었지만 영양실조는 더 이상 문제가 되지 않았고, 대신 비만이 문제가 되었다. 1982년에 중국인의 10%가 비만(정상 체중보다 35% 더 많은 체중을 가진)이었다. 1990년대에는 비만인구가 15%로 늘어났다. 오늘날에는 북경에 살고 있는 사람들 중 30% 이상이 과체중이며, 어린이 비만이 국가적 문제가 되고 있다.

이 발견으로 노벨상을 수상하고 5년이 지난 1924년에 프리츠 하버는 필라델피아에 있는 프랭클린 연구소에서 과학의 업적을 높게 평가하는 연설을 했다.

'은행가나 변호사 그리고 사업가와 상인들은 그들의 지도적 지위에도 불구하고 행정 직원들일 뿐입니다. 지배자는 자연 과학자들입니다. 과학의 발전이 인간의 번영을 위해 결정적인 역할을 합니다. 과학 교육은 미래 세대의 번영을 위한 씨앗입니다.'

그러나 과학자들은 세상과 고립되어 있는 사람들이 아니다. 그리고 고삐 풀린 과학은 어두운 면을 가지고 있다.

미국에서 가장 큰 질소 생산 공장은 루이지애나 주의 도널드슨빌에 있다. 이 공장은 매일 100만 달러치의 천연가스를 태워 강물을 끓여 수증기를 만들고 5000톤(연간 200만 톤)의 암모니아를 생산한다. 매일 이 5000톤의 암모니아가 바지선 위에 설치된 궤도 차량에 실려 미시시피 강을 따라 내려간다. 그러고는 옥수수와 밀밭에 뿌려진다.

그러나 암모니아에 포함된 모든 질소를 작물이 사용하는 것은 아니다. 옥수수 밭에 뿌려진 질소의 3분의 1만이 옥수수가 흡수한다. 나머지는 강으로 흘러가거나 지하수에 녹아든다.

루이지애나 암모니아 공장 부근에 있는 멕시코 만은 아무도 보고 있지 않은 동안에 무슨 일이 일어날 수 있는지를 보여주는 가장 좋은 예이다.

매년 1500만 톤의 질소가 멕시코 만에 버려졌다. 지나친 질소는 물을 흐리게 하여 물고기나 조개류에게 필요한 햇빛과 산소를 없애버리는 조류를 과다 증식시켰다. 조류의 과다 증식은 북반구의 하천과 강 그리고 해변의 생태계를 파괴했다.

죽어가는 것은 물고기뿐이 아니었다. 물고기를 먹고 사는 새들 역시 죽어가고 있었다. 멕시코 만의 죽음 지역은 뉴저지의 넓이와 맞먹을 정도로 크며, 계속 넓어지고 있다.

더 심각한 것은 전 세계에서 150개 이상의 작은 죽음 지역이 발견된 것이다. 독일 북쪽에 있는 발트 해는 지구에서 가장 심하게 오염된 해양 생태계이다. 1990년대에 발트 해 대구잡이 어업은 무너졌다. 유럽의 템스 강, 라인 강, 메우스 강, 엘베 강은 안전한 질소의 양보다 100배 이상의 합성 질소를 포함하고 있다.

비슷한 문제가 오스트레일리아 해안의 그레이트배리어리프, 지중해와 흑해, 중국에서 가장 긴 두 개의 강인 황하 강과 양쯔 강에서도 일어나고 있다. 조류가 생산하는 독이 체사피크만, 롱아일랜드 해변, 샌프란시스코 만에서도 발견되었다. 정확하게 말하면 과다 질소가 땅에 뿌린 질소 비료로 인한 것만은 아니다. 과다 질소는 가축의 배설물에서도 나온다. 그러나 가축들도 합성비료로 재배한 곡물을 먹고 산다.

합성비료 오염은 물에만 한정된 것이 아니다. 합성비료는 공기로 들어갔다가 산성비로 돌아와 호수, 하천, 숲과 그곳에 사는 동물들에게 손상을 준다. 이런 문제들은 점점 더 나빠지고 있다.

합성 질소의 환경오염이 프리츠 하버가 판도라의 상자를 여는 모험을 감행했을 때 달아난 유일한 악마가 아니었다. 악마는 더 있었다. 하나는 질소를 필요로 하는 또 다른 과정과 연관이 있었다. 이 과정은 왜 독일이 제1차 세계대전 중에 합성비료의 생산을 중단하고, 생산 설비를 오파우에서 삼엄한 경비가 가능한 루나로 이전했는지를 설명해준다.

1911년에 프리츠 하버는 카를스루에를 떠나 베를린으로 옮긴 후 또 다른 독일 과학자인 알베르트 아인슈타인Albert Einstein과 가까이 지냈다. 아인슈타인은 하버의 아들에게 수학을 가르쳐 주었고, 하버는 아인슈타인이 아내와 헤어지는 어려운 문제를 해결하는 데 도움을 주었다. 아인슈타인은 후에 '하버가 없었다면 나는 그 일을 해결할 수 없었을 것이다'라고 회고했다.

하버와 아인슈타인은 친구이면서도 전혀 달랐다. 아인슈타인은 자유분방했고, 신랄했으며, 예의를 중시하지 않았고, 독일의 군국주의를 역겨워했다. 하버는 단정했고, 독일 과학자들은 조국이 부르면 언제라도 나라를 위해 일해야 한다고 생각하는 프러시아인이었다.

1914년 8월 4일 독일이 프랑스를 치기 위해 중립국인 벨기에를 침략했을 때 하버는 국제적인 비난에 대항해 나라를 지키겠다는 선언서에 서명했다. 세 명의 노벨상 수상자와 세 명의 미래 노벨상 수상자를 포함하여 93명의 독일 과학자들이 이 선언서에 서명했다. 반면에 아인슈타인은 독일의 행동을 비난하는 평화주의자에 속했다. 아인슈타인은 독일을 떠났고, 하버는 독일군에 지원했다.

독일군은 빠르게 프랑스를 점령한 후 곧 전쟁을 끝낼 수 있을 것으로 생각했다. 기껏해야 몇 달이면 충분할 것이라고 보았다.

그러나 전쟁은 그들의 생각처럼 되지 않았다. 독일군은 파리 부근에 있는 마른 강[Marne river]에서 추위에 갇혔다. 독일군은 이제부터 다른 종류의 전쟁이 될 것이라고 생각했다. 그것은 참호전이었고, 가장 강력한 폭약인 질산암모늄을 대량 필요로 하는 전쟁이었다(1995년에 티모시 멕베이는 비료 회사에서 구입한 질산암모늄을 이용해 오클라호마 시 중심부에 있는 연방 정부 건물을 폭파, 어린이를 포함한 168명을 죽이고, 680명을 다치게 했으며, 반경 1.6km 안에 있는 300채의 건물을 파괴하거나 손상시켰다. 이 모든 것은 질산암모늄을 실은 한 대의 트럭 폭탄에 의한 것이었다).

전쟁이 교착 상태에 빠지자 독일군은 더 많은 폭약을 확보하기 위해 안간힘을 썼다. 하버가 해결책을 찾아냈다. 그는 상업적으로 가능한 과정에서 한 단계 과정만 더 거치면 암모니아를 질산암모늄으로 바꿀 수 있다는 것과 오파우가 가장 적합한 장소라고 카를 보쉬를 설득했다. 하버의 제안에 동의하지 않았던 보쉬도 결국 물러섰다.

1915년 5월부터 오파우 공장은 하루 150톤의 질산암모늄을 생산했다. BASF는 더 이상 단순한 화학 회사가 아니라 전쟁 수행을 위한 도구가 되었다. 사람들을 먹여 살리기 위해 하루 24

시간 일하던 오파우의 노동자들은 이제 사람들을 죽이기 위해 24시간 일했다. '공기로부터 빵을'이 '공기로부터 피를'로 바뀌었다. 보쉬는 이런 변화를 '이 더러운 작은 사업'이라고 불렀다.

1915년 5월 27일 프랑스 폭격기가 오파우 공장을 폭격했다. 이에 대응해 또 다른 질산암모늄 공장이 독일 내륙 깊숙한 곳에 있는 라이프치히에서 가까운 류나에 세워졌다.

1917년 4월 27일 류나 공장이 가동을 시작했다. 13개의 대형 굴뚝을 가지고 있던 이 공장은 3.2km 길이에, 1.6km 너비를 가진 3만 명이 종업원이 일하고 있는, 작은 도시 같았다.

류나에서 첫 질산암모늄을 생산했을 때 노동자들은 드럼 통 위에 올라가 '프랑스에 죽음을'이라고 외쳤다. 류나는 일 년 동안 24만 톤의 질산암모늄을 생산해 직접 독일군에 전달했다. 이곳은 지구상에서 가장 큰 화학 공장 단지였다.

프리츠 하버는 영광을 누렸다. 제1차 세계대전은 이제 '화학자들의 전쟁'이 되었다. 최고의 화학자였던 카이저 빌헬름 연구소 소장 하버는 고위급 지휘자들에게 조언해주는 수석 고문에 임명되었다. 이는 카이저 빌헬름의 독일이 과학의 중요성을 잘 인식하고 있었다는 것을 나타냈다. 그는 독일군 대위로 임명되었다. 이것은 군인이 아닌 일반인에게는 전례가 없는 것이었다. 군인처럼 보이기 위해 하버는 머리를 밀었고, 군복을 맞춰 입었으며, 군인의 행동거지를 따라했다. 알베르트 아인슈타인은 친구의 변신을 한탄했다.

카이저 빌헬름 연구소를 방문한 후 아인슈타인은 '불행하게도 어디를 가나 하버의 사진을 볼 수 있었다'라고 말했다.

'나는 그것을 생각할 때마다 마음이 아프다. 불행하게도 이 훌륭한 사람이 개인적 허영심에 굴복당했다는 사실을 받아들여야 했다.'

핵분열 연구에 참여해 노벨상을 받은 물리학자 리제 마이트너Lise Meitner는 후에 '그는 가장 좋은 친구이면서 동시에 신이기를 원했다'라고 회고했다.

1918년 11월 9일 독일이 항복했다. 패배했지만 독일 전쟁 장관이었던 하인리히 쇼이치는 하버의 공헌에 감사했다. 그는 다음과 같은 기록을 남겼다.

'오랜 전쟁 동안 당신은 당신의 폭넓은 지식과 에너지를 조국을 위한 봉사에 바쳤습니다. 당신은 독일 화학을 이용할 수 있도록 했습니다. 그것이 이 전쟁에서 독일에게 승리를 가져다주지는 못했지만 첫 몇 달 후에는 폭약과 다른 질소의 화합물 부족으로 적들에게 압도당하지 않도록 한 것은 당신이 이룬 업적입니다. 당신의 놀라운 성공은 역사에 남아 영원히 잊히지 않을 것입니다.'(제2차 세계대전 동안 베를린보다도 더 삼엄한 경호를 받던 류나 공장은 후에 히틀러의 군대에게 폭약을 제공했다. 1944년 5월 12일 영국 공군이 보낸 20대 이상의 폭격기를 시작으로, 전쟁이 끝날 때까지 6000대의 연합군 폭격기가 1만 8000톤의 폭탄을 류나 공장에 투하했다. 전쟁이 끝난 후 제3제국 설계자였던 알베르트 스피어가 만약 연합군이 류나 공장 제거에 주력했다면 제2차 세계대전은 8주 안에 끝났을 것이라고 말했다.)

1919년에 프리츠 하버는 노벨 화학상을 수상했다. 그 해 노벨상을 수상한 독일인은 그뿐만이 아니었다. 양자물리학 발전에 공헌한 막스 플랑크Max Planck와 도플러 효과를 연구한 요하네스 슈타르크Johannes Stark도 노벨상을 받았다.

하버는 제1차 세계대전의 불운에도 불구하고 자신을 포함한 독일 과학자들이 명예로운 노벨상을 받게 된 것을 자랑스러워했다.

'나는 스웨덴 아카데미가 세 명의 독일인을 수상자로 선정한 것은 위대한 결정이라고 생각한다. 나는 이것이 국제적인 이해

를 새롭게 하는 계기가 될 것을 진심으로 바란다'

그러나 그의 바람대로는 되지 않았다. 노벨상을 받은 두 프랑스 수상자가 항의의 의미로 상을 거부했다. 그들은 하버가 '윤리적으로 그런 영예를 받을 자격이 없다'고 했다. 5년 전에 노벨상을 수상했던 한 미국인은 시상식 참석을 거부했다. 이것은 노벨상 역사상 처음 있는 사건이었다. 시상식에서 많은 다른 과학자들이 하버의 악수를 거절했다.

이런 경멸적인 행동은 하버가 수상연설을 하면서 독일 국기를 흔들거나 또는 고정된 질소의 홍수로 수로와 해안의 숨을 조였기 때문이 아니었으며, 제1차 세계대전 동안 독일의 공격적인 행동을 지지하는 선언서에 서명한 때문도 아니었고, 독일군에게 질산암모늄으로 만든 폭약을 공급했기 때문도 아니었다. 이는 프리츠 하버가 전쟁기간 동안 판도라의 상자를 열어 세상으로 달아나도록 한 또 다른 악마 때문이었다.

독일이 예상했던 조기 종전이 불가능하다는 것이 명확해지고 전쟁 양상이 소모전으로 바뀌게 되자 프리츠 하버는 행동을 개시했다. 그가 사랑하는 조국이 거의 무한정의 폭약을 가질 수 있도록 질산암모늄을 공급하기로 했을 뿐만 아니라 화학에 대한 그의 지식을 전쟁의 승리를 위해 전에는 사용하지 않았던 새로운 방법으로 사용하기로 했다. 하버는 병사들이 더 용감하거나 군사 지도자들이 더 뛰어나서가 아니라 화학자가 더 우수하기 때문에 독일이 승리할 것이라고 믿었다.

철조망과 경비병들로 둘러싸여 있던 프리츠 하버 휘하의 카이저 빌헬름 연구소는 독일 전쟁 무기의 핵심이었다. 1500명의 직원과 150명의 과학자 급여를 포함한 연구소의 예산은 평화 시 예산의 50배가 넘었다.

1916년에 하버는 화학 전쟁 서비스의 책임자로 임명되었다. 그는 총이나 박격포를 사용하지 않고 적을 죽이는 방법을 찾고 싶어 했다. 땅을 따라 흘러가 참호 속으로 스며들어 적을 죽이는 어떤 것이 필요했다.

여러 달 동안 그와 그의 연구 팀이 실험동물(주로 고양이)을 이용하여 독가스의 효과를 실험했다. 그들은 독가스의 함량과 노출 시간 사이의 관계를 알아내려고 했다. 하버는 농도가 낮은 가스에 오랫동안 노출시킨 것과 농도가 높은 가스에 짧은 시간 동안 노출시킨 살상 효과가 정확하게 같다는 것을 알아냈다. 그의 이 죽음 공식은 후에 하버 상수라고 불렀다. 1918년까지 2000명의 독일의 과학자들이 화학무기 개발을 위해 일했다.

전쟁에서 가스를 사용한 것은 하버가 처음이 아니었다. 프랑스와 영국은 1914년에 이미 최루가스를 사용했다. 그러나 최루가스의 목적은 적을 일시적으로 무력하게 만드는 것이었다.

하지만 하버의 목적은 그들을 죽이는 것이었다. 하버가 선택한 가스는 염소였다. 염소는 공기보다 무거워 참호 속으로 잘 스며들었고, 독으로 만든 베개로 질식시키는 것처럼 즉각적인 살상 효과를 가지고 있었다.

실험 당시 프리츠 하버는 화학 무기가 국제법에 어긋난다는 것을 알고 있었다. 여러 해 전인 1907년에 독일은 다른 24개 나라와 함께 '독성 물질이나 독성 무기'의 사용을 금지하는 헤이그 협약에 서명했다. 독가스는 헤이그 협약에 정면으로 어긋나는 것이었지만 하버는 개의치 않았다. 목표는 승리였다. 규칙을 어기는 것은 문제가 되지 않았다. 이로 인해 하버에게는 전쟁 범죄자라는 낙인이 찍혔다.

1915년 4월 22일 목요일, 프랑스의 고대 무역도시 이프레 근교의 전투장은 제1차 세계대전 중 가장 비참한 전투장이 되었다. 독일군이 한 쪽에 진을 치고 있었고, 반대편에는 프랑스, 영국, 알제리, 캐나다 군이 대치하고 있었다.

오후 5시에 프리츠 하버가 150톤의 염소가스가 들어 있는

6000개의 양철통 밸브를 열었다. 그의 옆에는 젊은 과학자였던 오토 한Otto Hahn, 구스타프 헤르츠Gustav Hertz, 제임스 프랭크James Franck가 서 있었다. 그들은 모두 후에 노벨상을 수상했다. 후에 가이거 계수기를 발명한 한스 가이거Hans Geiger도 그곳에 있었다.

바람이 적당했다. 밸브를 연 직후 6km 길이의 연두색 구름이 대왕고래 높이로 피어올라 아무런 대비가 없던 프랑스와 알제리 병사들을 휩쓸고 지나갔다. 몇 분 안에 하늘에서 새들이 떨어지고, 나뭇잎이 시들었으며 수천 명의 병사들이 질식하여 구토를 하고, 정신을 잃거나 피부가 푸른색으로 변했다. 가스에 직접적으로 노출되지 않은 병사들은 총과 배낭을 내던지고 달아났다.

한 영국 병사는 그때의 일을 다음과 같이 회상했다.

'갑자기 이제르 운하 쪽에서 말을 탄 사람들이 미친 듯이 말에 채찍을 휘두르며 달려왔다. 그런 사람들이 도로 전체가 먼지와 사람들로 뒤범벅이 될 정도로 연이어 달려왔다.'

그날 살포된 염소가스는 5000명의 목숨을 빼앗았고, 1만 5000명을 움직일 수 없게 만들었다.

프리츠 하버는 전쟁의 공포를 증대시키는 방법을 찾아냈다. 연합군 장군들에게 그것은 잊을 수 없는 사건이었다. 한 캐나다 장교는 '이 더러운 가스로 인해 우리들 사이에 퍼졌던 공포와

증오는 말로 표현할 수 없다'라고 말했다. 이것을 '장관'이었다고 표현한 하버는 그의 무기가 기술적으로 뿐만 아니라 심리적인 이점도 가지고 있다는 것을 알게 되었다. 그는 '모든 새로운 무기는 전쟁을 승리로 이끌 수 있다. 모든 전쟁은 병사의 육체가 아니라 정신에 대한 전쟁이다. 새로운 무기는 새롭기 때문에 병사들의 사기를 꺾어 놓는다. 처음 경험하는 것이기 때문에 두려워하게 된다. 대포는 병사들의 사기에 별 영향을 주지 않지만 기체의 냄새는 모두를 혼비백산하게 만든다'라고 회고했다.

모든 독일인들이 박수를 보낸 것은 아니다. 한 독일 지휘관은 '문명이 발전할수록 인간은 더 비열해진다'라고 썼다. 후에 히틀러가 통치하던 독일에서는 이 공격을 '소독 작전'이라고 불렀다.

이프레의 공격이 있은 후 우드로 윌슨 대통령과 국제 적십자가 화학무기의 사용에 대해 항의했다. 그러나 아무 소용이 없었다. 스물네 살의 그 당시 뛰어난 예술가였던 게오르그 그로스 George Grosz는 자신의 방법으로 항의했다. 그는 전쟁의 잔인성과 인간이 얼마나 악해질 수 있는지를 보여주기 위해 십자가 위에 있는 예수가 가스 마스크와 군화를 신고 있는 그림을 그렸다. 그는 후에 불경죄로 재판에 넘겨져 유죄를 선고받았다.

자신의 잘못을 인정하지 않았던 하버는 평화 시에는 그의 과학이 인류에게 속해 있지만 전쟁 중에는 조국에 속해 있다고 선언했다. 그가 후회한 것은 독일이 연합군 전선에 난 구멍을 충분히 이용하지 못했다는 것이었다. 독일군이 너무 느리게 전진했기 때문에 캐나다 군이 공간을 메울 시간을 주었으므로, 지휘관들이 좀 더 용감하고, 200명의 독일군이 중독되어 그중 12명이 사망한 것을 무시했더라면 그날 전쟁에서 승리할 수 있었을 것이라고 믿었다.

이프레에서 염소가스 공격이 있고 일주일 후 프리츠와 클라라 하버는 디너 파티를 열었다. 파티가 끝난 후에 두 사람은 심하게 싸웠다. 클라라는 화학 무기는 과학이 아니라 '과학의 악용'이라고 말했다. 선천적으로 부끄럼을 많이 타고 수줍어했으며 논쟁을 즐기지 않았던 클라라에게 이것은 쉬운 일이 아니었다. 남편의 결정에 대해 토를 달지 않았던 그녀지만 이번만은 하버가 넘지 말아야 할 선을 넘었다고 생각했다.

클라라는 더 이상 참을 수 없었다. 하버가 잠이 든 후 클라라는 침실에서 남편의 권총을 찾아 정원으로 나갔다. 그러고는 공중을 향해 쏘았다. 총이 잘 작동한다는 것을 확인한 클라라는 자신의 가슴을 향해 총알을 발사했다. 열네 살이었던 아들 헤르만이 어머니의 곁으로 달려왔다. 클라라는 심하게 피를 흘리고 있었지만 아직 살아 있었다. 헤르만은 아버지를 소리쳐 불렀지만 소용이 없었다. 수면제를 복용하고 잠들었던 하버는 일어날 수 없었다.

그날 밤, 1915년 5월 2일에 클라라 하버는 자신이 발사한 총에 맞아 세상을 떠났다. 다음날 프리츠는 아들을 버려두고 그를 기다리고 있는 동부전선으로 달려갔다.

클라라가 자살하고 2년 후 하버는 재혼했다. 클라라가 자살하고 30년 후 롱아일랜드에서 특허 변호사로 일하고 있던 44세의 헤르만 하버는 스스로 목숨을 끊었다.

프리츠 하버는 화학무기를 반대한 아내도 여러 명의 노벨상 수상자들이 그의 수상 연설을 거부한 것도 이해할 수 없었다. 하버에게 죽은 병사는 죽은 병사였다. 그가 어떻게 죽었는지는 문제가 되지 않았다. 중요한 것은 죽었다는 사실이었다. 독가스는 기술적으로 진보된 사회에서 통하는 무기였다. 독일이 왜 자신의 자산을 사용하지 말아야 한단 말인가? 하버는 '기사들이 총을 든 사람에 대해 가지고 있었던 것과 똑같은 불쾌한 감정을 총을 쏘는 병사들이 화학무기를 사용하는 사람들에 대해 가지고 있다'고 말했다.

하버의 목표는 전쟁을 과학자들 사이의 경쟁으로 바꿔 놓는 것이었다. 이 전쟁에서는 더 강한 독성을 가진 화학무기와 살포 방법, 가스 마스크를 포함한 가장 효과적인 방호장비를 개발하는 쪽이 승자가 될 것이다. 그는 냉정하게 '가스 무기와 방호장비는 전쟁을 체스 게임으로 바꿔놓을 것이다'라고 말했다.

제2차 세계대전에서 원자폭탄이 사용된 후 하버는 화학무기가 죽인 사람보다 더 많은 사람을 살렸다고 주장했다. 실제로 프리츠 하버는 자신이 한 일을 엄청나게 자랑스러워 했다. 그는 총을 쏘고 포탄을 쏟아 붓는 것과 같은 훨씬 더 파괴적인 것보다 과학이 더 진보한 것을 자랑스러워했다. 하버에 의하면 '병사들이 지도자의 손에 들려 있던 칼에서 아무것도 할 수 없는 사람들 더미'로 바뀌었다.

이프레를 시작으로 한 다섯 번의 염소가스 공격으로 1915년 4월 22일과 8월 6일 사이에 연합군에게 1200톤의 염소가스가 사용되었다. 한때 합성비료를 생산하던 BASF의 오파우 공장은 이제 폭약과 독가스만을 생산했다. 1915년 말까지 BASF는 매년 1만 6000톤의 염소가스를 생산했다.

프리츠 하버는 최초로 염소가스를 전쟁에 사용한 사람이었다.

1915년 10월 15일에는 염소가스처럼 사람들을 질식시키지만 훨씬 적은 양만 사용해도 되는 포스겐 가스를 전쟁에서 처음으로 사용한 사람이 되었다. 샴페인 전선에서 1915년 10월 15일과 27일에 독일군은 500톤의 포스겐 가스를 살포하여 연합군 500명을 죽이고 5700명을 다치게 했다.

하버는 거기에서 끝내지 않았다. 1917년에는 전쟁에서 사용한 화가물질 중 가장 위험한 겨자가스를 최초로 살포한 사람이 되었다. 바람에 의해 흩어지는 염소가스나 포스겐 가스와는 달리 겨자가스는 토양, 옷, 집, 도구 등에 달라붙어서 씻어내는 것이 불가능했다.

겨자가스는 심각한 결막염을 유발해 병사들이 앞을 보지 못하도록 했고, 피부, 입, 목구멍, 기관지에 염증을 일으켜 삼키거나 숨을 쉬기 어렵도록 했으며, 2도 화상처럼 넓은 범위에 물집이 잡히도록 했고, 기관지염과 폐렴으로 죽음에 이르도록 했다.

겨자가스에 노출된 병사 100명 중 세 명이 목숨을 잃었다. 겨자가스는 모든 가스 중에서 가장 독성이 강하고, 주변에 오래 머물러 있기 때문에 살포되고 오래 지난 후에도 병사들을 사상시켰다. 사망률이 높고, 병사들이 다른 어떤 화학무기보다도 두려워했던 겨자가스를 프리츠 하버는 '놀라운 성공'이라고 했다.

겨자가스가 민간인들에게도 손상을 줄 가능성이 큰 화학무기였다는 것은 놀라운 일이 아니다. 1917년 7월 20일 독일은 아멘티에레의 서쪽 외곽 지역을 겨자가스로 폭격했다. 그 지역 농부와 주민들 수천 명이 대피소로 대피했다. 그 후 그들이 대피소에서 돌아와 아직 독이 묻어 있는 물건들에 접촉하면서 675명이 다치고 86명이 목숨을 잃었다.

1914년부터 1919년 사이에 독일은 8만 7000톤의 염소가스, 2만 4000톤의 포스겐 가스, 7700톤의 겨자가스를 만들었다. 영국과 프랑스도 화학무기를 사용했지만 화학무기 경쟁을 시작한 것은 독일이었고, 큰 성공을 거두었다. 처음으로 독가스를 포탄에 넣고 적을 향해 발사한 것도 독일이었다. 1918년 독일 포탄의 약 3분의 1이 독가스를 포함하고 있었다.

전쟁이 끝날 때까지 프리츠 하버가 연출한 화학무기 전쟁으로 100만 명 이상이 부상당했고, 2만 6000명이 목숨을 잃었다.

제1차 세계대전은 1919년 6월 28일에 베르사유 조약이 서명되면서 공식적으로 종식되었다. 다음해 여름 프리츠 하버는 자신이 전쟁 범죄자 명단에 포함되어 있다는 것과 연합국이 범죄인 인도를 요구하고 있다는 것을 알게 되었다. 그러자 그는 수염을 기르고 위조 여권을 구입하여 스위스로 달아나 시민권을 획득하고 세인트 모리츠에 정착했다.

1919년 11월에 그는 노벨상 수상 소식을 들었다. 연합국이 범죄인 인도 요청을 취소하자 그는 사랑하는 독일로 돌아왔다.

1907년에 조인된 헤이그 협약도 독가스의 사용을 분명하게 금지하고 있었지만 베르사유 조약은 이것을 더 명확하게 금지했다. 연합국은 독일이 다시는 화학 무기를 사용하지 못하도록 하고 싶어 했다. 독일은 '질식성이 있거나, 독성이 있는 모든 종류의 기체와 비슷한 종류의 액체'를 사용할 수 없도록 했고, '이들의 제조와 수송이 엄격하게 금지되었다.' 하지만 프리츠 하버는 그런 조약은 아무런 윤리적 법적 정당성이 없다고 믿었다. 헤이그 협약처럼 그는 이것도 무시했다. 자신의 사무실에 이프레에서의 염소가스 공격 사진을 액자에 넣어 걸어 놓고 있던 카이저 빌헬름 연구소에서 그는 동물을 이용한 화학무기 실험을 계속 했다. 국제 무기 조사관이 그의 연구소를 방문했을 때 그는 살충제에 대한 연구하고 있다고 주장했다.

하버는 조약에 명시된 화학무기를 수입하지는 않았지만 그것들을 수출했다. 그는 스페인이 겨자가스 설비를 짓는 것과 러시아가 볼가에서 독가스 프로그램을 시작하는 것을 도왔다.

1924년에는 독일 국방성과 공동으로 그는 독일 중심부에 염소가스와 겨자가스 생산 공장을 설치했다. 외국 조사관들에게는 '정유 시설'이라고 둘러댔다.

1933년 1월 30일 아돌프 히틀러가 권력을 잡았다. 3개월 후 히틀러는 유대인은 국가를 위해 일할 수 없도록 한 공무원법을 제정했다.

처음 프리츠 하버는 이 법은 자신과 아무 관계도 없을 것이라고 생각했다. 그는 24세 때 예나에 있는 세인트 미카엘 교회에서 세례를 받은 개신교도였다. 그러나 하버의 부모는 모두 유대인이었다. 따라서 제3제국의 눈으로 보면 프리츠 하버는 유대인이었다.

그러나 길이 있었다. 히틀러의 전임자였던 파울 폰 힌덴부르크의 주장으로 제1차 세계대전 동안 국가를 위해 성실하게 봉사한 사람들은 유대인이라 해도 정부에서 일할 수 있었다.

히틀러가 정권을 잡았을 때 독일에는 약 50만 명의 유대인들이 살고 있었다. 이는 전체 인구의 1%도 안 되었다. 약 1만 명이 사업이나 대학에서의 승진이 유리하다는 이유로 개신교로 개종했다. 하버처럼 이들 대부분은 스스로 '독일보다도 더 완전한 독일인'이 되었다.

개종했지만 그는 자신의 조상을 숨길 이유가 전혀 없었다. 그의 두 아내들도 유대인이었고 그의 친구들 대부분도 유대인들이었다. 나치가 하버에게 서류에 조상에 대해 쓰라고 했을 때 그는 '비아리아인'이라고 썼다.

1933년 4월 21일 프리츠 하버는 나치 예술, 과학, 대중문화 장관이었던 베르나르드 러스트로부터 전화를 받았다. 러스트가 원하는 것은 분명했다. 하버는 연구소에 근무하는 유대인들을 해고하기 시작했다. 처음에는 타협하고자 해 두 선임 유대인 연구원들이 독일 밖에서 직장을 구한 다음에 해고했다. 그는 다른 사람들을 해고할 수 없었다. 특히 그의 보호가 가장 필요한 젊은 유대인 과학자들을 해고할 수 없었다.

하버와는 달리 많은 독일 유대인 과학자들은 기독교로 개종하지 않았다. 그들은 모두 그들에게 사임을 강요하는 히틀러의 조치에 반감을 가지고 있었다. 하버처럼 제1차 세계대전 동안 나라를 위해 봉사했으며 후에 노벨상을 받은 제임스 프랭크는 유대인을 악한 취급하는 곳에 살기를 거부했다. 따라서 그는 괴팅겐 대학의 교수직을 사임했다. 그는 교수직을 사임하기 전에 프리츠 하버에게 편지를 썼다.

'나는 학생들 앞에 설 수 없습니다. 그리고 이런 것들이 나와는 관계없는 것처럼 행동할 수 없습니다. 그리고 나는 정부가 유대인 참전 용사들에게 던져주는 뼈다귀를 더 이상 물어뜯고 있을 수 없습니다. 나는 자신의 지위를 유지하는 사람들을 이해하고 존경합니다. 그러나 나와 같은 사람들도 있을 수 있습니다. 따라서 제임스 프랭크를 비난하지 말기 바랍니다. 당신을 사랑하는 프랭크'(프랭크는 후에 미국으로 건너가서 원자 폭탄을 만든 오펜하이머 연구팀에서 일했다).

프랭크는 하버는 카이저 빌헬름 협회에서 가장 뛰어난 과학자인 하버만은 독일에 남을 수 있을 것이라고 생각했다. 그러나 그의 예상은 빗나갔다. 프리츠 하버는 할 수 있는 일은 다했다. 그는 유대임에도 불구하고 새로운 정권에 쓸모가 있다는 것을 계속 보여주려고 노력했다.

히틀러가 유대인은 정부를 위해 일할 수 없다는 법을 도입하고 3주가 지난 후 프리츠 하버는 카이저 빌헬름 연구소 소장직을 사임했다. 하버 자신을 포함해 아무도 그것을 믿을 수 없었다.

하버는 베르나르드 러스트가 그의 사임을 받아들이지 않을 것이라고 생각했었다. 자신과 같이 존경받는 뛰어난 사람이 나라에서 걸어 나가는 것을 허용하지 않을 것이라고 생각한 것이다. 하버는 러스트에게 '나는 1933년 10월 1일에 은퇴를 허용해줄 것을 요구합니다. 1933년 4월 7일에 발표된 국가 공무원법에 의하면 내가 유대인 할아버지와 할머니의 자손임에도 불구하고 나는 공무원의 자격을 유지할 권리를 가지고 있습니다. 그러나 나는 더 이상 이런 배려를 사용하고 싶지 않습니다'라는 내용의 사직서를 제출했다.

알베르트 아인슈타인은 하버가 사임했다는 소식을 듣자 즉시 그에게 편지를 썼다.

'나는 당신의 심적 고통을 상상할 수 있습니다. 이것은 당신이 평생동안 일해온 이론을 버리는 것과 같을 것입니다. 그것을 조금도 믿지 않았던 나와는 다를 것입니다.'

그 이론은 아마도 독일 고위 지도층이 성실성, 무조건적인 헌신과 봉사를 존중해줄 것이며, 프리츠 하버가 어떤 종교를 가지고 태어났느냐가 아니라 그들을 위해 무엇을 할 수 있었는지를 중요하게 생각할 것이라는 믿음이었다.

그러나 그들은 그렇지 않았다. 하버는 유대인이었고, 나치는 그것만을 보았다. 그들은 그의 경력이나 학문적 업적에는 신경쓰지 않았다. 반대로 나치 정권에게는 독일 과학자나 학자들 그리고 지성인들이 독일 시민으로서의 우월감을 안겨주는 것 이상의 위협을 주는 존재로 보였다.

러스트가 하버의 사임을 받아들이자 하버는 정신이 아득했다.

'나는 이보다 비참한 적이 없었다.'

여러 과학자들이 하버를 위해 나섰다.

첫 번째로 하버의 친구들이 러스트에게 재고해달라고 요청했다. 그러나 러스트는 강경했다. 그는 '나는 유대인 하버와 모든 관계를 끊었다'라고 말했다.

다음에는 물리학에서 노벨상을 수상했고, 하버와 마찬가지로 과학자들을 존경했던 막스 플랑크Max Planck가 아돌프 히틀러를 만났다. 플랑크는 하버의 사직은 독일 과학을 위해 바람직하지 않다고 주장했다. 그리고 독일 인구의 1%밖에 안 되는 유대인이 노벨상 수상자의 3분의 1을 차지한다는 것을 강조했다. 플랑크는 하버를 사직시키는 것은 '자해'라고 주장했다.

히틀러는 아무것도 인정하지 않았다. 만남이 계속 되는 동안 히틀러의 말이 빨라지고 높아졌으며, 주먹으로 자신의 무릎을 쳤고, 소리를 질렀다. 75세였던 플랑크는 뒤도 돌아보지 않고 방을 나왔다. 떨리는 몸이 진정되는 데는 며칠이 걸렸다.

마지막으로 독일의 가장 유명한 화학 산업가였던 카를 보쉬가 히틀러를 만나 유대인 과학자를 박대하는 것은 독일 산업을 위해 좋지 않다고 주장했다. 그러나 플랑크의 경우와 마찬가지로 히틀러는 꿈속에 있는 것 같았다. 그의 100년 제국에서 이루어낼 일들을 이야기하면서 히틀러는 '당신은 이런 일들을 이해하지 못한단 말이야! 유대인들이 물리학과 화학에서 그렇게 중요하다면 우리는 100년 동안 물리학과 화학 없이 일하면 될 것 아닌가?'라고 소리쳤다.

히틀러의 정책을 공개적으로 비판하게 된 보쉬는 후에 그의 직책에서 물러나야 했다. 그는 1940년 우울증과 알코올 중독으로 세상을 떠났다.

1933년 8월 3일 프리츠 하버는 독일을 떠났다. 직장을 찾아서 스페인, 네덜란드, 프랑스, 영국, 스위스의 호텔들을 전전했다. 그러나 하버의 동료들 대부분은 화학 무기를 개발한 그의 악명 높은 과거를 잊을 수 없었다. 영국 과학자로 핵물리학의 아버지라고 불리던 어니스트 러더퍼드Ernest Rutherford는 만나는 것도 거절했다.

몇 달 후 하버는 케임브리지 대학의 보잘 것 없는 직책을 제안받았다. 그럼에도 그는 그 제안을 심각하게 고민했다. 고국인 독일의 흔적을 지울 수 있으면 어느 것도 좋았다. 그는 '나의 가장 중요한 목표는 독일 시민으로 죽지 않는 것이다'라고 말했다.

스위스에 있는 동안 하버는 러시아에서 태어난 유대인 과학자로 팔레스타인에 유대인 조국 건설을 주도하고 있는 하임 바이츠만Chaim Weizmann을 만났다. 바이츠만은 하버와의 첫 만남을 기억하고 있었다.

'그는 윤리적 공백 상태에서 헤매고 있는 쇠약한 사람이었다. 나는 그를 위로하려고 애썼다. 그러나 솔직하게 말하면 나는 그의 눈을 똑바로 볼 수 없었다. 나 자신이 부끄러웠고, 이 잔인한 세상이 부끄러웠다. 그리고 그가 살아오면서 해온 일과 실수가 부끄러웠다.'

그럼에도 바이츠만은 마침내 유대 전통을 받아들이는 하버의 내면을 발견하고 텔아비브에서 가까운 리호보트에 있는 다니엘 시프 연구소(현재는 바이츠만 연구소)에서 근무할 것을 제안했다.

'당신은 평화롭고 명예롭게 일할 수 있을 것입니다. 그것은 당신에게 귀향이 될 것입니다.'

하버는 바이츠만의 제안에 감격했다.

'바이츠만 박사님, 나는 독일에서 가장 능력 있는 사람 중 하나였습니다. 나는 위대한 군대 사령관 이상이었고, 회사의 사장

이상이었습니다. 나는 산업을 창립한 사람입니다. 나의 연구는 독일이 경제적으로 그리고 군사적으로 세력을 넓히는 데 핵심적인 역할을 했습니다. 내게는 모든 문이 열려 있었습니다. 그러나 그때 내가 가지고 있던 지위가 대단해 보였을지 몰라도 당신과 비교하면 아무것도 아닙니다. 당신은 풍족한 곳에서 창조한 것이 아니라 아무것도 없는 곳에서 창조했습니다. 모든 것이 부족한 곳에서 당신은 해냈습니다. 당신은 버려진 민족을 존엄성을 가진 만족으로 돌려놓기 위해 노력했습니다. 그리고 당신은 성공하고 있습니다. 내 생애의 마지막에 나는 파산한 자신을 발견했습니다. 내가 죽은 다음에 나는 잊히겠지만 당신은 우리 민족의 긴 역사 속에 빛나는 순간으로 남아 있을 것입니다.'

하버의 일생은 완전히 한 바퀴 돌았다. 유대의 전통을 거부한 후 이제 그것을 완전히 받아들였다. T. S. 엘리엇의 시를 인용하면 그는 그가 출발했던 곳에 도착했다. 그리고 그곳을 처음으로 알아보았다.

하버의 변화에 가장 놀란 사람은 아마도 20년 동안 친구로 지냈던 알베르트 아인슈타인이었을 것이다. 하버는 바이츠만과 만난 후 아인슈타인에게 편지를 보냈다.

'내 인생에서 내가 지금처럼 유대인인 적이 없었습니다!'

아인슈타인이 답장을 보냈다.

'당신으로부터 그렇게 자세하고 긴 편지를 받고 매우 기뻤습니다. 그리고 블론드 야수에 대한 당신의 사랑이 조금 식은 것 같아 특히 기뻤습니다. 나의 친애하는 하버가 유대인의 옹호자로 그리고 팔레스타인인으로 나에게 다가올 것을 누가 상상이나 했겠습니까? 당신이 독일로 돌아가는 일이 없기를 바랍니다. 범죄자들 앞에서 바짝 엎드리고, 심지어는 일정 부분 범죄를 동정하기까지 하는 사람들로 이루어진 지식인들과 일하는 것은 할 일이 아닙니다'

아인슈타인은 하버를 빨리 만나고 싶다는 말로 편지를 끝맺었다.

'나는 당신과 좋은 하늘 아래서 곧 다시 만나길 기원합니다.'

그러나 아인슈타인과 하버는 다시 만날 수 없었다.

저맛으로 여행하는 도중에 하버는 가슴 통증으로 작은 스위스 마을 브리그에서 기차를 내렸다. 그의 여동생 엘리제가 그를 돌보기 위해 왔다. 심한 심장 질환으로 고통스러워하던 하버는 그 당시에 시행하던 니트로글리세린과 방혈 치료를 받았다.

아돌프 히틀러가 정권을 잡고 거의 1년이 흐른 1934년 1월 29일 프리츠 하버는 세상을 떠났다. 그는 스위스 바젤에 묻혔다. 하버는 그의 묘비에 '전쟁 중이나 평화 시에 허용하는 한 그의 고국에 충실했던 사람'이라고 새겨주기를 원했다.

그의 나라가 한 잔학한 행위를 부끄럽게 생각했던 그의 아들 헤르만은 하버의 요구를 받아들일 수 없었다. 그러나 다른 요구는 들어주었다.

두 번 결혼했지만 하버는 첫 번째 아내였던 클라라 옆에 묻히고 싶어 했다. 따라서 독일 다렘에서 클라라를 화장해 스위스의 바젤로 가져와 그들의 이름과 날자만 새겨져 있는 같은 묘비 아래 함께 묻었다.

아마도 가장 적당한 비문은 알베르트 아인슈타인이 쓴 것일 것이다. 친구의 죽음을 전해 들은 아인슈타인은 헤르만에게 하버가 '독일 유대인의 비극과 일방적인 사랑의 비극'으로 고통스러워했던 것을 한탄하는 편지를 보냈다.

마지막 역설

1917년 2월 15일, 프리츠 하버와 여러 명의 독일 사업가들이 농작물 경작에 해를 주는 해충을 구제하는 최선의 방법을 찾아내기 위한 회의를 하기 위해 만났다. 이 만남으로 해충 구제를 위한 기술 위원회가 조직되었고, 하버가 위원장을 맡았다. 모두

동의한 가장 좋은 해충 구제의 방법은 시안화수소(HCN)를 사용하는 것이었다. 문제는 어떻게 그것을 사용하는가 하는 것이었다.

이 당시에는 발진티푸스 세균을 옮기는 이가 전선에 있는 독일 병사들을 괴롭혔다. 밀 방앗간에는 좀이 큰 문제였다.

프리츠 하버의 감독 하에 독일 과학자들은 HCN 사용법을 개발했다. 처음 그들은 단순하게 시안화수소를 강철 용기로부터 방출했다. 그런 다음 황산이 들어 있는 큰 통에 시안화소듐이나 시안화칼슘을 첨가해 HCN 가스를 방출시켰다. 마지막으로 그들은 HCN 과립을 뜨거운 공기에 노출시켜 가스를 방출하는 방법을 개발했다(마지막 제품을 치클론이라고 불렀다). 여러 나라에서 HCN을 살충제로 사용하고 있었지만 가장 효과적으로 가장 널리 사용한 나라는 독일이었다. 독일은 효과적으로 농경지, 막사, 기차, 군함, 건물 전체를 살충제로 처리했다. 그러기 위해서는 비우고, 밀폐한 다음 치클론을 채웠다.

HCN 가스가 가지고 있는 한 가지 문제는 냄새나 색깔이 없다는 것이었다. 따라서 사람들 중에는 자신도 모르는 사이에 HCN에 노출되어 목숨을 잃는 경우도 있었다.

이런 문제를 해결하기 위해 하버와 그의 연구원들은 염화시아노겐을 첨가하여 역한 냄새가 나도록 했다. 역한 냄새가 나는 치클론을 치클론 A라고 불렀다.

1920년에 치클론 A의 발명자가 다른 연구소로 옮겨갔다. 그러나 하버는 그와 협력 관계를 유지하며 후에 나치가 아우슈비츠나 트레블링카와 같은 수용소에서 100만 명 이상의 유대인을 학살하는 데 사용한 치클론 B를 개발했다. (나치는 시안화염소를 제거했기 때문에 희생자들은 가스에 중독되는지도 모른 채 목숨을 잃었다). 프리츠 하버의 친척 여러 명도 그곳에서 죽었다. 그들 중에는 하버의 배다른 동생의 딸 프리다(힐데 글룩스만), 그녀의 남편, 그들의 두 아이들도 포함되어 있었다. 프리다는 지그프리드 하버의 두 번째 아내가 낳은 딸이었다.

유대인 수백만 명을 죽이는데 사용된 치클론의 생산을 감독하기는 했지만 하버는 이것이 이런 용도로 사용될는지는 전혀 몰랐다. 실제로 아돌프 히틀러가 정권을 잡기 시작할 때 프리츠 하버는 의도적인 것은 아니었지만 자신이 나치에게 그들의 공포정치에 사용할 강력한 무기를 제공했다는 것을 알아차렸다. 하버는 '어린 아이의 손에 불을 들려주었다'라고 후회했다.

뮌헨에 있는 독일 박물관에는 작은 가리개로 관람객들과 분리되어 있는 곳에 프리츠 하버와 로베르트 르 로시뇰이 공기로부터 질소를 고정하기 위해 만들었던 책상 위 장치가 진열되어 있다. 가끔씩 관람객들이 정지해 몇 초 동안 바라보고 지나간다.

그들은 이것이 전 세계에서 사용되어 수많은 사람들의 목숨을 살리고, 지나친 질소로 환경 오염을 일으켜 인류의 파멸을 시작하게 할는지도 모르는 합성비료 시작 장치라는 것을 알아보지 못한다.

프리츠 하버는 지구 표면이 지탱할 수 있는 사람들보다 30억 명이나 더 많은 사람들이 살아갈 수 있도록 했다. 그가 이루어낸 것은 진정 놀라운 것이었다. 그러나 이 발명의 대가는 하천, 호수, 수로, 해양의 서서한 죽음이었다. 여기서 우리가 배울 수 있는 교훈은 모든 것에는 대가를 지불해야 한다는 것이다. 문제는 그 대가가 얼마나 큰가 하는 것이다.

대부분의 사람들은 백신, 항생제, 위생시설과 같이 가장 극적으로 생명을 살리는 의학과 과학의 발명도 때로는 의도하지 않았던 비극적인 결과를 가져올 수 있다는 것을 알고 놀랄 것이다. 우리는 이에 대해 마지막 장에서 이야기할 예정이다.

# 미국의 우성 종족

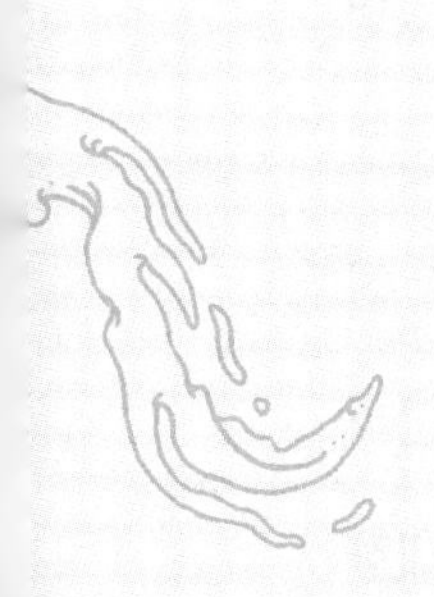

좋은 나무마다 아름다운 열매를 맺고
못된 나무가 나쁜 열매를 맺나니

마태복음 7장 17절

2015년 6월 16일, 부동산 거물로 정치 초보자였던 도널드 트럼프가 공화당 미국 대통령 후보 지명전에 뛰어들었다. 그는 멕시코 이민자들을 공격하는 것으로 선거 운동을 시작했다. 만약 미국인들이 자신들의 나라가 최근의 사회적, 정치적 그리고 경제적 어려움에서 벗어나 다시 위대한 나라가 되는 방법을 알고 싶다면 남쪽 국경을 바라보면 되었다. 그곳에서 미국인들의 고민거리를 발견할 수 있을 것이다.

트럼프는 '멕시코가 사람들을 보낼 때는 가장 훌륭한 사람들을 보내지는 않는다. 그들은 많은 문제를 가지고 있는 사람들을 보낸다. 그들은 문제들을 가지고 미국으로 온다. 그들은 마약을 가져오고, 범죄를 가져온다. 그들은 강간범들이다'라고 말했다.

그러나 사실은 이와 다르다.

(1) 1세대 멕시코 이민자들은 미국에서 태어난 미국인들보다 범죄율이 낮다.

(2) 이민자들의 비율이 높아지면서 범죄율은 낮아졌다.

(3) 감옥에 수감되어 있는 불법 이민자들의 비율이 인구 비율에 비해 낮다. 그 이유는 명백하다. 추방의 위험 때문에 불법 이민자들은 문제를 일으키지 않으려고 한다.

미국 이민 정책 프로그램의 부책임자인 마르크 로젠블럼Marc Rosenblum은 '일반적으로 이민자들은 (특히 불법 이민자들) 미국에 일하러 온 사람들이다. 그리고 일단 미국에 오면 그들 대부분은 고개를 숙이고 자신들의 일만 한다. 그들은 자신들이 약점을 가지고 있다는 사실에 매우 민감하다' 라고 말했다.

트럼프는 미국의 대중들에게 활기를 불어 넣어 줄 방법을 찾아냈다. 그가 멕시코 이민자들을 그의 선거운동의 출발점으로 삼자 공화당 유권자들 사이에서 그에 대한 선호도가 16%에서 57%로 뛰어 올랐다. 이것은 그의 경쟁자들에게서는 볼 수 없는 것이었다.

공화당 대통령 후보로 지명받기 위해 경쟁하고 있던 다른 후

보들도 이 아이디어에 반응하기 시작했다. 그들은 경비를 강화하고 울타리를 보강하겠다고 약속했다. 텍사스 상원의원인 테드 크루즈Ted Cruz는 자신도 히스패닉계 미국인이었지만(멕시코가 아니라 쿠바인의 후손이었다) 그의 이민 정책에서 '불완전한 멕시코와의 국경 때문에 불법 이민자, 범죄자, 테러리스트들이 미국 땅에 들어온다'라고 지적했다.

공화당 예비선거가 진행되면서 이민자들에 대한 공격은 멕시코 이민자들에게만 국한되지 않았다. 2015년 12월에 캘리포니아 샌베르나르디노에서 있었던 테러리스트의 공격에 대한 반응으로 트럼프와 다른 공화당 보수 정치가들은 '무슬림들의 미국 입국을 전면적으로 완전하게 막아야 한다'고 요구했다. 멕시코에서 불법적으로 국경을 건너는 '살인자들'과 '강간범들'뿐만 아니라 무슬림에 신앙을 가진 합법적인 이민자들도 잠재적 테러리스트로 본 것이다.

약 10억의 무슬림에게 적용될 이러한 금지는 가족이나 학교 방문자들과 자녀들이 더 나은 의료 혜택을 받기를 원하는 부모들에게도 적용될 것이다. 라디오 진행자인 로라 인그래이엄Laura Ingraham은 '트럼프의 주장이 그에게 해가 될 것이라고 생각하는 사람들은 미국 사람들의 온도를 모르는 사람이다'라고 트위터에서 말했다.

당시 59%의 공화당원들이 이러한 금지에 찬성했다. 그러나 일반적인 미국인들은 36%만이 이러한 조치를 긍정적으로 보았다. 그런데 몇 달 뒤인 2016년 3월에 51%의 미국인들이 무슬림의 미국 입국 금지에 찬성했다.

이 정치가들은 이민자들을 두려워해 온 미국 역사의 전통적인 생각에 동참하고 있다. 1930년대와 1940년대에 있었던 동유럽으로부터의 유대인 이민자들에 대한 거부나 오늘날 캐나다나 다른 나라에 비해 현저하게 낮은 비율의 시리아 이민자 수용만 보더라도 미국이 이민자들에게 문을 여는 데 인색하다는 것을 알 수 있다.

그런데 대부분의 미국인들은 우리의 편견에 대한 호소가 성공할 수 있는 것이 한 세기 전에 출판된 한 과학 논문에 그 뿌리를 두고 있다는 사실을 인식하지 못하고 있다. 그 논문의 저자는 뉴욕의 보수주의자였던 매디슨 그랜트Madison Grant였다.

그것은 완두콩에서 시작한다.

1866년에 모라비아의 브르노에서 연구하고 있던 우울하고 까다로운 한 오거스틴 수도자가 브륀의 자연사 협회 회보에 과학 논문을 발표했다. 그 수도자의 이름은 그레고어 멘델Gregor Mendel로, 주제는 완두콩이었다. 그리고 오랫동안 이 사실은 널리 알려지지 않았다.

멘델은 키가 큰 완두콩과 키가 작은 완두콩을 교배하면 어떻게 될지 궁금했다. 자손이 작은 완두콩일까, 큰 완두콩일까, 아니면 그 중간일까? 그리고 꼬투리에 주름을 가지고 있는 완두콩과 매끄러운 완두콩을 교배하면 어떻게 될까? 아니면 잎이 녹색인 완두콩과 노란색인 완두콩을 교배하면?

그가 발견한 것은 놀라운 것이었다. 중간 것은 없었다. 자손은 키가 크거나 작았고, 꼬투리는 주름이 있거나 매끄러웠으며, 녹색이거나 노란색이었다. 특성이 절대로 섞이지 않았고, 특정한 특성이 지배적이었다. 키가 큰 완두콩이 키가 작은 완두콩보다 지배적이었고, 꼬투리에 주름을 가지고 있는 것이 매끄러운 완두콩보다 지배적이었으며, 녹색 잎이 노란색 잎보다 지배적이었다.

멘델은 그의 결론을 소수의 완두콩이나 짧은 기간 동안의 조사를 통해 얻어낸 것이 아니었다. 그는 10년 이상 수천 번의 교배를 통해 이런 사실을 알아냈다. 멘델은 논문에서 완두콩이 부모로부터 각각 하나의 '요소'를 물려받는다고 제안했다. 오늘날 이 '요소'를 우리는 유전자라고 부르고 있다.

많은 사람들이 믿고 있는 것과는 달리 그레고어 멘델이 처음으로 유전을 발견한 것은 아니었다. 그가 논문을 발표할 당시에도 사람들은 우유를 더 많이 생산할 수 있는 소를 육성할 수 있었고, 더 많은 알을 낳는 닭이나 경주에서 더 많이 승리할 수 있는 말을 육성하는 방법을 알고 있었다. 그들이 몰랐던 것은 왜 그렇게 되는가 하는 것이었다. 그레고어 멘델로 인해 사람들은 이제 동물이 어떤 물리적 특성을 나타낼 것인지를 예측할 수 있게 되었다. 멘델은 동물 육성을 통계적인 생물학 영역으로 옮겨 놓았다.

멘델이 논문을 발표하고 몇 년 후에 찰스 다윈의 8촌이었던 과학자 프랜시스 갈톤Francis Galton이 완두콩에서 사람으로 그리고 물리적 특성에서 좀 더 의미 있는 것으로 발전시켰다.

갈톤은 우리가 더 나은 동물을 육성할 수 있다면 더 나은 사람을 육성할 수도 있지 않을까 하고 생각했다. 지능, 충성심, 용감성, 정직성과 같은 것들도 유전되는 것은 아닐까? 그리고 더 나은 사람들을 선택하면 더 나은 세상을 만들 수 있는 것이 아닐까? 술주정뱅이, 범법자, 가난한 사람들이 없는 세상. 낮은 수준의 사람들이 제거되어 더 이상 사회의 짐이 되지 않는 세상.

1869년에 프란시스 갈톤은 더 나은 내일을 위한 계획을 그린

《상속된 천재》를 출판했다. 갈톤은 영국 정부가 우수한 자질을 가진 젊은 남성과 여성에게 적절성 증명서를 발급하고, 자식을 낳을 때마다 돈을 주자고 주장했다. 이 비용은 그리 높지 않을 것이라고 했다.

갈톤은 만약 영국 시민들이 '말이나 소를 육성하는 데 사용하는 돈의 20분의 1만 사람을 육성하는 데 사용한다면 수많은 천재들을 만들어낼 수 있을 것'이라고 믿었다. 그는 그의 계획을 '훌륭하게 낳는다'라는 뜻의 그리스어에서 따서 우생학eugenics이라고 불렀다.

그러나 여기에도 어두운 면이 있었다. 갈톤은 '나는 병들어 연약하거나 운이 없는 사람들을 방치하자는 것이 아니다. 육성을 통해 수준 낮은 사람들을 방지하는 대신 그들도 똑같은 복지 혜택을 받을 수 있을 것이다'라고 주장했다. 갈톤은 '낮은 수준의 자손을 낳는 것을 제한하기 위해' 정신병자, 범죄자, 극빈자는 수도원과 수녀원에 수용해야 한다고 주장했다. 육성이 잡초 제거로 바뀐 것이다.

1900년대에 우생학이 대서양을 건너 뉴욕 주 헌팅턴 부근의 작은 만에 상륙했다. 롱아일랜드 해변인 이곳에서 미국 우생학 운동이 시작되었다. 갈톤의 이론을 추종했던 사람은 미국 대학 엘리트 사회의 일원이었던 찰스 대븐포트Charles Davenport였다. 영국과 식민주 였던 뉴잉글랜드에서 교회 목사를 지낸 조상들의 후손이었던 대븐포트는 하버드 대학에서 동물학으로 박사 학위를 받은 후 시카고 대학에서 학생들을 가르쳤다.

1904년에 그는 콜드 스프링 하버에 있는 진화에 대한 실험적 연구 스테이션의 책임자로 임명되었다.

찰스 대븐포트는 프린시스 갈톤을 숭배했다. 데번포트는 '사회가 살인자의 목숨을 빼앗을 권리를 주장하는 것처럼 해만 끼치는 원형질인 사악한 독사를 제거할 수도 있다'고 말했다. 또한 미국이 결함 있는 시민을 돌보는 데 매년 약 1억 달러를 지출하고 있다고 주장하며 무엇인가를 할 때라고 했다. 이에 따라 그는 콜드 스프링 하버에 우생학 기록 사무실을 만들고 가치 있는 사람들과 가치 없는 사람들의 명단을 만들었다.

몇 년 후 그는 해리 라플린Harry Laughlin을 미주리 주 리보니아의 황량한 방 하나로 이루어진 학교에서 찾아내 관리자로 임명했다. 대븐포트는 그들 주장의 과학적 '증거'를 제공하는 연구자 역할을, 라플린은 권력을 가진 사람들을 설득하여 수준이 낮은 사람들을 제거하는 법률을 통과시키도록 하는 로비스트 역할을 맡았다.

1910년 10월에 우생학 기록 사무실이 일을 시작했다. 이들의 임무는 명확했다. 누가 수준이 낮은 미국인인지를 결정하고 그들이 결혼해 자식을 낳는 것을 방지하는 것이었다.

첫 번째 단계는 정신 이상이거나 정신박약자들이라고 간주된 사람들을 남성과 여성으로 구분된 시설에 수용하는 것이었다. 그런 다음에는 수용하지 못한 사람들에게 불임 시술을 하는 것이었다.

대상자를 결정하는 일은 쉽지 않을 것이다. 대븐포트는 그의 팀원들에게 바람직하지 못한 특성을 가진 사람들의 가계도를 작성하도록 했다. 그에 의하면 바람직하지 못한 특성은 '정신박약자를 위한 42개 시설, 청각과 시각장애자들을 위한 115개 학교와 가정, 정신병자를 수용하는 350개 병원, 1200개 보호시설, 1300개의 교도소, 1500개의 병원, 2500개의 사설 구빈원의 기록 속에 보관되어' 있었다. 대븐포트의 계획에는 부적격자인 사람뿐만 아니라 부적격 대상자의 가족 중에 부적격자가 있는 경우도 포함되어 있었다. 그는 미국의 유전자에서 그들의 혈통을 제거하고자 했으므로 조사 대상이 아닌 사람이 없게 되었다. 그는 소중한 자료를 보관하기 위해 방화시설을 갖춘 자료

보관소를 지었다.

첫 번째 단계로 대븐포트와 라플린은 10대 '타락한 원형질' 목록을 발표했다.

(1) 정신박약자, (2) 가난한 자, (3) 알코올 중독자, (4) 범죄자, (5) 간질병 환자, (6) 정신이상자, (7) 허약 체질, (8) 성병 환자, (9) 장애자, (10) 청각, 시각, 발음기관 장애자(사력의 정도나 청력의 정도에 따는 구별은 시도하지 않았다).

대븐포트와 라플린은 약 100만 명의 미국인들이 주 정부의 보호 아래 있고, 300만 명은 주의 보호를 받지 않고 있으며, 700만 명은 가족과 함께 생활하고 있다고 계산했다.

우생학 기록 사무소에 따르면 미국 인구의 10분의 1에 해당하는 1100만 명이 미국의 부적격자들이었다. 이들이 자손을 낳지 못하도록 해야 할 때가 왔다.

대븐포트와 라플린은 교도소 명단으로 누가 범죄자들인지 쉽게 결정할 수 있었고, 눈과 귀를 검사해 누가 시각과 청력에 장애를 가지고 있는지를 결정할 수 있었으며 병원과 진료소 기록을 통해 성병환자를 가려낼 수 있었다.

그러나 누가 정신박약자인지 어떻게 구별할 수 있을까? 다행히 한 유럽 연구자가 이 일을 쉽게 만들어 주었다.

1900년대 초에 프랑스 심리학자 알프레드 비네Alfred Binet가 지능 검사법을 만들었다. 몇 년 후 이 검사를 스탠퍼드 연구자들이 수정하여 스탠퍼드-비네 시험이라고 새로운 이름을 붙였다.

이제 우생학자들은 그들이 사용할 수 있는 확실한 70이라는 숫자를 가지게 되었다. 그들은 지능지수(IQ) 70 이하를 재생산 부적격자로 분류했다. 그리고 이 순간을 기념하기 위해 그들은 그리스어에서 '바보'라는 뜻을 가진 moros에서 따서 '모론moron'이라는 새로운 단어를 만들었다.

모든 사람들이 축하를 했던 것은 아니다. 특약 칼럼니스트였던 월터 리프먼Walter Lippmann은 〈뉴 리퍼블릭〉에 IQ 테스트는 '오리를 토끼처럼 양육하려는 분야에서 활동하는 엉터리들을 위한 새로운 기회'를 제공했다고 기고했다. 그러나 대부분의 미국인들은 그들 중에 저능력자들을 제거할 수 있다는 것에 열광했다. 그리고 IQ 테스트는 분명하고 객관적이어서 좋은 출발점이 되었다. 리프먼의 코멘트는 무시되었다.

우생학자들은 멘델의 법칙을 완전히 타락시켰다. 눈의 색깔과 같은 물리적 특성은 하나의 유전자에 대응시킬 수 있는 것이 사실이지만 범죄 성향이나 알코올 중독, 간질병, 청각 장애, 성병 발병 가능성과 같은 것들은 가능하지 않았다. 모든 것을 멘델의 유전법칙에 엄격하게 적용할 수는 없었다. 그럼에도 불구하고 선택적 육성을 통해 더 나은 사회를 만들 수 있다는 잘못된 생각이 미국인들로 하여금 자신들의 가장 수치스러운 편견을 과학이라는 천으로 가릴 수 있도록 했다.

우생학의 어리석은 생각과 말도 안 되는 목표를 감안하면 자금 확보의 어려움과 주류 과학자들의 지원 부족으로 어려움에 처했을 것이라고 생각하는 사람들이 많을 것이다. 그러나 실재는 그 반대였다.

시작부터 우생학 연구 사무소는 대학가에서 명망있는 사람들로 구성된 자문단을 가지고 있었다. 여기에는 록펠러 연구소의 노벨상 수상자인 알렉시스 캐럴Alexis Carrel, 세계적인 명성을 가지고 있던 존스 홉킨스 의대 교수이며 후에 미국 의학회 회장이 된 윌리엄 웰치William Welch, 프린스턴 대학의 심리학자 스튜어트 파톤Stewart Paton, 예일 대학의 사회학 교수인 어빙 피셔Irving Fisher, 시카고 대학의 정치 경제학자인 제임스 필드James Field, 하버드 대학의 교수인 생리학자 캐넌W. B. Cannon, 이민 전문가인 로버트 드코시 워드Robert DeCourcy Ward, 신경 병리학자 사우사드E. E. Southard

가 포함되어 있었다.

또한 자금 부족에 시달릴 것이라는 예상과는 반대로 우생학 기록 사무소는 자금으로 넘쳐났다. 카네기재단(강철), 록펠러 연구소(석유), E. H. 해리만 부인(철도), 조지 이스트만(사진)으로부터 수천만 달러를 지원 받았다. 국무성, 육군, 농무성도 대븐포트와 라플린을 지원했다.

이제 우생학은 전 세계에서 가장 뛰어나고, 가장 큰 영향력을 가지고 있었으며, 가장 존경받는 시민들로부터 환영받았다.

인디애나 대학 총장이었으며 스탠퍼드 대학의 설립자 겸 총장이었던 데이비드 조르단David Starr Jordan은 저서 《국가의 혈통》을 통해 우생학을 널리 알렸다.

전화를 발명했고, 청각 상실에 대해 개척자적 연구를 했던 알렉산더 그래이엄 벨Alexander Graham Bell은 우생학 추종자들이 청각 상실을 판단하는 데 사용되는 서식을 만들었다.

《타임 머신Time Machine》과 《세상들의 전쟁The War of the Worlds》으로 널리 알려진 영국의 소설가 H. G. 웰스H. G. Wells는 '우리는 더 적은 수의 더 나은 아이들을 원한다. …… 그리고 우리에게 해를 끼치는 잘못 양육되고, 잘못 훈련된 저질 시민들과 함께해서는 우리가 만들고자 하는 세계 평화와 사회를 만들 수 없다'라고 썼다.

미국 출산 통제 연맹의 설립자였던 마가렛 생어Margaret Sanger는 여성의 선택권과 우생학의 통합을 추진하기 위해 끊임없이 노력했다. 간호사였던 생어는 가난한 사람들이 원하지 않는 임신을 하는 것에 지쳤다. 그는 출산 통제를 통해 '적격자는 더 많은 아이들을 낳고 부적격자는 아이들을 덜 낳도록' 허용해야 하며 그녀는 '인간 잡초를 뽑아버릴 때'라고 말했다.

부자들에게 환상적인 음식을 제공하는 건강 요양소를 운명했던 존 하비 켈로그John Harvey Kellogg는 미시간 주에 배틀 크릭 종족 향상 재단을 설립했다. 8년 후 그는 콘플레이크를 발명했다.

켈로그는 '우리는 놀라운 새로운 품종의 말, 소, 돼지를 가지고 있다. 그런데 왜 발전된 새로운 인류를 가지면 안 되는가? 인간 순종 인간을'이라고 말했다. 그 당시의 일반적인 믿음을 그대로 받아들이고 있던 켈로그는 비정상적인 특성을 가지게 된 사람들은 '욕정으로부터 잉태된' 사람들이라고 말했다.

아일랜드의 극작가로 런던 경제 대학원의 창립자였던 조지 버나드 쇼George Bernard Shaw 역시 우생학을 받아들였다. 60편 이상의 희곡을 쓴 쇼는 후에 〈마이 페어 레이디〉라는 뮤지컬로 만들어진 《피그말리온》으로 널리 알려진 사람이다. 노벨 문학상과 아카데미상을 받은 유일한 사람이었던 쇼는 사회주의자적인 경향에도 불구하고 하급 인간의 제거를 전적으로 지지했다.

'고등 종교만이 모든 이전 문명을 쓰러트렸던 운명으로부터 우리 문명을 구할 수 있다는 사실을 직시하는 것을 거절할 아무런 이유가 없다.'

일라이자 둘리틀의 이야기는 생략하기로 하겠다.

시어도어 루스벨트 역시 무게를 더했다. 1913년 1월 3일 루스벨트는 찰스 대븐포트에게 편지를 보냈다.

'언젠가 우리는 올바른 형태의 훌륭한 시민이 져야 할 가장 중요한 의무는 그들의 혈통을 세상에 남기는 것이라는 것을 깨닫게 될 것입니다. 그리고 우리는 잘못된 형태의 시민들이 계속 존재하도록 허용하는 일을 해서는 안 됩니다.'

교황 피우스 6세(비오 6세)가 후에 우생학에 대해 반대했지만 대부분의 미국 성직자들은 우생학 기록 사무소의 노력을 지원했다. 그들은 마태복음 7장 16절을 인용했다.

'가시나무에서 포도를 수확할 수 있고, 엉겅퀴에서 무화과 열매를 얻을 수 있겠느냐?'

작가이자 미국 과학진흥협회의 지도적 회원이었던 알버트 위검Albert Wiggam은 우생학이 신의 뜻과 일치한다고 믿었다. 그는

'예수가 지금 우리 가운데 있다면, 첫 번째 우생학 총회의 회장을 맡았을 것이다'라고 말했다.

대븐포트와 라플린의 열정적인 노력은 나라를 변화시켰다. 1928년까지 400개의 미국 대학이 우생학을 교과 과정에 추가했고, 70%의 고등학교 생물학 교과서가 이 사이비과학을 받아들였다. 우생학 추종자들은 '적격 가정' 대결 프로그램을 지원했고, 주 박람회, 키와니스 총회, PTA 회의, 박물관, 영화관을 순회하며 홍보했다.

'어떤 사람은 태어나면서부터 다른 사람의 짐이 된다'라는 제목의 전시회에서는 여러 개의 깜박거리는 전등이 설치되어 있었다. 48초 간격으로 깜박거리는 전등은 '불구를 가진 사람'이 태어나는 것을 나타냈다. 50초에 한 번씩 깜박 거리는 전등은 교도소에 보내지는 사람을 뜻했다. 그리고 이는 '정상적인 사람은 감옥에 가는 일이 거의 없다'는 것을 나타냈다. 마지막으로 7분에 한 번씩 깜박이는 전등은 '수준이 높은 사람'이 태어나는 것을 뜻했다.

이 전시회는 '15초마다 100달러씩의 돈이 나쁜 유전자를 가진 사람들을 돌보는 데 쓰이고 있다'고 설명했다.

돈 많은 독지가, 영향력 있는 시민, 존경받는 학자들의 지원을 받아 우생학 추종자들의 운동은 미국 법률을 바꿨다. 네 개의 주가 알코올 중독자들의 결혼을 금지했고, 17개 주는 간질병 환자들의 결혼을 금지했으며, 41개 주는 정신박약자와 정신이상자의 결혼을 금지했다.

1930년대 말에 미국은 전 세계에서 가장 많이 결혼을 금지하는 나라가 됐다(결혼 금지 법률은 1967년이 되어서야 헌법에 위반된다고 선언되었다).

미국의 주도로 우생학은 국제적인 운동이 되었다.

1912년에 제1차 국제 우생학 총회가 런던에서 개최되었다. 알렉산더 그래이엄 벨이 명예회장이었다. 이 회의에는 미국, 벨기에, 영국, 프랑스, 이탈리아, 일본, 스페인, 노르웨이, 독일에서 온 학자들이 참석했다. 9년 후 제2차 국제 우생학 총회가 뉴욕에서 개최되었다. 유명한 미국 우생학자 헨리 페어필드 오스본 Henry Fairfield Osborn은 기조연설에서 '과학이 정부로 하여금 질병의 확산을 막도록 했던 것과 마찬가지로 정부가 가치 없는 사회 구성원들이 늘어나는 것을 방지하도록 해야 합니다' 라고 말했다. 이 총회에서는 53편의 논문이 발되었는데 이 중 42편이 미국 연구자들이 발표한 것이었다. 국제적인 호응에도 불구하고 우생학은 미국의 과학이었다.

1917년 헐리우드 영화 〈먹황새Black Stork〉가 방영되면서 우생학은 대중문화 속으로 들어갔다. '우생학의 러브 스토리'라고 홍보한 이 영화는 '장애를 가진' 아이가 죽는 것을 허용하는 이야기를 다루고 있다.

〈먹황새〉와 홍보 광고의 메시지는 분명했다. 장애를 가진 사람을 죽여 나라를 구하자는 것이었다. 이 영화는 열광적인 관객들을 위해 10년 이상 상영되었다.

〈먹황새〉의 인기와 변호사들의 지원을 등에 업고, 미국 시민들은 강제적인 불임을 법제화하는 다음 단계로 나갔다. 강제적인 불임은 의학과 과학 분야에서뿐만 아니라 결국은 미국 대법원에서도 인정받았다.

우생학 추종자들은 최하층 10%의 불임이 필요하다고 주장했다. 최하층 10%에 대한 불임을 유전자가 순수해질 때까지 계속 시행해야 한다고 주장했던 그들의 초기 목표는 1400만 명에게 불임시술을 하는 것이었다. 소동이 진정될 때까지 32개 주에서 6만 5370명의 가난한 사람, 매독 환자, 정신박약자, 정신이상자, 알코올 중독자, 장애자, 범법자, 간질병 환자가 불임시술을 받았다. 캘리포니아 주에서만도 2만 이상이 불임시술을 받았다. 이에 대해 항의하는 사람은 거의 없었다. 미국 역사에서 가장 어두운 시기였다.

불임시술을 받는 사람들 대부분은 자신에게 무슨 일이 일어나고 있는지 이해하지 못했고, 자신들이 더 이상 아이를 가질 수 없다는 것에 놀랐다. 일부에게는 다른 수술을 한다고 이야기했다. (남부 지방에서 폭넓게 행해졌기 때문에 불임시술을 '미시시피 맹장수술'이라고도 불렀다). 어떤 사람들은 읽을 수도 없는 서류에 서명하라는 요구를 받기도 했다.

1927년 미국 대법원이 의지에 반해 불임시술을 받게 된 여성의 재판을 재심리하기로 결정했을 때 시민운동가들은 매우 기뻐했다. 마침내 사회에서 가장 중요한 권리를 빼앗긴 구성원이 법정에서 자신의 권리를 주장할 수 있게 된 것이다. 불임시술이 예정되어 있던 사람은 캐리 벅Carrie Buck이었고, 이 시술의 담당의사는 존 벨John Bell이었다. 미국 사법 역사상 가장 유명한 이 재판은 벅 대 벨Buck vs Bell 재판이라고 불렸다.

1906년 7월 3일 프랭크와 엠마 벅은 딸 캐리를 낳았다. 프랭크가 가족을 버리고 떠나자 엠마는 매춘을 했다. 1920년 4월 1

일 엠마는 우생학 담당관으로부터 매독에 걸린 사람에게 매춘을 했다는 것을 인정하도록 강요당했다. 그 결과 그녀는 린치버그의 버지니아 주 간질병 환자 및 정신박약자 수용소로 보내져 여생을 보냈다.

그 당시 세 살이었던 캐리는 보육원으로 보내졌다. 캐리는 초등학교에서 열성적이고 능력 있는 학생이라는 것을 보여주었지만 양부모는 6학년의 캐리에게 학교를 구만 두고 집안일을 돕도록 했다. 후에 그녀는 다른 집의 집안일도 해야 했다.

캐리가 열여섯 살이었을 때 양부모의 조카였던 클라렌스 갈렌드가 강간했다. 몇 달이 지나자 그녀는 임신했다는 것을 알게 되었다. 캐리는 '그가 결혼을 약속했지만 결혼하지 않았다'고 주장했다.

1924년 1월 23일 이 일로 당황한 캐리의 양부모는 그녀를 린치버그 수용소에 맡겼다. 두 달 후 캐리는 딸 비비안을 낳았다. 린치버그에서 캐리는 버지니아의 새로운 불임 법안의 대상자인지를 결정하기 위해 스탠퍼드-비네 IQ 테스트를 받았다(주요 용도로 볼 때 스텐퍼드-비네 IQ 테스트는 스탠퍼드-비네 정신박약자 테스트라고 불려야 했다). 열일곱 살이었던 캐리는 아홉 살의 지능을 가지고 있는 것으로 나왔고 이는 모론에 해당됐다.

캐리의 IQ 테스트 결과를 받아든 버지니아 수용소의 감독관 존 벨은 그녀에게 불임시술을 하기로 결정했다. 버지니아에서 이미 80명에게 불임시술을 했지만 우생학 추종자들은 캐리의 경우를 법정에서 다뤄 주의 법률을 강화하고 싶어 했다.

1924년 11월 18일 암허스트 카운티의 순회법정이 이에 대한 재판을 시작했다. 가장 먼저 증언대에 선 사람은 해리 라플린이었다. 그는 이 증언을 위해 콜드 스프링 하버에 있는 우생학 기록 사무소에서 왔다. 라플린은 한 번도 캐리를 만난 적이 없었지만 그녀가 '비윤리적이고, 성실하지 않으며, 낮은 수준의 모론'이라고 증언했다. 재판에서 캐리는 평소처럼 신문을 읽으면서 낱말 맞추기 퀴즈를 풀고 있었다.

라플린은 캐리의 조상이 '남부의 무식하고 가치 없는 반사회적 백인'에 속한다고 주장하고, 캐리 벅이 '멘델 유전'의 살아 있는 증거라고 했다. 또 다른 우생학 추종자는 캐리의 불임 시술이 '주의 지능 표준을 높일 것'이라고 증언했다. 여섯 달된 비비안을 조사한 사회 복지사 역시 '정상적이 아니라는 징후가 보인다. 그러나 그것이 무엇인지는 잘 모르겠다'고 증언했다.

지방 법원은 캐리의 불임시술을 명령했다. 1925년 11월 12일 버지니아 항소 대법원은 지방 법원의 판결을 지지했다.

1926년 9월 미국 대법원은 벅 대 벨 사건을 재심리하기로 결정했다. 재판장은 전임 대통령인 윌리엄 하워드 태프트William Howard Taft였다. 그러나 다수의 의견을 쓴 사람은 태프트가 아니라 미국에서 사리분별이 가장 정확하고, 가장 존경받은 법관이었던 올리버 웬델 홈즈 주니어Oliver Wendell Holmes, Jr.였다.

헌법과 개인 자유의 자랑스런 수호자였던 홈즈는 거의 1000편에 이르는 가치 있는 의견서를 썼다(이 중에 하나에는 오늘날에도 인용되는 문구가 포함되어 있다. 아무런 제한 없이 자유롭게 말할 수 있는 권리를 강조한 첫 번째 수정안과 관련해 그는 '가장 강력한 언론 자유의 보장도 극장에서 거짓으로 불이 났다고 소리쳐 혼란에 빠지도록 한 사람까지 보호하지는 않는다'고 기록했다). 벅 대 벨 사건 당시 남북전쟁 참가자였던 올리버 웬델 홈즈 주니어의 나이는 86세였다.

재판에서 캐리 벅의 변호사는 강제 불임시술이 계속되도록 허용했을 때 일어날 일들에 대해 비관적인 예측을 했다. 그는 '과학이라는 이름으로 의사들의 제국이 시작될 것이다. 인종이 그러한 조치가 목표로 하는 곳에 도달할 수는 있을지 몰라도 그로 인해 최악의 폭군이 나타날 것이다'라고 경고했다.

법정은 이런 주장에 동의하지 않았다. 1927년 5월 2일 8대 1로 캐리 벅의 불임을 결정했다. 심지어는 대법원에서 가장 진보적인 판사였던 루이스 브랜다이스Louis Brandeis도 다수 의견 편에 섰다.

열성적인 우생학 추종자였던 홈즈는 다음과 같은 의견서를 썼다. '캐리 벅은 정신박약 상태의 백인 여성이다. 그녀는 같은 시설에 수용되어 있는 정신박약 여성의 딸이고, 불법적으로 낳은 정신박약 상태에 있는 딸의 어머니이다. 타락한 자손이 범죄로 처벌받을 때까지 기다리거나 그들이 무능으로 인해 굶주릴 때까지 기다리는 것보다는 이것이 모두를 위해 더 나은 선택이다. 사회는 명백하게 적합하지 못한 사람들이 계속 나타나는 것을 방지할 수 있다'

그러고는 미국의 가장 부끄러운 대법원 결정들의 신전에 자리 잡은 벅 대 벨 사건에 다음과 같은 말을 덧붙였다.

'세 세대의 무능력으로 충분하다'

그는 가장 열성적인 우생학 추종자들도 가능하지 않을 것이라고 생각했던 효과적인 법률을 만들었다. 한 비판자가 후에 홈즈의 의견은 '여덟 명의 대법관이 서명한 판결 중에 단어당 정의롭지 못한 내용의 비율이 가장 큰 판결'이었다고 평가했다(미국 대법원은 지금까지 벅 대 벨 재판을 공식적으로 폐기하지 않고 있다).

1927년 10월 19일 더 이상의 법적 대응 방법이 없어진 캐리 벅은 불임시술을 받았다. 그녀는 자신이 맹장 수술을 받는 줄 알았다.

20년 후 나치 전범들에 대한 뉴렌베르크 군사 재판 과정에서 게슈타포 장교였던 오토 호프만의 무죄를 주장하는 증거로 벅대 벨 사건에 대한 미국 대법원의 판결이 제출되었다.

1916년 이전에는 미국 우생학 추종자들이 개인과 그들의 가족들을 대상으로 했다. 따라서 혈통과 가문을 중요시했다. 그러나 1917년 일련의 이민 제한 법률 중 첫 번째 법률이 통과되면서 초점이 변하기 시작했다. 이로써 전에도 없었고, 앞으로도 다시는 없을 최악의 무대가 만들어졌다.

이러한 사고의 전환을 이끈 사람은 뉴욕의 변호사로 보수주의자였던 매디슨 그랜트Madison Grant였다.

1916년에 그랜트는 《위대한 종족의 죽음》이라는 책을 썼다. 과학 논문 형식을 갖춘 이 책에서 그랜트는 미국인들이 '종족자살'을 하고 있다고 주장했다.

그랜트의 책에 의하면 원하지 않는 특질은 특정한 가계 내에서만 교류되는 것이 아니라 특정한 종족을 통해서 교류된다. 만약 미국인들이 정말로 유전자를 정화하고 싶다면 바람직하지 않은 종족이 국내로 들어오는 것을 금지해야 한다고 주장했다. 그는 미국은 다시 미국이 되어야 하며 그것은 잡초를 제거하고 그랜트의 종족이 번영할 수 있게 하는 방법을 통해서만 가능하다고 했다.

10년 후 매디슨 그랜트의 책이 독일어로 번역되었을 때 란드스베르크 성에 수감되어 있던 한 젊은 병사가 종족 정화에 대한 생각에 누구보다 크게 공감했다.

매디슨 그랜트는 1865년 11월 19일에 특권층이 살던 뉴욕의 뮤레이 힐에서 태어났다. 그의 어머니는 뉴네덜란드 최초 정착자의 후손으로, 맨해튼 섬을 불하받아 후에 뉴욕이 되는 뉴 암스테르담을 설립했다. 그의 아버지는 뉴잉글랜드에 정착한 최초 청교도 이민자의 후손이었다.

남북 전쟁 동안 그랜트의 아버지는 용감한 군인에게 주는 미국에서 가장 높은 등급의 훈장인 '의회 명예 훈장'을 받았다.

어린 시절에 그랜트는 개인 가정교사에게 교육받았다. 열여섯 살 때 고전적인 교육을 마친 다음 그는 독일의 드레스덴으로 보내졌다.

다시 미국으로 돌아온 후에 그는 예일 대학에 지원했다. 3일

동안 수학, 독일어, 그리스어, 라틴어 시험을 본 후 우수한 성적으로 합격했다.

후에 그랜트는 컬럼비아 법대에서 공부한 다음 변호사 사무실을 열고 뉴욕 엘리트 클럽에 가입하여 미국에서 가장 영향력 있는 사람들과 교류했다. 사교성이 있고, 매력적이었으며, 사려 깊고, 부드러운 목소리를 가지고 있었으며, 사람들의 사랑을 받았지만 변호사 일에는 별 관심이 없었던 그랜트는 그의 첫사랑인 보존으로 관심을 돌렸다.

《위대한 종족의 죽음》을 출판하기 전부터 이미 매디슨 그랜트는 미국에서 가장 영향력 있는 보존주의자였다. 그는 브롱스 동물원과 야생생물 보존협회를 설립했다. 야생생물 보존협회는 퀸스, 프로스펙트 파크, 센트럴 파크의 동물원과 뉴욕 수족관을 설계했다. 그랜트는 단독으로 미국 들소가 멸종하는 것을 방지했으며, 알래스카 데날리 국립공원, 플로리다 에버글레이드 국립공원, 워싱턴 올림픽 국립공원, 몬태나 빙하 국립공원을 만드는데 핵심적인 역할을 했다. 또한 고래, 대머리독수리, 가지뿔영양을 구하는 데 전념했다.

그랜트가 미국 야생생물을 보존하자는 운동을 시작했을 때는 와이오밍에 있는 옐로스톤 국립공원만이 유일한 '국립공원'이라고 불렸다. 그랜트가 세상을 떠날 때는 그의 노력으로 수만 마리의 야생 동물에게 피난처를 제공하는 320만$km^2$에 달하는 거대한 전국적 국립공원 시스템으로 성장했다.

그랜트의 가장 위대한 성취는 캘리포니아 북부 여행에서 지구상에서 가장 큰 생명체인 캘리포니아 레드우드를 본 후에 이루어졌다.

1917년에 레드우드를 처음 방문한 그랜트는 예수가 살아 있던 2000년 전부터 살고 있었던 레드우드를 보았다. 그리고 많은 나무들이 벌목되고 있는 것을 본 그랜트는 미국 역사에서 가장 성공적인 보존 운동이었으며 후에 진행된 많은 비슷한 운동의 모델이 되었던 레드우드 구조 리그를 창립했다. 1968년에 설립된 레드우드 국립공원은 그의 운동의 절정을 이뤘다.

나이가 들었을 때 매디슨 그랜트는 뉴욕에서 그처럼 식민지 시절과 연관된, 공화국의 법률을 이해하고 지키려는 강직한 사람들로 둘러싸여 있게 되었다. 그랜트에 의하면 1880년대 후반에 모든 것이 변했다. 이민자들의 수가 두 배로 늘어나 매년 50만 명 이상이 미국으로 왔다. 그리고 이제 더 이상 이민자들이 영국, 스칸디나비아, 독일과 같은 북서 유럽 나라들에서만 오는 것이 아니라 동부와 남부 유럽에서도 오고 있었다.

《위대한 종족의 죽음》에서 조나단 스피로는 그랜트가 사랑하는 도시를 걸어가면서 어떤 생각을 했었는지를 다음과 같이 소개했다.

'그랜트는 그의 도시로 밀려드는 잡다한 이민자들로 인해 점점 더 괴로워했다. 그들은 구호소들을 메우고 있었고, 거리를 소란스럽게 했으며, 맨해튼을 외국 야만인들이 넘쳐나는 더러운 무법천지로 바꿔놓았다. …… 그랜트는 그가 태어난 도시의 혼잡한 보도를 걸으면서 본 것들을 역겨워했다. 그는 외국인들의 별난 의상, 지적이지 않은 언어, 이상한 종교적 관습들을 싫어했다. 그리스 넝마주이, 아르메니아의 구두닦이, 유대인 노점상들 사이를 헤치고 지나가면서 그는 새로 온 이민자들이 미국의 역사와 공화국 형태의 정부를 이해하지 못하고 있다고 확신하게 되었다.'

그랜트의 세상이 무너지고 있었다. 그는 자신과 같은 미국 원주민을 위해 미국을 보존하는 데 도움이 되는 어떤 일을 해야 했다. 그는 미국을 다시 미국으로 만들고 싶었다.

새로운 이민자들 중 그랜트의 관심을 가장 많이 끈 사람들은 유대인들이었다. 1880년과 1914년 사이에 동유럽 유대인의 3

분의 1이 미국으로 이주했다. 1880년 뉴욕의 유대인 수는 8만 명이었지만 30년 후에는 100만이 넘었다. 이들 중 반은 뉴욕 동부에 있는 3.8km²밖에 안 되는 좁은 지역에 모여 살았다. 이 지역의 인구밀도는 봄베이를 포함해서 세계 어느 도시보다도 높았다.

그랜트는 자신과 같은 스칸디나비아와 독일의 후손들을 노르딕이라고 불렀다. 그리고 미국 들소와 캘리포니아 레드우드를 보존하려고 했던 것처럼 미국의 노르딕 종족을 보존하고 싶어 했다. 이것이 그의 베스트셀러가 된 책의 주제였다(미국인들이 노르딕 종족이라고 부르는 것을 유럽인들은 아리안 종족이라고 불렀다).

그의 미국을 보존하려고 했던 그랜트의 운동은 여성 혐오, 유대 및 반가톨릭 정서로 발전했다. 미국 남부에서 가장 강력한 정치 집단으로 500만 명 이상의 회원을 가지고 있던 KKK(Ku Klux Klan)는 이런 생각을 가장 열성적으로 지지했다. 매디슨 그랜트는 이들뿐만 아니라 독일에서 부상하고 있던 국가사회당이 가지고 있던 편견에 과학적 근거를 제공했다.

1916년 봄 〈찰스 스크리브너스 선스〉가 《위대한 종족의 죽음》을 출판했다. 이 책은 1922년, 1923년, 1925년, 1926년,

1930년, 1932년, 1936년에 다시 출판되어 1600만 권 이상이 팔려 역사상 가장 인기 있었던 과학책 중 하나가 되었다.

이 책에서 그랜트는 유전자가 특성을 결정하며, 특성이 역사를 결정한다고 설명했다. 그는 세 가지 과학적 '사실'을 제시했다.

1. 인류는 노르딕 종족을 정점으로 하여 생물학적으로 다른 종족으로 구분되어 있다.
2. 각 종족의 지적, 윤리적, 성격적 특성은 주위 환경의 영향을 받지 않는다(자연이 모든 것을 결정한다. 육성을 통해 달라지지 않는다).
3. 하급 종족의 구성원이 상위 종족의 구성원과 결합하면 그 후손은 하급 종족의 구성원이 된다. 그랜트는 '백인과 인디언이 결혼하여 낳은 자손은 인디언이며, 백인과 흑인이 결혼하여 낳은 자손은 흑인이고, 백인과 인도인이 결혼하여 낳은 후손은 인도인이다. 그리고 유럽의 세 종족 중 하나와 유대인이 결혼하여 낳은 후손은 유대인이다'라고 주장했다. (이 마지막 문장은 후에 나치 독일이 제정한 법률의 근거가 되었다)

그랜트는 그레고어 멘델의 완두콩 실험을 유럽 역사에 대한 해석으로 바꿔놓았다.

멘델은 녹색 잎을 가진 완두콩을 노란색으로 표시했다. 그는 표시해둔 완두콩이 노란색 잎을 가진 후손을 만드는지 알고 싶었다. 실험 결과 녹색 잎을 가진 완두콩은 노란색 잎을 가진 후손을 만들지 않았다. 유전자가 모든 것을 결정했다.

그랜트는 이 발견을 발전시켜 유전자는 절대로 바뀌지 않는다고 주장했다. 뼈에 가지고 있는 것이 살을 통해 나온다는 것이다. 그랜트는《위대한 종족의 죽음》에서 다음과 같이 주장했다.

'영어를 말하고, 좋은 옷을 입으며, 학교나 교회에 가는 것으로는 흑인을 백인으로 바꿀 수 없다는 것을 배우는 데 50년이 걸렸다. 시리아인이나 이집트 해방 노예가 토가를 걸치고, 원형 투기장에서 자기가 좋아하는 검투사에게 박수를 보낸다고 해서 로마인으로 변하지는 않는다. 미국은 폴란드 유대인들로부터 비슷한 경험을 할 것이다. 그들의 작은 키, 이상한 심리 상태 그리고 자기중심적인 사고방식이 국가의 기둥에 접목하려 하고 있다.'

매디슨 그랜트는 누가 노르딕인지 그리고 누가 노르딕이 아닌지 쉽게 알 수 있었다. 그냥 보기만 하면 알 수 있었다. 노르딕은 '갈색 곱슬머리거나 블론드 머리카락을 가졌고, 푸르거나 회색 또는 옅은 갈색 눈을 가지고 있었으며, 밝은 피부와 좁고 높은 코, 커다란 체구와 긴 머리통을 가지고 있었으며 머리카락과 체

모가 많았다.'

그랜트에 의하면 이런 특징은 세계에서 가장 위대한 화가들의 작품들에서 쉽게 발견할 수 있었다. 그는 '그리스 예술가가 그린 거무스름한 비너스를 상상하는 것은 어려운 일이다. 저급 종교를 가지고 있는 사람들은 검은 피부를 가지고 있는 여성을 좋아하는 반면 교회 그림에 등장하는 모든 천사는 블론드이다. 십자가 처형 장면을 그릴 때도 모든 예술가들은 서슴없이 두 명의 도둑은 검은색으로 그리고 구세주는 블론드로 그렸다'라고 했다.

나사렛 예수는 틀림없이 노르딕이었다. 노르딕은 인류가 가질 수 있는 가장 좋은 직업인 사냥꾼, 항해자, 탐험가, 화가, 군인, 왕이었다. 그랜트에 의하면 알렉산더 대왕도 노르딕이었고, 단테, 라파엘로, 티치아노, 미켈란젤로, 다빈치, 소포클레스, 아리스토텔레스 그리고 심지어는 다윗왕도 노르딕이었다(성경에 묘사된 그의 '준수한 용모'가 그 근거였다).

미국인들은 매디슨 그랜트의 책을 좋아했다. 〈예일〉 리뷰, 〈아메리칸 히스토리컬〉 리뷰, 〈뉴욕 헤럴드〉, 〈네이션〉, 〈뉴욕 선〉, 〈사이언스〉도 이 책을 높게 평가했다. 허버트 후버 대통령과 시어도어 루스벨트 대통령도 그랜트의 엄밀함과 통찰력에 깊은 인상을 받았다. 루스벨트는 그랜트에게 '이 책은 목적, 비전, 사실에 대한 파악이라는 면에서 사람들이 알아야 할 가장 필요한 것을 수록한 최고의 책입니다'라는 편지를 보내기도 했다.

이 책에서 큰 감동을 받은 캘빈 쿨리지Calvin Coolidge는 미국이 '외국에서 몰려오는 유랑민들의 처리장'이 되는 것을 막아야 한다고 말했다.

그랜트의 이론은 시, 그림, 과학 잡지, 여성 잡지에도 등장했다. 마가렛 생어도 연설에서 그랜트의 책을 인용했다. 1924년 열네 살짜리 소년을 납치해 살해한 시카고 대학의 두 유대인 학생 나단 레오포드와 리차드 레오브를 변호하면서 찰스 대로우는 이 범죄의 책임은 나쁜 유전자에 있다고 주장했다. 그런가 하면 KKK의 지도자였던 히람 웨슬리 에번스도 그의 백인 지상주의를 설명한 팸플릿에 그랜트의 책을 인용했다.

그랜트의 책에는 유전자만이 노르딕 종족을 보존할 수 있다는 네 번째 과학적 '사실'도 포함되어 있었다.

'이것은 모든 문제의 현실적이고 자비로우며 피할 수 없는 해결책이다. 그리고 이것은 점점 늘어나고 있는 사회적 폐기에 적용할 수 있다. …… 그리고 아마도 궁극적으로는 가치 없는 종족에도 적용할 수 있을 것이다.'

그랜트는 자신이 제안한 문제 해결 방법을 설명하면서 '현실적', '자비로운', '피할 수 없는'이라는 말을 사용했다. 후에 나치 독일에서 이 말은 '최종 해결책'이라는 말로 나타나게 된다.

그랜트의 책은 동료 미국인들에게 보내는 호소로 끝난다.

'우리 미국인들은 지난 세기에 우리 사회의 발전을 통제한 이타적인 이상주의와 미국을 '억압받는 사람의 피난처'로 만든 감상주의가 우리나라를 인종적 나락으로 떨어트리고 있다는 것을 깨달아야 한다. 만약 끓는 냄비를 계속 끓도록 내버려 두고, 국가의 이념만을 따라 의도적으로 모든 '민족, 신조 또는 피부색의 구별'을 못하게 한다면 식민지 시대 조상들의 후손인 우리 미국 원주민들은 페리클레스 시대의 아테네인들이나 롤로 시대의 바이킹처럼 사라지고 말 것이다.'

그랜트의 탄식은 미국 유대인인 엠마 라자루스Emma Lazarus가 쓴 자유의 여신상에 새겨져 있는 시와 정반대이다.

> 고난하고 가난한
>
> 자유로이 숨 쉬고자 하는 군중들이여
>
> 나에게로 오라
>
> 집 없이 유랑하며

세파에 시달리는 군상들을

나에게 보내라

매디슨 그랜트의 책이 전국을 휩쓸었지만 모든 사람들의 그의 사기에 동조했던 것은 아니다.

염색체 연구로 후에 노벨상을 받는 유전학자 토머스 헌트 모건Thomas Hunt Morgan은 노르딕 종족이나 아리안 종족 같은 것은 없다고 지적했다. 생물학적으로 보면 모든 인류는 많은 유전적 배경이 혼합된 결과물이다. 따라서 인류라는 하나의 종족만 존재한다는 것이다.

웰즐리 대학의 경제학자로 후에 노벨상을 받은 에밀리 그린 볼치Emily Greene Balch는 우생학을 강자가 약자를 착취하는 또 다른 예로 보았다.

'지능 측정만으로는 증명할 수 없는 사실을 엄청난 사회적이고 역사적인 사실로 일반화한 것은 성급한 것이었다. 강자들이 약자들의 세상을 없애버리는 것이 가능하도록 한 사이비과학이 이제는 시대에 뒤떨어진 것이 되기를 바란다.'

〈아메리칸 머큐리〉의 편집자였으며 풍자적 수필을 썼던 멘켄H. L. Mencken은 3루에 태어나서 3루타를 쳤다고 생각하는 사람들의 우월감과 오만함을 싫어했다.

'나 자신이 블론드이고 노르딕이지만 내가 받은 인상은 확실하게 그 위대한 종족에 속하는 사람이 적어도 현대에는 잡다한 일을 하는 사람들과 구별할 수 없을 때가 많다는 것이다.'

영향력 있는 반박은 영국 작가이며 시인이었던 G. K. 체스터톤G. K. Chesterton의 펜에서 나온 것이었다. 이민법의 유보와 관련해서 체스터톤은 그레고어 멘델의 과학과 매디슨 그랜트의 사이비과학 사이에 쐐기를 박았다.

'마녀사냥에 저항하기 위해 영혼의 세상을 부정해야 했던 것처럼 그러한 법률에 반대하기 위해 유전 법칙을 부정할 필요는 없다.'

불행하게도 모건, 볼치, 멘켄 그리고 체스터톤의 목소리는 매디슨 그랜트와 그의 이론에 대한 지지가 만들어낸 시끄러운 소리에 묻혀버렸다.

결국 매디슨 그랜트의 이론은 역사에 의해 반박되었다. 그랜트는 이민자들이 미국 문화에 동화되는데 '몇 세기가 걸릴' 것이라고 예측했다. 그러나 한 세대면 충분했다.

유럽 이민자들은 빠르게 그들의 억양을 잃어버렸고, 학위를 받았으며, 사업, 의학, 법률 분야에서 지도적 위치를 차지했다.

환경이 더 중요하다는 것이 밝혀진 것이다.

《위대한 종족의 죽음》을 출판한 후 매디슨 그랜트는 미국의 주도적인 종족 이론가였으며 종족이 모든 것이라는 신념을 완전하게 믿으려고 했다. 다음 10년 동안 그랜트는 미국을 미국답게 만들기 위한 네 개의 이민법을 통과시키기 위해 의회에 영향력을 행사했다. 그 당시 한 학자는 이 법률들을 '미국의 가장 야심적인 생물 공학적 프로그램'이라고 말했다.

매디슨 그랜트가 책을 출판하고 1년 후인 1917년에 의회는 '모든 바보, 저능인, 심신박약자, 간질병 환자, 정신이상자와 체질상 심리적 저능인'의 입국을 금지하는 이민법을 통과시켰다. 이 법은 또한 읽고 쓸 수 있는 능력을 테스트하도록 했다. 심의 도중 한 의회 의원은 《위대한 종족의 죽음》을 그대로 읽기도 했다. 그 결과 일 년에 약 1500명의 이민자들의 입국이 거부되었다. 파도의 방향이 바뀌고 있었다.

이것을 누구보다 기뻐한 사람은 찰스 대븐포트였다. 그는 그랜트에게 보낸 편지에서 이민 금지를 더욱 밀어붙이라고 요구했다.

'이 값 싼 종족들이 들어오지 못하도록 충분히 높은 벽을 만들 수는 없을까요? 아니면 약한 둑을 쌓아 우리 자손들이 흑인과 갈색 그리고 황인종들에게 나라를 내주도록 내버려 두어야 할까요?'

100년 후 도널드 트럼프는 '사람들이 우리의 국경을 침범하고 있다. 그것은 두려운 일이다. 우리는 벽을 쌓아야 한다. 나는 세계에서 가장 위대한 건물을 지었다. 나에게 벽을 만드는 것은 쉬운 일이다. 그리고 그것은 벽이 될 것이다. 그것은 말 그대로 벽이 될 것이다. 사람들이 넘어올 수 있는 벽이 아니다'라고 말한다.

1921년에 의회는 이민자들의 수를 더욱 제한한 긴급 할당 법률을 통과시켰다. 이 법안에 찬성하는 한 의회의원은 말했다.

'문제는…… 간단하게 말해 이것이다. 고상하고 뛰어난 조상들로부터 물려받은 이 나라를 보존할 것인가, 미국인들을 위해 그리고 우리의 조상들이 원했던 것처럼 우리 자손에게 물려줄 것인가, 아니면 대부분이 인간 쓰레기이고 찌거기이며, 지구상의 이상 생성물들인 외국인들의 번잡함과 다양한 언어 그리고 집단들에 의해 황폐화되고 침체되도록 내버려 둘 것인가 하는 것이다.'

비상이민할당법이 제정되기 전 해에는 약 80만 명이 미국에 입국했다. 그러나 이 법률이 통과된 해에는 입국자 수가 30만 명으로 줄어들었다.

1924년에 의회는 좀 더 엄격한 할당이 적용되는 이민 금지 법률을 통과시켰다. 제1차 세계대전 이전에는 매년 100만 명의 이민자들이 미국에 입국했다. 그러나 1924년 이후에는 2만으로 줄어들었다. 이 숫자는 가장 열성적인 우생학 추종자도 감내할 수 없는 숫자였다.

1929년 의회는 더욱 이민을 제한하는 이민제한법을 통과시켰다. 우생학 추종자들은 그들이 원하던 것을 이루어냈다.

다음 25년 동안 미국에 입국한 이민자들이 수는 1907년 한 해 동안 입국한 이민자들의 수보다 적었다.

매디슨 그랜트는 전율했다. 그는 '이것은 이 나라 역사에서 가장 위대한 전진 중 하나이다. 우리는 저급한 종족의 수가 노르딕의 수보다 많아지지 않도록 때맞춰 문을 닫았다'라고 말했다. 대부분의 유럽 이민자들이 입국하는 엘리스 아일랜드의 책임자는 이민자들이 이제 좀 더 미국인처럼 보이기 시작했다고 말했다.

아마도 매디슨 그랜트의 가장 냉소적인 연합군은 아프리카 미국인이었던 마커스 가비Marcus Garvey였을 것이다.

가비는 흑인들이 자신들의 종족과 자신들이 이루어낸 것들에 대해 자부심을 갖기를 바랐다. 그는 흑인들이 사회에 동화되도록 강요받는 것을 원하지 않았다. 또한 다른 종족과의 결혼을 반대했으며 인종의 순수를 설교했다. 그는 아프리카의 고국을 그리워했다. 남부에서 흑인들이 흔히 폭행당하던 1920년에 가비의 흑인 아프리카 귀환 운동은 200만 명의 회원을 가지고 있었다.

가비는 피부색 때문에 차별받는 사람들에게 고국을 찾아주려고 했고, 그랜트는 유전자를 더럽히고 있다고 믿고 있던 저급 종족의 추방을 생각하고 있었다. 우생학 운동은 세상에서 가장 슬픈 동지를 만들어냈다.

1925년에 그랜트의 《위대한 종족의 죽음》이 독일어로 번역되었다. 독일 바바리아에서 정부에 대한 폭동에 참가했다는 이유로 감옥에 보내진 불만 많은 상병이었던 아돌프 히틀러가 이 책을 읽게 되었다. 이 책을 읽은 후 서른여섯 살의 혁명가는 그랜트에게 편지를 보냈다.

'이 책은 저의 성서입니다.'

감옥에 있던 9개월 동안 미국 우생학자들이 쓴 여러 권의 책을 읽은 히틀러는 그 시기가 '그의 대학 시절'이었다고 말했다.

히틀러는 곧 우생학을 지옥까지 떨어트리게 되는 국가 운동을 시작했다. 대부분의 사람들이 믿고 있는 것과는 달리 독일에서 일어날 일들이 시작된 곳은 뮌헨에서 있었던 집회 연단이 아니라 뉴욕에 있는 변호사 사무실이었던 것이다.

히틀러는 란트베르크 형무소에 있는 동안 그의 자전적 성명서인 《나의 전쟁Mein Kampf》를 썼다. 이 책은 1925년에 처음 출판되었고, 1926년에 다음 판이 출판되었다.

그랜트의 《위대한 종족의 죽음》이 아돌프 히틀러의 《나의 전쟁》에 영향을 주었다고 말하는 것은 사실을 축소한 것이다. 히틀러 책의 일부 내용은 그랜트의 책을 거의 표절한 것이었다. 예를 들면 《위대한 종족의 죽음》에서 그랜트는 '영어를 말하고, 좋은 옷을 입으며, 학교나 교회에 가는 것으로는 흑인을 백인으로 바꿀 수 없다는 것을 배우는 데 50년이 걸렸다'라고 썼다. 《나의 전쟁》에서 히틀러는 '흑인이나 중국인이 독일어를 배우고, 독일어로 말한다고 해서 독일인이 될 수 있다고 믿는 것은 받아들이기 어려운 잘못된 생각이다'라고 썼다.

아돌프 히틀러가 정권을 잡고 3년 후인 1936년에 나치당은 매디슨 그랜트의 《위대한 종족의 죽음》을 필독 도서에 포함시켰다.

프랜시스 갈톤, 찰스 대븐포트, 해리 라플린, 매디슨 그랜트 그리고 아돌프 히틀러는 여러 가지 공통점을 가지고 있었다. 그들의 정의에 의하면 그들은 모두 노르딕이었다. 그들은 모두 노르딕은 자유롭게 자손을 낳을 수 있어야 하지만 비노르딕은 자유로운 출산을 금지해 모두 자손을 갖지 않아야 한다고 믿었다.

정권을 잡은 1933년에 아돌프 히틀러는 유전 질병을 가진 자손 금지 법률을 제정했다. 불임시술을 받아야 할 사람들의 목록은 콜드 스프링 하버에 있던 우생학 기록 사무소에서 만들었던 것과 거의 같았다. 진료소가 만들어졌고, 법률을 따르지 않는 의사에게는 벌금을 물렸다. 1년 동안에 5만 6000명의 독일인이 불임시술을 받았다.

1935년까지 7만 3000명, 1939년까지 40만 명이 불임시술을 받아 미국에서 불임시술을 받은 사람의 수를 크게 앞질렀다.

이 시술은 매우 일반적이어서 '히틀러의 절단'이라는 별명으로 불렸다.

미국인들이 이것을 주목하고 있었다. 버지니아 웨스턴스테이트 병원의 감독관이었던 요셉 드자넷Joseph DeJarnette은 '히틀러가 우리가 만든 게임에서 우리를 이겼다'라고 말했다.

그런 다음 히틀러는 불임시술에서 살인으로 전환했다. 병원에 있던 장애아들을 굶겨 죽였고, 치명적인 약물을 주사했으며, 고대 스파르타 방식에 따라 추운 곳에 노출시켰다.

처음에는 많은 장애를 가진 신생아만 죽였다. 다음에는 세 살까지의 부적격자로 확대되었고, 계속해서 여덟 살, 열두 살 그리고 열여섯 살로 확대되었다. 그러고는 '장애'의 의미가 치료 불가능한 질병을 가진 모든 사람과 배우는데 어려움을 겪고 있는 사람들까지 포함하도록 넓어졌다. 심지어는 만성적인 오줌싸개도 위험했다.

히틀러의 주치의였던 칼 브란트의 후원 아래 독일의 안락사 프로그램은 곧 나이 많은 사람, 허약한 사람, 정신이상자, 불치병을 앓고 있는 사람들에게까지 확대되었다.

7만 명 이상의 독일 성인이 살해되었다. 처음에는 치명적인 약물을 주사했지만 결국에는 진료소를 순회하는 이동식 가스실을 이용했다.

독일 의사들은 희생자의 죽음을 승인했다(칼 브란트는 뉴렘베르크에서 있었던 전범 재판에서 사형선고를 받았다. 그는 자신을 변호하기 위해 《위대한 종족의 죽음》을 증거로 제출했다). 아돌프 히틀러의 독일은 캐리 벅의 변호사가 미국 대법원에서 예언했던 '의사의 제국'을 실제로 실현했다.

1935년에 히틀러는 유대인의 시민권을 뺐고, 아리아인과 유대인의 결혼과 성적 관계를 불법화한 뉴렘베르크 법안을 제정했다. 우생학 기록 사무소는 뉴렘베르크 법안을 건전한 과학이라고 칭찬했다.

결국 유대인들은 분리되어 강제 거주 지역으로 이주했고, 히틀러가 말한 '최종 해결책'을 위해 수용소로 보내졌다. 히틀러는 '우리는 유대인을 제거함으로서 우리의 건강을 되찾을 수 있다'고 말했다. 적어도 600만 명의 유대인, 슬라브인, 집시, 동성애자 그리고 '심신 이상자'가 학살되었다.

노르딕 종족이 저급 종족에 의해 희석될 것을 염려했던 매디슨 그랜트의 '종족의 죽음'이 민족 살해가 되었다. 히틀러의 부총통이었던 루돌프 헤스는 '국가 사회주의는 응용생물학에 지나지 않는다'고 말했다.

미국 우생학 추종자들은 히틀러가 하는 일을 인정했다. 카네기 연구소와 록펠러 재단은 불임과 안락사를 수행한 독일 과학 시설을 지원했다. 실제로 IBM은 누가 유대인인지를 가려내기 위해 나치가 가계도를 조사하는 데 필요한 기계를 지원했다.

미국 우생학 운동을 공식적으로 대변하던 《주제니컬 뉴스》는 '우리가 아돌프 히틀러에게 감사하고, 그를 따라 생물학적 구원과 인류애로 나가는 첫 번째 사람들이고 싶다'라고 했다.

1935년 2월 12일에 미국 진흥재단이라고 부르는 우생학 단체의 이사였던 C. M. 괴테는 재단 직원들에게 편지를 보냈다.

'당신들의 연구가 히틀러의 뒤에서 역사적인 프로그램을 진행하는 지식인들의 의견 형성에 중요한 부분이 되었다는 것에 흥미를 느낄 것입니다. 나는 친애하는 친구인 당신들이 6000만 국민을 가진 위대한 정부가 행동에 나서도록 만들었다는 것을 평생 잊지 않기를 바랍니다.'

〈미국 의학협회 저널〉〈미국 골중 건강 저널〉〈뉴잉글랜드 의학 저널〉과 같은 주류 과학 잡지들도 세계에서 가장 효과적인 우생학 추종자였던 아돌프 히틀러의 행동을 지지했다. 공정하게 말해 미국의 우생학 추종자들은 독일 수용소 벽 뒤에서 벌어지고 있는 공포를 관찰하거나 정확하게 상상하지 못하고 있었다. 그리고 그들이 그런 것을 알게 되었을 때 우생학은 역겨운 것이 되었다.

그러나 그런 일이 일어나기 전에 폴란드 남부에 있는 작은 공업 도시 아우슈비츠에서 또 한 가지 장면이 연출되었다. 이곳에서 1943년 5월과 1945년 1월 사이에 우생학 추종자들이 광적인 마지막 장면을 연출했다.

1940년대에 독일에서 가장 영향력 있는 우생학 과학자는 다렘에 있던 유전 생물학 및 종족 위생학을 위한 카이저 빌헬름 연구소의 인류학 책임자였던 오트마 프레이어 본 베르슈허[Otmar Freiherr von Verschuer] 박사였다.

유대인을 연구했던 베르슈허는 유대인이 당뇨병, 평발, 귀머거리, 신경 계통 질병으로 유난히 많이 고통받고 있다는 것을 밝혀내 히틀러를 기쁘게 했다. 1936년에 베르슈허의 발견은 〈주제니컬 뉴스〉에 보고되어 찬사를 받았다. 베르슈허와 나치에게 유대인은 문화적 구분인 민족이 아니라 물리적인 특징으로 다른 사람들과 구별할 수 있는 다른 종족이었다. 베르슈허의 부하 중 한 사람으로 유대인만의 특징을 결정하는 일을 책임지고 있었던 사람은 보조개, 턱 선, 귀의 모양을 연구했던 의욕적인 젊은 의사, 요제프 멩겔레[Josef Mengele]였다.

멩겔레는 1911년 3월 16일에 독일 군츠부르크에서 농기계 생산 사업을 하고 있던 부유한 가정에서 태어났다(오늘날 이 회사는 독일에서 탈곡기를 생산하는 세 번째로 큰 회사이다. 모든 부품은 아직도 멩겔레라는 이름을 자랑스럽게 달고 있다). 1938년 프랑크푸르트 대학에서 의학박사 학위를 받은 후 멩겔레는 여행을 한 다음 독일로 돌아와 우생학 연구를 했다. 1943년 5월 30일 그는 10만 수용자들이 기다리고 있는 아우슈비츠 비르케나우 수용소에 도착했다.

유대인들이 처음 아우슈비츠 하차장에 도열했을 때 그들은 독일 장교들이 줄을 아래위로 돌아다니면서 '쌍둥이! 쌍둥이!' 하고 외치는 것을 들을 수 있었다. 동일한 유전자를 가지고 있는 쌍둥이는 유전 연구를 위한 가장 좋은 표본이었다.

질병이 없고 가장 좋은 아리안의 특징을 전달할 수 있는 지배 종족을 만드는 방법을 알고 싶었던 멩겔레는 그가 아우슈비츠에 있던 2년 동안 1500쌍의 쌍둥이를 연구했다. 멩겔레의 동료 장교들은 이들을 '멩겔레의 아이들'이라고 불렀다.

멩겔레의 연구는 이 어린이들을 '쌍둥이 캠프'라고 불렀던 캠프 F의 14번 막사로 데려가는 것으로 시작되었다. 그곳에서 그들을 발가벗겨 놓고 사진을 찍은 다음 모든 물리적 특징을 자세하게 조사하고 기록했다. 그런 다음 정맥에서 혈액을 채취하여 조사하고 등에 바늘을 꽂아 척수를 시험했다. 후에 그는 우생학을 무시무시한 막장으로 가져간 일련의 실험을 했다.

쌍둥이 중 한 명은 노래를 잘하고 다른 한 명은 노래를 못하는 것을 발견한 멩겔레는 그들의 성대를 수술해서 한 사람은 다시는 말을 하지 못하게 만들었다. 그는 쌍둥이 자매와 쌍둥이 형제를 성적으로 접촉시켰을 때 쌍둥이가 태어나는지를 알아보는 실험을 하기도 했다.

인공적으로 아리안의 특징을 만들어내기 위해 노르딕의 푸른 염료를 어린이들의 눈에 주입해 많은 어린이들을 시각장애인으로 만들었으며 곱사등이 어린이 손목의 정맥을 그의 쌍둥이의 정맥에 연결한 다음 등과 등을 연결해 놓았다. 그는 한 쌍둥이의 잘못된 척추가 다른 쌍둥이에게 전달되는지 보고 싶어 했다.

수술이 끝난 후 이 아이들은 공포로 계속 소리 질렀고 그들의 어머니는 치사량의 모르핀을 구해 고통 속에 놓인 둘을 떠나보내야 했다. 집시 쌍둥이가 폐결핵에 걸렸다고 생각한 멩겔레의 의견에 수용소의 다른 의사가 동의하지 않자 멩겔레는 이 아이들을 뒷방으로 데려가 총으로 목을 쏘아 죽인 다음 부검하기도 했다. 그는 제대로 진료했던 동료에게 '나는 그들이 식기 전에 부검했다'고 말했다.

그는 질병의 감염 능력을 결정하기 위해 어린이들을 발진티푸스나 결핵균에 노출시키기도 했으며 무슨 일이 일어나는지 보기 위해 맞지 않는 혈액을 수혈하기도 했다.

멩겔레는 어린이들이 얼마나 고통을 견딜 수 있는지 보기 위해 전기 쇼크를 주기도 했고, 300명의 어린이들을 산 채로 불에 태우기도 했다. 어린이가 색깔이 다른 두 눈을 가지고 있는 경우에는 어린이를 죽인 다음 눈을 '전쟁 물자: 긴급'이라고 표시된 상자에 담아 베르슈허에게 보냈다. 멩겔레는 한 어머니의 가슴을 테이프로 묶은 다음 신생아가 먹지 않고 얼마나 견디는지 보기도 했다. 그는 한 살짜리 어린이를 산 채로 해부했다.

악몽이 끝났을 때 멩겔레가 관리하던 3000명의 어린이들 중 200명만 살아 있었다. 그러나 의미 있는 정보는 하나도 얻지 못했다.

요제프 멩겔레와 아돌프 히틀러는 우생학이 절대 권력을 가진 자기도취적 가학자 손에 들어갔을 때 어떤 일이 벌어질 수 있는지를 정확하게 보여주었다.

전쟁이 끝난 후 죽음의 천사라고 불린 멩겔레는 아르헨티나로 달아났다가 파라과이를 거쳐 브라질로 갔다. 그는 브라질의 상파울루에서 68세의 나이로 물에 빠져 죽었다. 멩겔레는 언젠가는 놀라운 발견을 한 과학자로 인정받을 것을 기대하면서 자신의 실험 자료들을 보관했다. 멩겔레가 가졌던 궁지를 느낄 수 없었던 미국 우생학 추종자들은 전쟁이 끝난 후 콜드 스프링 하버에 있던 우생학 기록 사무소의 자료를 모두 파기했다.

1952년에 인류학자, 사회학자, 유전학자 그리고 심리학자들이 종족이 특징을 결정한다는 매디슨 그랜트의 생각과 그런 생각이 가져온 광기를 끝내기 위해 유네스코에 모였다. 그들은 다음과 같은 선언문을 발표했다.

1. 모든 사람들은 같은 종인 호모 사피엔스에 속한다.
2. 종족은 생물학적 실재가 아니라 사회적인 전설일 뿐이다. 종족이라는 말 대신 문화적 전통으로 구별되는 민족이라는 말을 사용해야 한다.
3. 인간의 어떤 그룹이 선천적으로 정신적 특징이나 지적 능력이 다르다는 증거가 없으며, 물리적 특징과 정신적인 특징 사이의 연관성에 대한 어떤 증거도 없다.

《위대한 종족의 죽음》이 아직도 신나치 주의자들과 백인 우월주의자들의 웹사이트를 통해 전파되고 있기는 하지만 이 책은 이제 역사 속으로 사라져 대부분의 어린 학생들은 알지 못한다.

매디슨 그랜트는 1937년 5월 30일에 72세의 나이로 죽었다. 그가 살았던 시대에는 유명한 사람이었지만 이제는 그의 이름이 거의 사라졌다. 그러나 완전히 사라진 것은 아니다. 그랜트의 이름은 세계에서 가장 큰 살아 있는 나무인 레드우드 국립공원 설립자의 나무 아래 설치된 표지판에 아직도 당당하게 기록되어 있다.

1991년에 공원의 책임자인 도널드 머피Donald Murphy는 표지판을 없앨 것과 공원이 이 역겨운 사람을 기념하는 것을 중지해달라고 거칠게 요구하는 방문객의 편지를 받았다. 머피는 답장을 보냈다.

'매디슨 그랜트는 19세기 사람입니다. 그 당시의 많은 사람들과 마찬가지로 그는 현재 우리들 대부분이 어리석고 혐오스럽게 생각하는 신념을 가지고 있었던 사람입니다. 슬픈 사실은 그랜트가 종족과는 관계없는 역사적 역할로 인해 '존경' 받고 있는 다른 많은 사람들과 크게 다른 생각을 하지 않았을 것이라는 사실입니다. 과거 사람들이 20세기 후반의 정의와 평등에 대한 생각을 가지고 있지 않다고 해서 우리 사회가 역사 전체를 바꿀 수 있는 것인지 또는 바꿔야 하는지 저는 잘 모르겠습니다. 캘리포니아 공원 및 휴양시설 부서의 책임자인 저는 대개의 경우 민족의식을 가지고 일하지 않습니다. 그러나 당신의 염려와 관련해서 아프리카 미국인인 저는 개인적으로 인종차별에 대해 실망과 고통을 느끼고 있다는 것을 말씀드리지 않을 수 없습니다.'

도널드 머피는 나무 아래 표지판에 쓰인 말로 편지를 끝냈다. '사람들 사이의 조화는 과거를 없애 버리는 것에 의해서가 아니라 현재 가지고 있는 올바른 원칙과 자세로부터 온다.'

여기에서 배울 수 있는 교훈은 그 시대의 문화와 어울리는 과학적 편견을 경계하라는 것이다. 다시 말해 시대정신을 경계해야 한다는 것이다.

권위 있는 의학 잡지에 실린 연구가 특정한 유전자 집단이 살인이나 강간과 같은 폭력적 행동과 관련이 있다고 주장한다고 가정해보자. 그리고 멕시코에 살고 있는 사람들이 이 유전자를 가지고 있을 확률이 크다는 것이 밝혀졌다고 가정해보자.

2016년의 공화당 대통령 후보 중 다수는 이 연구 결과를 환영할 가능성이 크다. 이제 그들은 멕시코 이민을 제한해야 하고, 그들이 넘을 수 없는 거대한 장벽을 만들어야 하며, 그렇지 않으면 저급 인간들이 우리나라를 침략할 것이라고 말해 온 자신들의 주장을 지지하는 과학적 증거를 확보한 셈이다.

지나친 가정처럼 들릴 수도 있겠지만 이것이 1916년에 매디슨 그랜트가 출판한 《위대한 종족의 죽음》으로 인해 일어났던 일이다. 그 결과 이민이 크게 줄어들었다. 당시 사람들이나 현재 우리는 모든 사람들이 공통의 조상으로부터 나왔다는 것과 차이점보다는 유사점이 훨씬 많다는 사실을 완전히 무시하려고 한다. 노르딕도, 아리안도, 멕시코인도, 무슬림도, 시리아인도 없다. 인류라는 한 종족만 있을 뿐이다.

1950년대에 조셉 맥카시 상원의원이 주도했던 공산당 마녀사냥에 참가하기를 거부했던 릴리언 헬만Lillian Hellman이 의회 반미행위 위원회에 보낸 편지에는 자주 인용되는 유명한 말이 포함되어 있다.

'나는 금년의 유행에 맞추기 위해 나의 양심을 자를 생각도 없고 자를 수도 없다'

헬만의 말이 과학적 근거를 자신들의 문화적 정치적 편견에 맞추려고 하는 사람들에게 경고가 되었으면 좋겠다.

그러나 마지막 장에서 이야기하겠지만 이 충고는 오늘날 주목받지 못하고 있다.

# 마음 뒤집기

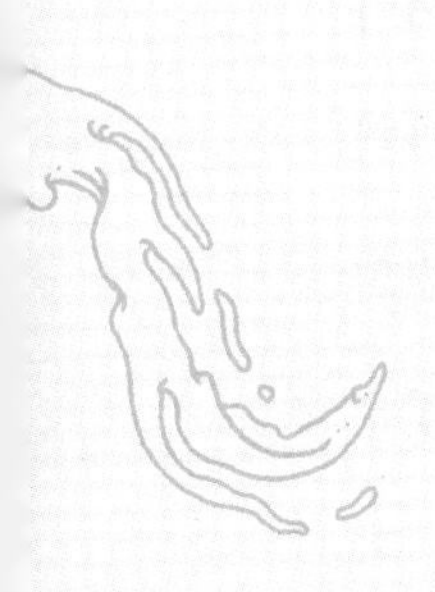

깨지고! 부서지고!
모든 사람은 고쳐야 할 것을 가지고 있다

빌리 메이스(미국 세일즈맨)

1978년과 1991년 사이에 밀워키의 제프리 다머라는 사람이 17명의 남자와 소년들을 죽였다. 다머는 25권의 책과 수백 편의 텔레비전 프로그램 그리고 수천 편의 신문과 잡지 기사에서 다뤄졌다. 사람들이 관심을 가졌던 것은 그가 누구를 죽였느냐가 아니라 그가 어떻게 그들을 죽였는가 하는 것이었다.

다머는 특별한 종류의 연쇄살인범이었다. 처음 그는 누드 포즈를 취해주면 50달러를 주겠다고 약속하고 희생자들을 그의 아파트로 유인했다. 그런 다음 수면제를 탄 음료수를 주어 희생자들이 의식을 잃으면 목을 조르고 곤봉으로 내려치거나 칼로 목을 잘랐다. 때로는 희생자들을 죽이기 전에 머리에 구멍을 내고 뇌에 염산이나 끓는 물을 부었다. 그의 말을 빌리면 그것은 '좀비 섹스 노예'를 만들기 위해서였다.

1992년 2월 15일 다섯 시간의 논의 끝에 배심원들은 제프리 다머가 15건의 살인에 대해 유죄라고 판단해 총 957년을 선고받았다. 2년 후 동료 수감자였던 크리스토퍼 스카버가 금속 막대로 다머를 때려죽였다.

대부분의 사람들이 제프리 다머의 이야기를 알고 있지만 그들은 공포로 가득했던 그의 방에서 행해진 잔혹 행위 중 하나를 발명한 사람이 50년 전에 노벨상을 받았다는 사실은 모르고 있다.

1935년 8월 런던에서 열린 신경과 전문의 학술회의에서 예일대학에서 온 두 명의 신경과 전문의인 존 풀턴John Fulton과 칼라일 제콥센Carlyle Jacobsen이 두 마리의 침팬지, 버키와 루시에게 했던 연구를 설명했다.

풀턴과 제콥센은 침팬지들에게 손에 닿지 않는 먹이를 얻기 위해 막대기를 사용하는 방법을 가르쳤다. 때로 침팬지는 먹이를 확보했고, 때로는 확보하지 못했다. 좀더 참을성이 많았던 루시가 계속 시도하는 동안 베키는 화가 나서 머리카락을 잡아당기고, 똥을 싼 후 그것을 과학자들에게 던졌다.

그런데 사실 풀턴과 제콥센은 기억을 필요로 하는 일을 수행할 때 뇌의 특정한 부분의 역할을 이해하고 싶었다. 따라서 그들은 루시와 베키의 전두엽(이마 바로 뒤에 있는)을 제거했다. 수술 다음에 루시는 더 이상 먹이를 구하지 못했다. 과학자들은 루시의 전두엽이 최근의 기억을 합성하고 저장하는 역할을 한다고 결론지었다. 그들은 또 다른 것을 알아냈다. 베키는 아직도 먹이를 구하는 데 어려움을 겪으면서도 더 이상 그것을 개의치 않았다. 제콥센은 '베키가 마치 행복 종교에 귀의한 것 같았다' 라고 말했다. 이는 분노의 외과적 치료법을 발견한 것처럼 보였다.

청중 중에는 포르투갈의 신경학자 에가스 모니스Egas Moniz가 있었다. 환자들 중 많은 사람들이 심한 불안 증세로 고통받고 있다는 것을 알고 있었던 모니스는 그 내용에 매우 감명을 받았다.

존 풀턴은 그 후에 일어난 일을 기억하고 있다.

'모니스가 일어나더니 '전두엽 제거가 동물에게서 공포증의 발전을 방지할 수 있다면 외과적인 방법으로 사람의 불안을 해소하지 못할 이유가 있습니까?' 하고 물었다.'

경험 많고 존경받는 신경과 전문의였던 풀턴은 모니스가 농담을 한다고 생각했다. 그는 '그러한 제안을 듣고 조금 놀란 나는 모니스가 동형 폐엽절제술을 상상하고 있다고 생각했다'고 회고했다.

그러나 모니스는 두 폐엽을 제거하는 폐엽절제술을 생각하고 있지 않았다. 그보다는 전두엽을 뇌의 나머지 부분으로부터 잘라내는 것을 생각하고 있었다. 이 수술은 후에 루코토미(전두엽 백질 절단술)이라고 부르게 되었다. 루코leuko는 그리스어에서 '흰색'을 의미하는 말로 뇌의 백질을 나타냈고, 톰tome은 칼을 의미했다. 모니스의 수술 방법이 대서양을 건너 미국에 들어온 후에는 이것을 로보토미(전두엽백질절단술)라고 부르게 되었다.

풀턴과 제콥센의 침팬지 실험을 사람에게 적용하기로 결정한 모니츠는 수술을 할 외과의사를 찾아야 했다. 그는 리스본 대학의 신경외과의사였던 알메이다 리마Almeida Lima를 찾아냈다.

며칠 안에 모리츠와 리마는 동물실험 없이 시신을 이용하여 오후 동안 연습한 다음 첫 번째 환자를 선정했다.

11935년 11월 12일 알메이다 리마는 지역 정신이상자 수용소에서 심한 불안 증세와 편집증으로 고통받던 63세 여성을 찾아내 두개골 양쪽에 구멍을 냈다. 리마는 구멍을 뚫은 다음에 후에 제프리 다머가 흉내 냈던 것과 같이 반 스푼의 알코올을 전두엽에 투여했다. 그런 다음 구멍을 봉합했다. 이 수술은 약 30분 걸렸다.

몇 시간 후 여인은 간단한 질문에 반응할 수 있었다. 2일 후 모니스에 의하면 그녀는 훨씬 안정된 상태로 수용소로 돌아갔다. 불안 증세와 편집증이 사라진 것이다. 모니스는 치료가 성공했다고 선언했다.

전두엽백질절단술이 효과가 있다는 것을 확신한 모니스와 리마는 여섯 명의 환자에게 같은 수술을 해주었다. 불행하게도 그들의 기술은 정밀하지 못했으며 그들은 뇌에 주입한 알코올이 모두 전두엽에 머물러 있는지를 확신할 수 없었다. 따라서 그들은 파리에 가늘고 긴 막대 끝에 와이어 고리가 달려 있는 특수한 수술 장비를 주문했다. 이들을 이용해 그들은 전두엽의 작은 핵심 부분을 제거할 수 있었다. 마치 사과의 씨방을 도려내는 것과 같았던 이 수술로 그들은 3개월 안에 13명의 환자를 치료했다. 이로서 이 수술을 받은 사람들이 모두 20명으로 늘어났다.

수술에 대한 권리를 확보하기 위해 모니스는 20명의 환자들 상태를 설명한 248쪽짜리 논문을 발표했다. 20명 중 7명은 치료되었고, 7명은 크게 호전되었으며, 6명은 차도가 없었다. 정신외과가 탄생한 것이다. 모니스는 이를 '커다란 진전'이었다고 말했다. 환자들은 이제 더 이상 불안, 환상, 편집증, 조울증, 우울증으로 고통받지 않아도 되었다.

1930년대까지 전두엽백질절단술은 쿠바, 브라질, 이탈리아, 루마니아, 미국에서 행해졌다. 그러나 포르투갈에서는 금지되었다. 처음에는 모니스와 리마에게 환자를 맡겼던 정신과 의사가 더 이상 환자를 보내지 않았고, 곧 다른 포르투갈 정신과 의사들도 환자의 제공을 거절했다. 그리고 사람들은 결과를 보고 공포에 질렸다. 포르투갈이 금지한 이유가 확실하다는 것을 알게 된 것은 훨씬 후의 일이다. 그러나 그때는 이미 너무 늦었다.

에가스 모니스가 런던 학술회의에 참석하여 들었던 존 플턴과 칼라일 제콥센의 침팬지 연구가 신경과 의사들이 했던 뇌 전두엽의 작용에 대한 최초의 연구는 아니었다.

아마도 25살의 뉴잉글랜드 철도 노동자 피니어스 게이지Phineas Gage의 이야기만큼 유익하고, 극적이며, 믿을 수 없는 이야기도 없을 것이다. 그는 1848년 9월 13일 폭약을 설치할 구멍을 뚫는 작업을 하다가 약 1m 길이의 철 막대가 그의 얼굴을 뚫고 지나가는 사고를 당했다. 철 막대는 볼로 들어가 머리 꼭대기에 있는 정수리로 나오면서 좌측 전두엽을 파괴했다. 기적적으로 피니스 게이지는 11년을 더 살았다. 그러나 친구들에 의하면 게이지는 '더 이상 게이지'가 아니었다. 사고 전에는 활기 있고, 영리하고, 집중해서 일했지만 사고 후에는 행동이 나빠지고, 고집스러워졌으며, 난폭해졌다. 한때 책임감 있는 노동자였지만 이제 더 이상 일을 할 수 없게 되었다.

전두엽암 환자들 역시 유익한 정보를 제공했다. 피니스 게이지와 마찬가지로 이들도 어린 아이 같아지고, 무관심해졌으며, 자주 잠에 빠져 들었다. 그리고 의지가 부족했고, 미리 계획을 세우는 능력을 상실했으며, 확실한 판단을 하지 못했다. 주의 집중, 기억, 언어, 억제에서도 어려움이 있었다.

뉴욕에서 증권 중개인으로 일했던 39세의 암환자 A. 조는 특히 관심을 끌었다. 전두엽 종양 수술이 조의 기억 능력에 영향을 준 것 같지는 않았다. 신경과 의사가 한 시간 동안 그를 조사했지만 아무런 이상도 발견하지 못했다. 그러나 조는 다른 사람으로 변해 있었다. 그는 직장으로 돌아갈 동기를 찾지 못했고, 쉽게 좌절했으며, 친구나 이웃들에게 거칠게 대했다. 그리고 가장 놀라운 것은 형편없는 허풍선이가 되었다는 것이다. 아들이 야구 하는 것을 보면서 그는 자신이 그가 알고 있는 누구보다도 더 나은 타자며, 곧 프로야구 선수가 될 것이라고 주장했다.

그의 자랑이 '해로운 것이 아니었던' 것과는 달리 모니스의 초기 전두엽백질절단 수술을 받은 환자들은 모니스가 주장했던 것처럼 상태가 좋지 않았다. 환자들은 종종 구토, 설사, 자제심 부족, 안구 진탕증(눈이 통제할 수 없이 흔들리는), 안검 하수증(윗눈꺼풀이 아래로 내려오는), 도벽, 비정상적인 공복증, 시간과 공간의 방향에 대한 인식 부족 등의 증세로 고통받았다. 처음 모니스와 리마에게 환자를 맡겼던 포르투갈 정신과 의사는 후에 이 수술을 '순수한 뇌의 신화'라고 불렀다.

그러나 스웨덴의 노벨상 위원회 위원들은 이런 문제들을 알지 못했거나 알고도 무시했다. 위원회는 1949년 에가스 모니스를 '정신 질환의 수술적 치료법을 개발한' 공로로 노벨상 수상자로 결정했다. 〈뉴욕 타임즈〉는 즉시 이 노벨상 수상자를 인간의 뇌를 용감하게 개척한 사람이라고 칭찬했다.

'우울증 환자들은 더 이상 그들이 죽을 것이라고 생각하지 않게 되었으며, 자살을 생각했던 사람들도 인생을 받아들일 만한 것으로 인정하게 되었고, 피해망상증 환자들은 상상속의 범죄자들을 잊을 수 있게 되었다. 외과의사들은 더 이상 뇌를 수술하는 대신 부가물을 제거하게 되었다.'

전두엽백질절단 수술이 주류 의학에 포함되었다. 역설적이지만 전두엽백질절단 수술을 끝까지 허용하지 않은 나라는 독일이었다. 독일은 전두엽백질절단 수술이 대학살 이후 만들어진, 의사가 잔인하고 비윤리적인 실험을 하지 못하도록 한 뉴렘베르크 법률에 어긋나는 것으로 보았다.

노벨상 위원회가 모니스에게 노벨상을 수여한 후 40년 동안에 전 세계에서 4만 건의 전두엽백질절단술이 행해졌다. 이 중 반 이상이 미국에서 행해졌다. 미국이 전두엽백질절단술을 특히 좋아했던 것은 한 사람의 열성과 고집 때문이었다. 그는 정신과 질병 치료의 판도라 상자를 연 사람이었다.

월터 잭슨 프리먼Walter Jackson Freeman은 1895년 11월 14일에 에가스 모니스와 마찬가지로 부유하고 저명한 가정에서 태어났다. 프리먼의 어머니는 미국에서 가장 유명한 외과의사인 윌리엄 윌리엄스 킨의 딸이었다. 프리먼은 재산 관리가 서툴러 가족을 파산으로 내몬 아버지를 2급 외과의사라고 평가하면서도 할

아버지는 존경했다. 어린 프리먼은 윌리엄 킨에게 많은 것을 의지했다.

월리엄 킨은 미국 최초의 외과의사였고, 뇌종양을 수술한 세계 최초의 의사 중 한 사람이었다. 이를 위해 그는 수술실 전체에 석탄산을 뿌리고 사람의 머리에 구멍을 낸 다음 장갑을 끼지 않은 손으로 종양을 제거했다. 찢어진 혈관을 봉합한 다음에는 구멍을 장선으로 막았다. 이 수술은 엑스레이, 수혈, 부분 마취, 충분한 조명의 도움 없이 이루어졌다. 수술 후에 환자는 30년을 더 살았다.

킨은 인공항문 형성술을 최초로 시행한 외과의사였다. 항생제가 없었던 시대라는 것을 감안하면 이것은 놀라운 일이었다.

또한 그는 어린 소년의 손상된 손의 신경을 봉합하는 데 성공해 소년이 계속 피아노를 칠 수 있게 한 최초의 외과의사이기도 했다. 그는 뇌의 중심에 관을 박아 생명을 위협하는 지나친 척수액을 빼내기도 했으며, 환자의 생명을 살리기 위해 개흉 심장 마사지를 처음 시행한 외과의사였다. 1921년에 킨은 프랭클린 루즈벨트의 소아마비를 진단한 의사들 중 한 사람이었다.

이와 같은 킨의 업적을 월터 프리먼이 뛰어넘을 수 없었지만 그럼에도 그는 노력을 멈추지 않았다.

프리먼은 일곱 형제자매들 중 맏이였다. 필라델피아의 상류층이 살던 리텐하우스 스퀘어의 호화로운 3층 건물에서 보냈던 그의 어린 시절에는 사건이 많았다. 그가 14개월일 때 할아버지가 그의 목에서 확장된 30개의 림프절을 제거해 그는 평생 머리를 약간 틀고 어깨를 떨어트린 채 살아야 했다. 소년이었을 때 그는 최초로 독일에서 수입된 디프테리아 항독 약물로 치료해 목숨을 건졌다.

젊은 프리먼은 예일 대학을 마치고 유명한 필라델피아 에피스코팔 아카데미에 다녔으며, 펜실베이니아 대학 의대를 졸업한 후에는 필라델피아 제너럴 호스피털에서 인턴과 레지던트 과정을 마쳤다.

1900년대의 많은 부유한 내과의사들과 마찬가지로 프리먼은 파리와 로마로 가서 공부를 더 한 후에 워싱턴 D.C.에 있는 세인트 엘리자베스 호스피털 실험실 책임자가 되었다(세인트 엘리자베스 호스피털은 미국에서 가장 큰 일반 병원 중 하나로 4000명의 직원과 7000명의 환자가 있었다. 제임스 A. 가필드 대통령을 암살한 찰스 귀토는 세인트 엘리자베스 호스피털의 환자였다). 프리먼은 조지타운과 조지 워싱턴 대학 의대 교수도 겸임했다. 1928년에는 조지 워싱턴 대학 신경과 및 신경외과 과장이 되었다.

그의 유명한 할아버지처럼 프리먼 역시 곧 동료들로부터 존경받게 되었다. 그는 신경과와 정신과 전문의 자격 인증 위원회 책임자에 선출되었다. 스포츠를 좋아했고, 턱수염을 길렀으며, 챙이 넓은 모자와 지팡이를 즐겨 썼던 그는 활동적인 강사로 학생들의 사랑을 받았다.

극적인 사건을 좋아했던 프리먼은 세인트 엘리자베스에 근무할 때 여자 친구가 성기에 금반지를 끼운 선원을 치료한 적이 있었다. 성기가 발기되자 반지가 끼어 빠지지 않게 된 것을 반지를 잘라내 비틀어 빼낸 다음 수리해 자신의 시계 줄에 달고 다니면서 대화의 시작용으로 사용했다(대화를 끝내는 용도로도 사용했다).

그러나 윌리엄 킨이 수없이 많은 방법으로 의학을 발전시켰던 것과는 달리 월터 프리먼은 의학 발전을 위해 거의 아무 공헌도 하지 못했다. 심각한 정신병을 앓고 있는 사람들의 뇌에서 구조적인 차이를 발견할 수 있을 것이라고 믿었던 프리먼은 1400명 이상의 뇌를 조사해 조울증 환자의 뇌가 조증이냐 울증이냐에 따라 해부학적 차이를 가지고 있다고 잘못 결론지었다. 후에 프리먼은 염료를 직접 뇌 중심에 주사하여 뇌의 구조를 직접 관측하려고 시도했다. 이것은 위험한 방법이어서 곧 폐기되었지만 월터 프리먼이 자신의 생각을 포기한 것은 아니었다. 어려서부터 이런 오만한 성격을 보았던 그의 어머니는 그를 '스스로 걷는 고양이'라고 했다(루디야드 키플링의 〈그렇고 그런 이야기들Just So Stories〉 참조).

할아버지를 뛰어넘기 위해 프리먼은 녹초가 될 때까지 일했다. 시대를 이끌어 가는 사람이 되기 위해서 신경 병리학 분야에서 널리 사용될 교과서를 써야 한다고 생각했던 그는 새벽 4시에 일어나 3시간 동안 원고를 쓴 후 차를 몰고 세인트 엘리자베스로 가서 5시까지 일했다. 그 다음에는 개인 진료실로 가 8시까지 진료했다.

피로에 지쳐 집에 돌아온 후에는 잠을 청했다. 그러나 '저녁내내 기침을 해대는' 아내와 '공황으로 인해 바퀴를 고치지 않은 채 코네티컷 애비뉴를 질주하는 자동차들' 때문에 깊은 잠을 잘 수 없었다. 그는 조급해지고 절망에 빠졌다. 이런 그를 세 가지 사건이 한계까지 몰고 갔다.

차에 부딪히는 사고를 당한 후에는 책의 마지막 장을 침대에서 구술해야 했다. 그리고 할아버지인 윌리엄 킨이 뇌출혈로 세상을 떠났고, 곧 어머니도 뒤따랐다. 이런 비극이 계속 되자 프리먼은 자신도 곧 죽을 것이라고 믿게 되었다.

암에 걸린 것이 확실해지자 그는 깊은 절망에 빠졌다. 쓸 수도, 일할 수도, 차를 운전할 수도 없게 된 프리먼은 크루즈 여행을 떠나기로 했다. 그리고 런던에 있는 신경과 전문의 총회에 참석했다. 그 해가 존 풀턴과 칼라일 제콥센이 베키와 루시에 대한 연구를 발표했던 1935년이었다.

총회에 참석한 프리먼이 그의 연구를 소개하기 위해 설치한 부스 옆에는 에가스 모니스의 부스가 있었다. 두 사람은 친구가 되었다.

7개월 후 에가스 모니스가 전두엽백질절단술을 20명 환자들을 다룬 논문을 발표하자 프리먼은 이것을 '역사적 업적'이라고 했다.

1936년 5월에 월터 프리먼은 에가스 모니스에게 편지를 썼다.

'나는 전두엽 수술을 통해 정신적 증상을 줄인 당신의 최근 연구에 특히 관심을 가지고 있습니다. 그리고 내가 돌보고 있는 몇몇 환자들에게 이 수술을 시도할 것을 권할 예정입니다.'

프리먼은 모니스가 전두엽백질절단술에 사용한 칼 제작자를 찾아내 두 개를 주문했다.

1936년 7월에 주문한 칼이 도착했다. 프리먼이 포장을 풀고 있던 시기에는 미국 전역의 주립병원 정신과 병동에 수십만 명의 환자가 입원해 있었다. 그리고 그 숫자는 늘어나고 있었다. 무슨 조치가 있어야 했다. 월터 프리먼은 자신이 이 일을 할 사람이라고 믿었다.

모니스의 전두엽백질절단 수술에서 프리먼은 의학 종사자들의 신전에 입성할 수 있는 마지막 기회를 보았다. 그는 모니스에게 '나는 정신 질환을 설명하는 것에서나 치료하는 것에서 중요한 것을 하지 못했다는 것을 깨달았습니다'라는 편지를 보냈다.

월터 프리먼은 전두엽백질절단 수술이 자신을 곧 미국과 전 세계에서 가장 널리 알려진 의사로 만들어 줄 것이라고 믿었다. 그는 '우리가 올바르게 생각하지 않는 것은 충분한 뇌를 가지고 있지 않기 때문이라는 말이 있지만 정신 질환을 앓고 있는 사람들이 적은 뇌의 작동으로 더 명확하고 건설적인 생각을 할 수 있다는 것을 보여줄 것'이라고 생각했다.

월터 프리먼의 첫 번째 환자는 캔자스 엠포리아에서 온 63세의 주부 앨리스 하맷이었다. 그녀는 '신경과민, 불면증, 우울증, 불안'으로 고통받고 있었으며 때때로 '신경질적으로 웃다가 울다가 했다.' 프리먼에 의하면 그녀는 의기소침했고, 늙는 것을 두려워했으며, 머리가 빠지는 것을 지나치게 염려했다. 그 밖에도 지나치게 감정적이었으며, 폐쇄공포증을 가지고 있었고, 자살 충동을 느꼈으며 '불만이 많았고, 남편을 지배하려고 해 남편은 개처럼 살았다.' 앨리스의 남편은 전두엽백질절단 수술을 원했고 그녀는 원하지 않았다.

1936년 9월 14일 월터 프리먼은 앨리스 하맷을 수술실로 데려갔다. 하맷이 머리카락을 자르는 것을 염려해 수술에 동의를 거절한 후였다. 프리먼이 머리카락을 깎지 않겠다고 약속했지만 그것은 곧 일어날 일과는 다른 것이었다. 수술을 한 사람은 프리먼이 아니었다. 모니스와 마찬가지로 프리먼도 외과의사가 아니라 신경과 전문의였다. 따라서 수술을 할 신경외과의사가 필요했다. 그는 조지 워싱턴 대학 병원 신경외과의사인 제임스 와트James Watts를 찾아냈다. 그는 버지니아 의대에서 의학 연수를 받았고, 예일 대학, 시카고 대학, 독일 브레슬라우(이곳에서 그는 레닌의 뇌를 조사했다)에서 외과 연수를 받았다. 프리먼은 말이 빠르고 성급한 사람이었던 반면, 와트는 느리고, 점잖았으며 수줍음을 잘 타는 사람이었다.

앨리스 하맷을 그녀의 의지에 반해서 수술실로 데려간 와트는 그녀의 머리를 면도하고 두피를 겐티아나 바이올렛으로 세척한 다음 머리의 양쪽을 2.5cm 정도 절개하고 송곳으로 두개골에 구멍을 냈다. 그런 다음에는 전두엽백질절단 수술용 칼을 10cm 정도 뇌 안에 넣어 양쪽에서 여섯 개의 뇌 조직을 떼어냈다. 이 수술은 네 시간이 걸렸다.

하맷은 '평온한 표정'으로 깨어났고, 저녁까지 '불안이나 걱정을 보여주지 않았다.' 불안에 대해 물어보았을 때 그녀는 '잊어버린 것 같아요. 중요해 보이지 않아요'라고 말했다.

그런데 하맷은 전에는 절대로 하지 않던 것을 하고 있었다. 종이 손수건으로 자신을 말리기라도 하는 것처럼 얼굴과 팔을 문질렀다. 그러나 적어도 프리먼이 보기에 그녀는 활동적이었으며, 의식이 명확했고, 잠을 잘 잤으며, 식욕이 좋았다. 그리고 무엇보다도 잡지를 읽고 있었다.

'정신병 환자를 수술해서 물리적으로 정상적인 뇌를 절제하는 나를 어떤 사람들은 급진적이라고 생각할 것이라는 것을 알고 있다'라고 프리먼은 말했다. 그럼에도 불구하고 그는 결과에 만족했다. '우리는 놀라운 결과에 대해 우리 스스로를 축하했다'라고 감격해 했다.

수술 6일 후 앨리스 하맷은 분별력을 잃었고, 말을 더듬었으며, 단어의 스펠링을 틀렸고, 올바로 쓰거나 대화를 이어갈 수 없게 되었다. 그리고 몸을 문지르는 이상한 행동을 계속 했다.

그럼에도 그녀는 평온했고, 수면제를 먹지 않고도 잠을 잘 잤으며, 간호사의 보살핌 없이 살아갔다. 이제 그녀의 남편과 가정부는 대부분 자신들의 일을 할 수 있었다. 하맷이 친구들에게 당황스러울 정도로 솔직하게 이야기했지만 불안은 사라졌다.

앨리스 하맷은 5년 후 폐렴으로 죽었다. 그녀의 남편은 그녀의 나머지 날들이 '그녀의 인생에서 가장 행복한 날들'이었다고 말했다.

수술 17일 후 프리먼은 앨리스 하맷의 케이스를 워싱턴 D.C. 의학협회에 '여성은 10일 후 집으로 보내졌고 치료되었다'라고 보고했다.

'치료되었다'라는 말에 청중들이 동요했다. 정신과 의사였으며 메릴랜드 락빌의 개인 정신병원 원장이었던 덱스터 불라드가 일어나 반대 의견을 개진했다. '월터, 그렇게 말하면 안 되지요' 라고 외쳤고, 청중들 중에서는 찬성의 의미로 고개를 끄덕이는 사람들이 있었다. 일부는 불만의 의미로 소리 질렀다. 수술 몇 달 후 앨리스 하맷은 장시간의 발작을 겪으면서 넘어져 손목이 부러졌다.

프리먼과 와트는 하맷 수술의 결과를 서던 메디컬 저널에 〈동요된 우울증에 적용한 전두엽백질절단술Lobotomy: 케이스 리포트〉라는 제목으로 출판했다. 출판된 문서에서 전두엽백질절단술을 'lobotomy'라고 한 것은 이것이 처음이었다(모니스와 리마는 항상 'leucotomy'라는 단어를 사용했다).

볼티모어에서 열릴 예정인 서던 메디컬 협회 학술회의에 대비해 프리먼과 와트는 서둘러 다섯 건의 전두엽백질절단술을 더 진행했다. 이것은 프리먼이 미국 동료들에게 전두엽백질절단술이 얼마나 놀라운 것인지를 여줄 수 있는 두 번째 기회였다. 이번에는 자신들의 치료 효과가 더 넓게 인정받기를 원했던 프리먼은 토마스 헨리라는 〈워싱턴 스타〉 기자를 불러 독점 인터뷰를 제공했다.

회의 며칠 전에 프리먼의 연구를 찬양하는 기사가 〈워싱턴 스타〉지에 실렸다. 헨리는 전두엽백질절단술이 '이 세대의 가장 위대한 외과적 혁신 중 하나가 될 것이다. …… 통제할 수 없는 슬픔이 송곳과 칼로 정상적인 체념으로 바뀔 수 있다는 것은 믿기 어려운 일이었다' 라고 썼다. 그가 발견한 것을 학술회의에 보고하기도 전에 월터 프리먼은 적어도 미디어에서는 영웅이었다. 프리먼은 '기대했던 대로 내가 볼티모어에 도착했을 때 신문과 잡지에서 상당한 관심을 보였다'라고 기뻐했다.

1936년 11월 18일 월터 프리먼은 쟁쟁한 신경과와 정신과 전문의들 앞에서 그의 수술 결과를 발표했다. 그는 전두엽백질절단술을 시행한 여섯 명의 환자 모두 상태가 호전되어 더 이상 방향 감각 상실, 공포증, 혼란, 환상, 망상으로 고통받지 않게 되었고 그들의 걱정, 불안, 불면, 신경과민이 사라졌으며 환자들은 평온하고, 만족한 상태로 변해 관리하기가 훨씬 쉬워졌다고 말했다.

'우리는 어떤 환자도 죽지 않았고, 상태가 나빠진 환자도 없었다고 말할 수 있습니다. 우리 환자 모두는 집으로 돌아갔고, 그들 중 일부는 더 이상 간호인을 필요로 하지 않게 되었습니다.'

켄터키에서 온 스패포드 애커리Spafford Ackerly가 일어나서 프리먼의 발견을 지지했다.

'이것은 놀라운 논문입니다. 나는 이것이 의학역사에서 치료를 위한 용기의 뛰어난 예가 될 것이라고 믿습니다.

그러나 워싱턴 D.C.에서 앨리스 하맷의 케이스를 발표했을 때와 마찬가지로 볼티모어 회의에 참석한 모든 사람들이 프리먼을 지지했던 것은 아니다. 맨해튼에서 온 정신과 의사 조셉 워티스Joseph Wortis는 전두엽백질절단술이 단지 어느 정도의 충격을 준 것뿐이라고 주장했다. 워티스는 '나는 다리가 부러진 후 상태가 호전된 환자를 본 적도 있다'라고 말했다.

그리고 미국 정신과 학회장이며 존스 홉킨스 대학의 신경과 교수였던 아돌프 마이어Adolf Meyer가 일어나 말했다.

'나는 이 연구에 반대하지 않습니다. 이 연구에 흥미를 느낍니다. 그러나 이 수술에는 겉으로 보이는 것과는 다른 더 많은 가능성이 있을 수 있다고 생각합니다.'

그의 영향력을 감안할 때 마이어가 비판적이었다면 미국에서 행해진 전두엽백질절단 수술은 여섯에서 끝났을지도 모른다. 그러나 마이어는 이의를 제기하는 선에서 그쳤다.

용기를 얻은 프리먼과 와트는 1936년 말까지 전두엽백질절단술을 20번 더 시술하기로 했다. 그들은 시카고에서 열리는 중요한 학술회의에 더 많은 케이스를 보고하고 싶어 했다.

만약 월터 프리먼이 그의 여섯 환자들의 결과에 대해 정직했더라면 아돌프 마이어는 전두엽백질절단술을 다르게 느꼈을 것이다. 뇌동맥을 부주의하게 다뤄 심각한 영구 뇌손상으로 고통받던 다섯 번째 환자는 남은 생애를 간질병에 시달렸으며, 자제력을 잃고 살아야 했다.

1937년 2월 월터 프리먼은 시카고 신경과 협회 학술회의에서 수백 명의 동료들 앞에 섰다. 이것은 그동안 그가 치른 시험 중에서 가장 중요한 시험이었다.

프리먼과 와트는 3개월 동안에 20명의 환자를 수술했고 대부분은 여성 환자들이었다. 프리먼은 전두엽백질절단 수술을 받은 환자들의 기억력, 집중력, 판단력, 통찰력은 영향을 받지 않은 채 그대로 있었던 반면 그들이 생활을 즐기는 능력은 향상되었다고 말했다. 단 한 가지 부정적인 것은 '모든 환자들이 이 수술로 자발적인 행동이나 활기 그리고 인간성의 일부를 상실하는 것뿐'이라고 주장했다. 워싱턴과 볼티모어에서 프리먼의 그의 수술에 대한 반대의견을 시카고에서 직면하게 된 반대에 비하면 아무것도 아니었다.

많은 의사들이 뇌에서 아무 곳이나 떼어내는 이 수술은 뇌혈관을 손상시킬 수 있다고 주장했다(실제로 이미 그런 일이 있었다). 다른 사람들은 불안 증상은 시간에 따라 변화가 심하고, 짧은 기간 동안만 관찰했기 때문에 프리먼과 와트가 그들의 환자들로부터 어떤 결론도 이끌어낼 수 없다고 비판했다. 또 다른 사람들은 음악가나 예술가의 전두엽이 훼손되면 어떤 일이 일어날 것인지를 궁금해 했다. 어떤 사람들은 이 수술은 아무런 '해부학적 기반'을 가지고 있지 않고 있으며, '취약한 이론'에 의해 정당화되고 있다고 주장했고, 어떤 사람들은 이 수술이 '비윤리적'이라고 주장했다.

프리먼은 '인간은 얼마든지 뇌를 다룰 수 있으며 대부분의 손상은 회복 가능하다'고 반박했다. 그럼에도 불구하고 월터 프리먼은 비판에 의해 흔들려 세인트루이스의 회의 참석을 취소했다. 그는 그때의 일을 '나는 정신을 차리기 위해 담뱃대를 꽉 물었다'라고 회고했다.

볼티모어나 워싱턴의 발표 때와 마찬가지로 시카고 회의에서도 프리먼은 정직하지 않았다. 20명의 환자들 중 8명은 이전 상태로 돌아가 다시 전두엽백질절단 수술을 받아야 했다. 프리먼과 와트는 이에 크게 실망한 나머지 절단하는 코어의 수를 6에서 9로 늘렸고, 뇌를 더 깊이 뚫었다. 이로 인해 두 명의 환자는 뇌출혈로 숨졌고, 수술 직후 심장마비로 숨진 환자도 있었다. 13년 동안 비서일을 했던 네 번째 환자는 기능장애 상태에 빠졌고 다시는 회복되지 못해 죽을 때까지 정신병원에서 지내야 했다.

여러 명의 환자들은 발작 장애로 고통받았으며, 일부는 팔이나 다리를 움직이는 데 어려움을 겪었다. 초기 전두엽백질절단 수술을 받은 환자의 상태를 가장 잘 알고 있었을 세인트 엘리자베스 호스피털의 원장이었던 윌리엄 화이트William White는 이 수술을 허락하지 않았다. 포르투갈의 정신과 의사들과 마찬가지로 화이트도 그가 본 것으로 인해 공포에 질렸다.

모든 의사들이 전두엽백질절단술에 반대했던 것은 아니다. 미국에서 가장 널리 알려진 임상 저널이었던 〈뉴잉글랜드 의학 저널〉은 전두엽백질절단술이 '이성적인 수술'이라고 썼다. 그리고 〈뉴욕 타임즈〉는 '새로운 수술이 정신병을 치료하는 새로운 전환점이 되었다'라고 보도했다.

실제로 1937년 6월 7일자 〈뉴욕 타임즈〉 표지 기사는 전두엽백질절단 수술은 '긴장, 불안, 좌절, 불면, 자살 충동, 환상, 망상, 우울, 고집, 공황상태, 방향감각 상실, 정신성 통증, 신경성 소화불량, 히스테리성 마비'를 완화시키며 (이것은 마치 특허를 받은 약품의 광고처럼 보인다.), 이 수술이 '야생동물을 몇 시간 안에 온순한 동물로 바꿔 놓았다'고 선언했다.

시카고 학회에서 쏟아졌던 비판에도 불구하고 월터 프리먼과 제임스 와트는 오래 좌절하지 않았다. 〈타임〉 〈뉴스위크〉 〈뉴욕 타임즈〉 〈뉴잉글랜드 의학 저널〉이라는 우군을 가지고 있던 그들은 다시 일을 시작해, 뉴해이븐, 보스턴, 뉴욕, 필라델피아, 멤피스에서 개최된 의학 또는 과학 학술회의에서 자신들의 수술을 설명했다. 그리고 애틀랜틱 시티에서 열렸던 가장 권위 있는 학술회의인 미국 의학협회 연례 회의에서도 발표했다.

그들은 전국에서 정신 질환뿐만 아니라 다른 여러 가지 질병을 치료해 달라는 수백 통의 편지를 받았다. 한 사람은 프리먼에게 천식을 일으키는 뇌 부분을 절단해 달라고 요구하기도 했다. 그리고 40년 동안 미국에서 2만 건 이상의 전두엽백질절단 수술이 시행되었다. 월터 프리먼이 직접 관련된 것은 이 중 4000건 이었다.

오늘날 우리는 전두엽백질절단 수술을 잔인하고, 기이하며, 코미디처럼 생각한다. 전두엽백질절단 수술을 풍자한 음료수도 있고('로보토미'라는 이름의 음료수는 아마레토, 샹보르, 파인애플 주스로 만든다), 유머도 있으며(탐 웨이츠는 '전두엽절단 수술보다는 내 앞에 있는 위스키 한 병이 낫다'라고 말했다), 슬로건도 있다(이라크 전쟁 동안 항의자들의 티셔츠에는 '나의 전두엽절단 수술에 대해 물어보라'라는 문장 위에 조지 부시의 사진이 그려져 있었다). 이제 전두엽절단 수술은 먼지 가득한 캐비닛 선반 위에 채찍, 쇠사슬, 환자를 거칠게 다룬 정신병원, 자백 약, 골상학, 관상 톱, 뇌에 구멍을 내 악령을 쫓아내던 치료법과 함께 방치되어 있다.

그렇다면 왜 전두엽백질절단 수술이 1930년부터 1970년대 초까지 그렇게 널리 받아들여졌던 것일까? 세 가지 이유가 있다.

첫 번째는 정신과 의사, 환자의 가족 그리고 환자들은 치료가 가능해 보이지 않는 정신 질환, 대부분의 경우에는 정신분열증을 치료하기 위해 무엇이든 해보려고 했다. 그러나 다른 더 나은 선택이 없었다.

두 번째는 주에서 운영하던 정신병원들이 초만원을 이루고 있었다. 환자의 수가 1909년의 15만 9000명에서 1940년에는 48만 명으로 늘어났다. 이것은 인구수가 증가하는 속도보다 두 배 더 빠른 속도였다. 실제로 1940년대와 1950년대에는 미국에서 정신 질환으로 입원하는 환자의 수가 다른 모든 질병을 합한 환자의 수와 비슷했다. 전두엽백질절단 수술은 통제할 수 없는 상황을 타개하기 위한 매력적인 방법을 제공했다.

세 번째는 주립병원의 상태가 끔찍했다. 1946년 5월에 〈라이프〉에 실린 '아수라장 1946'이라는 제목의 기사는 정신병원의 상태가 얼마나 열악한지를 잘 설명했다. 환자들은 구타당하고, 버려지고, 옷을 거의 제공받지 못했고, 습기 찬 어두운 지하실에서 생활했다. 그리고 몇 주 동안 구속복을 입혀 강금하거나 자신의 배설물 위에서 생활하도록 했다. 시설은 '벨젠에 있었던 나치 수용소'와 비슷했다. 주로 지역 교도소에서 선발된 교육받지 못한 직원들은 환자들을 강간했고, 때로는 죽이기도 했다. 의사들은 찾아볼 수 없었다. 환자와 의사의 비율은 250대 1이었다.

전두엽백질절단 수술이 받아들여졌을 뿐만 아니라 환영받기까지 한 또 다른 이유는 볼티모어 회의에서 프리먼의 전두엽백질절단술이 단지 환자에게 '충격을 주어' 정상으로 돌아가게 했을 뿐이라고 주장했던 맨해튼의 정신과 의사 조셉 워티스Joseph Wortis의 코멘트에서 찾아볼 수 있다.

1940년대 미국의 많은 정신과 치료의 핵심은 환자에게 충격을 주어 병을 고치는 것이었다. 따라서 전두엽백질절단술이 정신과 의사들이 이미 시행하고 있던 치료법보다 그렇게 나쁘지 않아 보였다.

충격요법은 중세에 시작되었다. 정신 질환을 앓고 있던 환자에게 충격을 주기 위해 정신과 의사들은 환자를 죽기 직전까지 물에 빠트리거나 뱀이 우글거리는 구덩이와 이어진 어두운 복도를 걸어가게 했다. 20세기 초에 행해졌던 4가지 치료법도 같은 개념을 바탕으로 한 것이었다. 한 관찰자는 이 치료법들이 모두 '망가진 시계를 망치로 고치려는 것 같았다'고 말했다.

1917년에 율리우스 바그너야우레크Julius Wagner von Jauregg는 말라리아 치료법을 발명했다. 매독으로 인해 마비와 정신질환으로 고통받는 환자들에게 말라리아 환자의 피를 주사하면 치료효과가 있다는 것을 발견했다. 이 치료 방법에서는 치료효과가 있다고 믿었던 섭씨 41도까지 체온을 높이는 것이 목표였다. 이 발견으로 바그너야우레크는 1927년 노벨 생리 의학상을 수상했다. 그는 정신병 치료 방법의 개발로 노벨상을 받은 첫 인물이었다. 그리고 전두엽백질절단 수술 방법을 개발한 에가스 모니스가 두 번째 노벨상 수상자였다.

이런 이야기를 듣다보면 20세기 전반에 주어진 노벨상은 팝콘 상자 안에서 나온 것이 아닌가 하는 생각이 들 것이다. 그러나 바그너야우레크의 말라리아 치료법은 스피로헤타균의 감염으로 인해 고통받는 매독 환자들에게 실제로 효과가 있었다. 스피로헤타균은 높은 온도에 민감한 것으로 드러났다.

환자의 증상이 좋아진 후 말라리아 치료약인 키니네를 이용하여 말라리아를 치료했다. 말라리아 치료법의 문제는 아무런 치료 효과가 없는 다른 정신 질환에도 이것을 사용했다는 것이다(놀라운 것은 말라리아 치료법이 아직도 시행되고 있다는 것이다. '만성 라임병'으로 고통받는 중이라고 믿고있는 일부 미국인들이 멕시코로 가서 말라리아균을 접종받고 있다).

1930년에 맨프레드 사켈Manfred Sakel은 인슐린 충격 치료법을 발명했다. 오스트리아 비엔나에서 일하고 있던 사켈은 우연히 모르핀 중독 환자에게 지나치게 많은 양의 인슐린을 투여했고, 이 실수가 모르핀 중독을 치료했다. 이에 그는 인슐린 충격 치료법을 15명의 환자에게 더 시행해 15명 모두에게서 같은 효과를 보았다. 그 후 그는 이 치료법을 정신분열증 환자에게 적용해 보았더니 80%의 치료 효과가 있었다고 했다.

사켈의 치료법에 따라 미국의 환자들에게 점점 더 많은 양의 인슐린이 투여되면서 환자들은 혈액 안에 포함된 당이 아주 적어져 혼수상태에 빠져들었다. 그렇게 되면 소위 말하는 콧줄을 통해 적당량의 당을 공급해 환자가 죽지 않으면서도 혼수상태를 유지하도록 했다. 대개 환자들은 한 달이나 두 달 동안 혼수상태로 지내는 과정에서 목숨을 잃는 사람도 많았다.

1935년에는 헝가리의 라디슬라스 조셉 메두나Ladislas Joseph Meduna가 메트라졸 충격 치료법을 발명했다. 메트라졸은 발작을 유도했고, 메누나는 발작이 정신분열증 치료에 효과가 있다고 믿었다. 그는 긴장형 정신분열증으로 4년 동안 침대에 누워 있던 사람을 치료한 후 그 사람이 일어나 스스로 옷을 입고, 모자를 쓴 후 병원을 걸어 나갔다고 주장했다. 메두나는 10명의 환자를 더 치료했고 같은 효과를 보았다.

1938년에 이탈리아에서 일하던 우고 세를레티Ugo Cerletti는 모든 충격 요법의 종결자라고 할 수 있는 전기충격요법을 발명했다. 세를레티는 경찰서 주변을 배회하던 정신분열증 환자에게 처음으로 시행해 보았다. 환자의 머리 양쪽에 전극을 부착하고 전기 스위치를 올리자. 그 남자는 숨을 멈추고, 파랗게 질렸으며, 끝없이 발작을 계속 일으켰다. 그 후 환자는 회복되었다. 세를레티는 그 후 남자가 정상적으로 행동했다고 주장했다. 전기충격요법은 가장 시행하기 쉽고 가장 널리 사용되고 있는 치료법이다.

1942년까지 주로 정신분열증을 앓고 있는 7만 5000명의 환자가 충격요법 치료를 받았다. 오늘날에는 심한 우울증 환자들에게만 전기충격 치료법이 시행되고 있다. 전두엽백질절단 수술이 처음 미국에 도입되었을 때 이 치료법은 한 정신과 의사가 '절망의 치료법'이라고 부르던 이런 치료법들과 경쟁했다.

월터 프리먼과 제임스 와트가 최초로 전두엽백질절단술을 시행했던 1936년과 1942년 사이에 미국에서는 300건의 전두엽백질절단술이 시행되었다. 1943년에는 300건이 더 시행되었으며 1947년에는 1000명, 1948년에는 2000명, 1949년에는 5000명이 전두엽백질절단술 수술을 받았다.

이로서 1949년 8월까지 모두 1만 명이 이상의 환자들이 전두엽백질절단술 수술을 받았으며. 이 중 60%는 주립 정신병원에서 주로 여성 환자들에게 행해졌다.

주립병원에 입원해 있는 환자의 수는 여성보다 남성이 많았다. 1951년 말까지 프리먼과 와트 그리고 그들에게 연수받은 의사들이 전두엽백질절단술을 한 환자의 수가 1만 8000명을 넘어섰다.

전두엽백질절단 수술을 받으려는 환자들이 줄을 섰다. 중년 여성들은 우울증을 치료하기 위해 전두엽백질절단 수술을 받고 싶어 했고, 대학생들은 노이로제를 치료하기 위해, 부모들은 자식들의 나쁜 행동을 고치기 위해 전두엽백질절단 수술을 받게 하려고 했다.

전두엽백질절단 수술이 큰 인기를 끌기는 했지만 이 수술을 받는 사람의 수가 이렇게 빠르게 증가한 것은 월터 프리먼이 전두엽백질절단술을 시행하는 방법을 바꿨기 때문이다. 그는 '즉석 전두엽백질절단 수술'이라고 부를 수 있는 수술 방법을 생각해냈다.

1946년 1월에 프리먼은 샐리 아이오네스코에게 전두엽백질절단 수술을 시술했다. 그러나 이번에는 제임스 와트가 아니라

프리먼이 직접 수술했다. 프리먼은 이 수술을 수술실이 아니라 그의 사무실에서 시행했다. 그는 수술도구와 사무실을 살균하지 않고 수술했으며 일반적인 마취약을 사용하지 않고 전기 쇼크를 이용했다(전기쇼크는 몇 분 동안 무의식 상태에 빠지도록 했다). 또 그는 두개골 옆 살갗을 자르기 위해 수술용 메스를 사용하지 않았고, 두개골에 구멍을 뚫는 수술용 송곳을 사용하지도 않았다. 그는 부엌 서랍에서 꺼낸 '울라인 얼음회사' 로고가 붙어 있는 얼음송곳을 사용했다.

프리먼은 샐리 아이오네스코 눈구멍 안의 위쪽 옆면 뼈를 통해 망치로 얼음송곳을 뇌 안으로 약 8cm 찔러 넣은 다음 상하로 흔들며 돌렸다. 그런 다음 눈구멍에도 같은 방법으로 시술했다.

프리먼이 개발한 새로운 얼음송곳 전두엽백질절단 수술은 네 시간이 아니라 7분이면 충분했다. 그리고 적어도 프리먼에 따르면 공식적인 외과 수련 과정을 거치지 않은 사람이라도 할 수 있는 수술이었다. 이런 수술에 대해 전혀 몰랐던 제임스 와트는 월터 프리먼의 사무실에 갔다가 얼음송곳이 샐리 아이오네스코의 얼굴에 박혀 있는 것을 보고 간담이 서늘했다. 와트는 뇌의 조직에 손상을 주는 모든 수술은 뇌를 볼 수 있는 수술실에서 해야 한다고 믿었다. 그렇지 않으면 전두엽백질절단술 과정에서 뇌동맥을 손상시켜 치명적인 출혈을 야기할 가능성이 커지기 때문이다. 그 후 와트와 프리먼은 다시는 같이 일하지 않았다.

새로운 얼음송곳 수술 방법으로 프리먼은 전두엽백질절단 수술을 즉석 치료법이라는 고속도로 위에 올려놓았다. 그는 얼음송곳을 주머니에 넣고 차를 타고 전국을 돌면서 원하는 사람 누구에게나 자신의 수술법을 보여줄 수 있기를 원했다.

그는 13만 700km를 달려 캘리포니아, 텍사스, 알칸사스, 미네소타, 오하이오, 뉴욕, 워싱턴, 미주리, 메릴랜드 주립 정신병원을 방문했다(그는 자신의 차를 '전두엽백질절단 자동차(로보토모바일)'이라고 불렀다).

웨스트버지니아 주에 있는 웨스톤 주립병원에서 프리먼은 12일 동안에 228명의 환자를 수술했다. 135분 동안 22명의 환자를 수술했으며 1명당 평균 수술 시간은 6분이었다. 수술 여행을 마칠 때까지 그는 23개 주 55개 병원과 캐나다, 카리브 해 그리고 남아메리카의 정신병원들을 방문했다.

그의 딸은 그를 '정신과의 헨리 포드'라고 불렀다.

사람들의 관심을 즐겼던 프리먼은 동시에 두 눈 뒤에 있는 전두엽을 휘저어 놓을 수 있을 만큼 이 수술에 자신감이 붙었다.

간호학을 공부하고 있던 학생 패트리시아 데리안Patricia Derian은 1948년에 프리먼이 그런 수술을 했다고 증언했다. 그녀는 '그는 우리를 향해 미소를 지었다. 나는 내가 서커스를 구경하고 있다는 생각이 들었다. 그는 양손을 동시에 앞뒤로 움직여 두 눈 뒤에 있는 뇌를 동일하게 잘라냈다. 그는 너무 명랑하고, 너무 의기양양했으며, 너무 '고무되어 있어' 놀라웠다'고 그때의 일을 회상했다(오늘날 MRIs나 CT를 판독하는 영상의학과 의사들이 가끔씩 월터 프리먼의 얼음송곳 전두엽백질절단 수술을 받았던 환자의 뇌에서 이 수술의 특징적인 뇌 손상 흔적을 발견하고 놀라곤 한다).

1950년에 프리먼은 《정신외과psychosurgery》이라는 제목의 책을 출판했다. 이 책을 통해 그는 수백 건의 전두엽백질절단술 결과를 보고했다. 프리먼은 그의 발견이 주립 정신치료시설의 짐을 덜어주었을 뿐만 아니라 많은 시민들의 불안 증세와 신경 증세를 치료했다고 결론지었다.

그러나 프리먼의 책을 자세하게 살펴보면 그가 성공의 기준을 얼마나 낮게 설정하고 있었는지 알 수 있다.

전두엽백질절단 수술을 받고 첫 몇 주 동안은 거의 모든 환자들이 비슷한 증상으로 고통받았다. 그들은 '밀랍 인형'처럼 침대에 누워 있었고, 욕창이 생기지 않도록 간호사나 가족의 보살핌을 받아야 했다. 그들 모두는 주변에 별 관심을 보이지 않았다. 그들은 아무것도 신경 쓰지 않는 것처럼 보였고, 예의에 대한 감각을 잊어버렸다. 예의를 중시했던 여성도 쓰레기통을 화장실이라고 생각하고 배변하기도 했다. 또 다른 환자는 '음식물 접시에 구토한 다음 간호사가 치우기 전에 그 접시의 음식을 먹기도 했다.'

그러나 프리먼의 기준으로 보면 이 환자들은 모두 덜 파괴적이고 다루기 쉬웠다. 그는 '수술이 유발한 유년기'라는 말을 만들었다. 전두엽백질절단 수술을 받은 환자의 25%가 이 상태보다 나아지지 않았고, 치료 시설에 수용되었다. 일부는 다시 파괴적이 되었고, 두 번째나 심지어 세 번째 전두엽백질절단 수술을 받기도 했다.

대부분의 전두엽백질절단 수술을 받은 환자들은 치료시설을 떠나 가족에게 돌아갔지만 모두들 무기력한 상태에 있었고, 프리먼에 의하면 '자신에 대한 흥미를 잃었다.' 가족들이 환자의 옷을 입히고 벗겨 주어야 했다. 그리고 환자들은 대개 부끄럼을 모르게 되었다. 그들은 낯선 사람들 앞에서 옷을 벗고 있거나 식사 때는 다른 사람들의 음식을 먹었고, '어린 아이들처럼 물을 퉁기며' 몇 시간을 목욕통 속에서 보내기도 했다. 환자들은 아무 말이나 했고, 아무렇게나 행동했으며, 바보처럼 되었다. 아무것도 심각하게 생각하지 않았고, 여행 도중에 쉽게 길을 잃었다. 빅토리아 시대의 소설을 즐겨 읽었던 한 여성은 수술 후에도 소설을 읽었지만 무슨 이야기인지 이해하지 못했다.

프리먼은 이런 환자들을 '가정 치료 환자 또는 애완동물 수준에 적응 중'이라고 설명했다. 그러면서 전두엽백질절단 수술이 적어도 그들의 분노와 노이로제 증상은 없애 주었다고 주장했다.

전두엽백질절단 수술 환자는 집을 떠나 직장에 나갈 수 있게 되었지만 수술 전 상태로 돌아가지는 못했다. 교수들은 식탁에서 시간을 보냈고, 계산원은 숫자를 제대로 다루지 못했으며, 판매원은 잔돈을 제대로 거슬러 주지 못했다. 음악가는 연주를 할 수 있었지만 감정이 없는 기계적인 연주를 했다. 직장으로 돌아가고 싶어 했던 대부분의 환자들은 해고되었다.

이 수술의 부작용 역시 심했다. 제임스 와트가 염려했던 것처럼 얼음송곳 전두엽백질절단술을 받은 100명 중 3명이 목숨을 잃었고, 뇌동맥 손상으로 통제할 수 없는 출혈이 계속되었다. 그리고 또 다른 3명은 영구적인 발작으로 고통받았다. 이뿐만이 아니었다. 다른 많은 환자들이 대소변을 가릴 수 없게 되었다. 가장 놀라운 것은 프리먼이 어린이 환자들도 수술했는데 이 책에는 어린이 환자 중 11명에 대한 설명이 포함되어 있었다. 한 환자는 4살밖에 안 되었고, 11명 중 2명은 뇌출혈로 사망했다.

전두엽백질절단 수술을 받은 환자들의 수가 늘어나자 많은 의사들이 '의학적 가학', '훼손', '부분 마취' 등으로 부르면서 프리먼이 하나의 정신 질환을 다른 것으로 바꿔놓았을 뿐이라고 비판했다. 에가스 모니스가 인간에게 첫 번째 전두엽백질절단수술을 하는 계기를 제공했던 예일 대학의 존 풀턴John Fulton이 프리먼의 얼음송곳 전두엽백질절단술에 대해 듣고 '당신의 사무실에서 얼음송곳으로 전두엽백질절단술을 한다는 이 해괴한 소문은 무엇입니까? 나는 캘리포니아와 미네소타에서 이에 대한 소문을 들었습니다. 왜 권총을 사용하지 않습니까? 그것이 훨씬 더 빠를 텐데요!'라고 말했다.

이런 항의에도 불구하고 미국 의학협회와 미국 정신과 의사협회를 비롯한 전문적, 의학적, 윤리적 단체들은 전두엽백질절단수술을 반대하지 않았다. 더 큰 문제는 언론 매체들이 계속적으로 사람들에게 잘못된 정보를 제공하고 있었다.

'외과의사의 칼이 신경 질환자를 정상으로 돌려놓다', '이를 빼는 것보다 심하지 않다', '외과의사의 마법이 50명의 미치광이를 정상으로 회복시키다'와 같은 제목이 전국 신문에 자주 등장했다.

1946년 〈아메리칸 위클리〉에 실렸던 한 만화는 '모든 사무실 장난꾸러기들의 조롱거리였던 수줍음 많고 겁 많은 사서'가 전두엽백질절단 수술을 받고 '누구에게나 무엇이든지 팔 수 있는 누구와도 잘 어울리는 사교적인' 산업의 역군으로 바뀐다는 이야기를 다뤘다.

1941년에 보도된 이 수술에 대한 가장 영향을 끼친 '마음 뒤집기'라는 제목의 기사는 〈새터데이 이브닝 포스트〉에 실렸다. 〈뉴욕 타임즈〉의 편집자이기도 했던 웰데머 캠퍼트Waldemar Kaempffert가 기고한 기사의 내용은 다음과 같다.

'미국에서는 불안증, 박해 콤플렉스, 자살 충동, 망상, 우유부단, 강박관념과 같은 증세를 가지고 있던 적어도 500명의 남성과 여성이 새로운 뇌수술로 말 그대로 마음을 잘라냈다'

월터 프리먼은 후에 신문이나 잡지와 같은 언론 매체들이 없었다면 전두엽백질절단 수술이 그렇게 널리 받아들여질 수 없었을 것이라고 말했다.

얼음송곳 전두엽백질 절단술을 발명한 월터 프리먼은 목표는 주립 치료 기관들이 가난한 사람들을 돌보기 위해 부담하는 재정 지출을 덜어주기 위한 것이었다. 하지만 프리먼은 부자나 유명한 사람들에게도 전두엽백질절단 수술을 했다. 테네시 윌리암스의 여동생으로 〈유리 동물원〉과 〈지난여름 갑자기〉의 소제가 되었던 로즈도 이 수술을 받았으며, 비트세대의 시인이었던 앨런 긴즈버그의 어머니도 전두엽백질절단 수술을 받았다. 그러나 프리먼의 가장 유명한 희생자는 조셉과 로즈 케네디의 딸이었으며, 존 F. 케네디 대통령과 테드 케네디 상원의원의 누이였던 로즈마리 케네디였다. 여덟 명의 형제자매들 중 첫 번째 딸이었던 로즈마리 케네디는 발달장애로 고통받고 있었다. 물리적으로 그리고 지적으로 대단한 자부심을 가지고 있던 가족으로서는 로즈마리가 당황스런 존재였다. 그러나 그녀는 살아가는 데 큰 지장을 받지 않았다. 전두엽절단 수술을 받기 전 로즈마리는 보호자 없이 외국 여행을 했고, 보트 경주에 참가했으며, 어렵기는 했지만 읽고 쓰는 것을 배웠다.

15세가 되었을 때 그녀는 아버지에게 편지를 썼다.

'저는 아버지를 기쁘게 해드리는 것이라면 무엇이든지 하겠습니다.'

그러나 나이가 더 들자 가끔씩 분노를 표출했고, 목소리를 높였으며, 팔을 휘둘렀다. 오늘날이라면 로즈마리 케네디는 경증 발달장애로 진단받고 작업치료와 행동요법 치료를 받았을 것이다.

그러나 조셉 케네디는 자신과 다른 아이들의 정치적 장래에 영향을 줄 딸의 행동을 견딜 수 없었다. 로즈마리의 병을 고치고 싶었던 그는 그녀를 보스턴 신경과 의사에게 데려가 이 새로운 수술에 대해 자문을 구했다.

신경과 의사는 이 수술에 대해 반대했다. 그는 경미한 정신 발달장애는 전두엽절제 수술을 받을 필요가 없다고 주장했지만 케네디는 월터 프리먼을 찾아갔고, 프리먼은 로즈마리를 '초조 우울증'이라고 진단하고 자신이 치료할 수 있다고 자신했다. 조셉 케네디는 이 수술에 대해 그의 아내에게 알리지 않았다.

1941년 11월 월터 프리먼은 로즈마리 케네디의 전두엽절단 수술을 했다. 그때 그녀의 나이는 23세였다. 잭슨이 로즈마리의 머리에 두 구멍을 낸 후 전두엽절단용 칼을 집어넣고 뇌에서 얼마나 많은 코어를 제거해야 할는지를 결정하기 위해 그녀에게 수를 세라고 하거나 노래를 부르게 했고 이야기를 하게 했으며 달의 이름을 말하게 했다. 이 방법으로 프리먼은 그녀의 지적인 기능이 아직 손상되지 않은 것을 확인할 수 있었다.

그러나 프리먼은 너무 나갔다. 그가 네 번째이자 마지막 코어를 제거하자 로즈마리가 물리적으로나 정신적으로 무능력하게 되었다. 이 수술에 참여했던 간호사는 너무 화가 나서 간호사를 그만 두었다.

그러나 조셉 케네디는 긍정적이었다. 그는 딸을 뉴욕 주 비콘에 있는 개인 정신병원인 크레익 하우스에 입원시켰다. 구릉으로 이루어진 1.5km$^2$의 대지 위에 자리 잡은 크레익 하우스는 실내 수영장, 골프 코스, 마사, 예술 및 공예 센터 그리고 고도로 훈련된 의료 요원들이 근무하고 있었다. 크레익 하우스에서는 1년 비용이 25만 달러나 들었다.

여러 달 동안의 집중적인 치료 후에 로즈마리는 다시 걸을 수 있게 되었다. 그러나 다시는 읽을 수 없었고, 몇 마디 외에는 말을 할 수 없게 되었으며, 자신을 돌볼 수 없게 되었고, 가족과 친구들의 기억을 잊어버렸다.

아이들에게 주기적으로 가족의 활동 내용을 알려주는 편지를 보냈던 로즈 케네디는 다시는 로즈마리를 언급하지 않았다. 그리고 20년 동안 로즈마리를 방문하지 않았다. 후에 로즈마리를 위스콘신 주에 있는 특수한 아이들을 위한 세인트 콜레타 스쿨로 이송한 조셉 케네디는 25년 동안 로즈마리를 방문하지 않았다. 로즈마리가 2005년 죽기 전에 그를 방문한 유일한 사람은 그녀의 오빠였던 존이었다.

존은 1958년 대통령 선거 유세차 위스콘신 주에 왔다가 개인적으로 로즈마리를 방문했다. 로즈 케네디는 후에 '로즈마리는 우리에게 닥친 첫 번째 비극이었다'라고 말했다.

20세기 중반에 전두엽절단 수술은 미국 문화의 한 단면이 되어 로버트 펜 와렌의 《모두가 왕의 부하들(1946)》과 같은 책, 테네시 윌리암스의 〈지난여름 갑자기(1958)〉와 같은 연극, 〈시인과 찔레꽃(1966)〉 〈혹성 탈출(1968)〉 〈시계 태엽 오렌지(1971)〉 〈실험 인간(1974)〉 〈뻐꾸기 둥지 위로 날아간 새(1975)〉 〈프랑세스(1982)〉 〈리포 맨(1984)〉 〈홀인원(2004)〉 〈정신병원(2008)〉과 같은 영화들 그리고 라모네스의 '틴에이지 로보토미'와 같은 노래들에서도 다루어졌다.

전두엽백질절단 수술에 대한 미국의 태도 변화는 작품들에 잘 나타나 있다. 엘리자베스 테일러와 케서린 햅번이 주연했던 1959년 영화 〈지난여름 갑자기〉에서는 몽고메리 클리프트가 전두엽절제 수술을 하는 의사 역을 긍정적으로 연기했지만

1970년대에는 전두엽절단 수술에 대한 태도가 바뀌었다. 이제 전두엽 절제술은 자신들의 의견을 따르지 않는 사람들을 벌주는 수단이 되었다.

1975년에 개봉된 켄 키세이의 소설을 바탕으로 했던 〈뻐꾸기 둥지 위로 날아간 새〉에서는 잭 니콜슨이 주인공 랜들 패트릭 맥머피의 역할을 했다. 이 영화에서 맥머피는 강간 혐의를 벗어나기 위해 정신병을 가장한다. 정신병원에서 그는 온순한 사람들과 함께 가짜 치료와 약물을 이용하여 자신들을 거세하려고 했던 병원의 실권자 너스 라쳇에 대항했다. 마지막 대결에서 너스 라쳇의 목을 조르려고 했던 맥머피가 전두엽절제 수술을 받고 온순한 사람으로 바뀐다.

2000년대가 되면서 전두엽절제 수술은 더 이상 공공의료기관에서 사용하는 치료법이 되지 못했고, 공포 영화의 소재로만 사용되었다. 〈정신병원(2008)〉에서는 여섯 명의 대학 신입생들이 새롭게 단장한 기숙사가 원래는 개인 정신병원이었다는 것을 알아낸다. 회상 장면에는 침대에 묶인채 발작을 일으킨 소년과 철조망으로 만든 구속복을 입고 있는 소녀, 작은 망치를 들고 있는 키 큰 사람의 지배하에 눈두덩에 얼음송곳이 박혀 있는 소년이 등장한다. 이 영화에서는 마지막 장면이 가장 공포스러웠다. 이것이 가장 섬뜩했기 때문이 아니라 픽션이 아니었기 때문이었다. 그 소년은 후에 자신의 경험을 책으로 쓴 하워드 둘리였고, 전두엽절제 수술을 한 사람은 월터 프리먼이었다.

한 비평가에 의하면 〈정신병원〉과 같은 영화는 '외과의사를 파괴자로 만드는 데는 외과의사에 대한 신뢰를 조금만 바꾸는 것으로 충분하다'라는 것을 보여 주었다.

전두엽백질절단 수술이 빠르게 퇴조하게 된 데에는 정신과 치료약이 가장 중요한 역할을 했다. 1954년에 식품의약청이 최초의 정신분열증 치료제인 스미스 클라인 & 프렌치의 클로르포르마진을 승인했다. 이 약의 제품명은 노르웨이의 천둥의 신 토르(Thor)의 이름을 따라 토라진Thorazine이라고 불렀다. 토라진은 정신불열증 환자의 망상과 환상을 현저하게 줄여주었다(이것은 전두엽 절제술이 하지 못했던 일이었다).

1955년에는 항우울제인 토프라닐, 항불안제인 밀타운이 개발되었다. 이제 정신과 의사들은 정신을 파괴하는 부작용이 나타나는 수술 대신 복용을 중지함으로써 부작용을 중지시킬 수 있는 정신 마비 약물을 처방할 수 있게 되었다.

월터 프리먼의 마지막은 좋지 않았다. 토라진이 개발되던 해인 1954년에 프리먼은 조지 워싱턴 대학을 떠나 친구들이 팔로 알토 진료소에 자리를 만들어준 북부 캘리포니아로 갔다.

프리먼은 조지 워싱턴 대학에 명예 교수직을 달라고 요청했지만 받아들여지지 않았고, 사임하기 전에 1년간의 휴가만이 제공되었다.

프리먼이 캘리포니아에 도착했을 때 팔로 알토 진료소의 다른 의사들은 그가 많은 물의를 일으킨다는 것을 알고 그에 대한 마음을 바꿨다. 그럼에도 프리먼이 전두엽절제 수술을 할 수 있는 진료소와 병원은 얼마든지 있었다.

1961년에 월터 프리먼은 랭글리 포터 진료소에 모인 많은 신경과 의사들과 정신과 의사들에게 1958년과 1960년 사이에 전두엽절제수술을 했던 일곱 명의 청소년들 중 세 명을 보여주었다. 그는 이 소년들이 얼마나 좋은 상태인지를 참석자들에게 보여주고 싶어 했다.

어리석은 서커스의 연출자처럼 프리먼은 소년들에게 정신적 신체적 능력을 보여주도록 요구했다. 한 소년이 느리게 반응하자 프리먼은 목소리를 높였다. 좌절한 소년은 소리 질렀다.

'나는 최선을 다하고 있단 말이에요!'

이로 인해 참석자들의 동정심을 이끌어내지 못한 프리먼은 무대에서 퇴장했다. 화가 난 그는 환자들로부터 받은 크리스마스카드가 든 상자를 가져와서 책상 위에 던지고 '당신들은 환자들로부터 얼마나 많은 크리스마스카드를 받았습니까?' 하고 소리 질렀다.

더 이상 신경과 의사들의 존경을 받지 못하게 된 프리먼은 부랑자가 되었다. 그럼에도 프리먼은 미국 여러 곳을 여행하면서 전두엽절제 수술을 했고, 다른 사람들에게 이 수술법을 가르쳤다. 그러나 그 수가 줄어들면서 1965년에는 단지 8건의 수술만 했다.

그가 72세이던 1967년에 월터 프리먼은 그의 마지막 전두엽절제 수술을 했다. 이 수술에서 뇌출혈로 여성 환자가 죽은 후 그는 의사 면허를 상실했다.

자서전의 마지막 페이지에서 월터 프리먼은 언젠가 웨스트버지니아 병원이 '성공적인 전두엽백질절제수술의 기념비'가 될 것을 희망했다. 그가 웨스트버지니아를 선택한 것은 1950년대 초에 웨스턴 주립병원에서 많은 수의 전두엽백질절단 수술을 했기 때문이었다. 어떤 면에서 프리먼은 그가 원했던 것을 성취

했다.

2008년에 웨스톤 주립병원은 트랜스 알레게니 정신병원이라는 이름의 관광지로 새롭게 문을 열었다. 이 정신병원은 〈사이파이〉 채널의 고스트 헌터스와 여행 채널의 고스트 어드벤처의 촬영지가 되었다.

그곳은 귀신이 출몰하는 장소였다. 그리고 출몰하는 귀신은 월터 프리먼이었다. 정신병원의 입구에는 프리먼의 사진이 걸려 있었고, 그의 작업을 설명하는 표지판이 설치되어 있었다.

'프리먼은 의학계에서 더 이상 인정받지 못하게 되었고 수술면허를 상실했다. 그는 남은 생을 전국을 여행하면서 이전에 수술했던 환자들을 찾아내 그가 그들의 생활을 증진시켰다는 것을 증명하려고 애처롭게 노력하면서 보냈다. 그는 1972년 77세의 나이로 대장암으로 죽었다. 오늘날 프리먼은 많은 사람들에 의해 미국의 멩겔레로 간주되고 있다'

이것은 월터 프리먼이 원했던 기념비가 아니었다.

전두엽백질절단 수술에서 배울 수 있는 교훈은 배우기는 쉽지만 그대로 실천하기는 어려운 빠른 치료를 경계하라는 것이다.

조셉 P. 케네디가 딸의 경미한 발달장애를 치료하기 위해 월터 프리먼의 조언을 구했을 때 프리먼은 케네디에게 간단하게 치료할 수 있다고 말했다. 그 수술은 몇 분이면 할 수 있었고, 일반적인 마취가 필요없었으며, 딸의 상태를 다른 형제자매들과 비슷한 정신적 성숙 단계로 회복되게 할 수 있다고 믿었다.

케네디는 로즈마리의 발달을 촉진시키기 위해 필요했던 가정교사와 사립학교에 투자했던 돈과 시간을 절약할 수 있을 것으로 생각했다. 로즈마리에게 필요한 것은 그녀의 뇌에 조심스럽게 삽입된 외과의사의 칼뿐이었다. 저명한 외과의사가 로즈마리의 전두엽절제 수술을 추천했다고 해도 사실이기에는 너무 좋은 치료 결과가 사실이 아닐 가능성이 큰 충분한 이유였다.

케네디가 건전한 의구심만 가지고 있었다면 딸에게 심각한 물리적이고 정신적 불구를 초래하지는 않았을 것이다. 케네디가 해야 했던 것은 전두엽절제 수술을 받은 다른 환자들에 대해 알아보는 것이었다.

그러나 케네디는 다른 사람들을 보고 싶어 하지 않았다. 그는 마술을 믿고 싶어 했다. 그로 인해 그의 딸은 엄청난 대가를 치러야 했다. 복잡한 정신 질환을 5분 동안의 수술로 고칠 수 있다고 믿기 원했던 수천 명의 환자들과 그들의 가족들 역시 마찬가지였다.

마지막 장에서 다룰 예정이지만 자폐증을 가지고 있는 어린이들에게는 빠른 치료를 경계하라는 교훈이 별 도움이 되지 못하고 있다.

# 모기 해방 전선

여보세요 농부님, 농부님
지금 DDT를 내려놓으세요
내 사과 위의 내 자리를 뺐지 마세요
새와 벌들을 나를 위해 내버려 두세요
제발!

〈빅 옐로우 택시Big Yellow Taxi〉, 조니 미첼Joni Mitchell

올가 허킨스Olga Huckins는 화가 났다. 1958년 1월 29일 그녀는 〈보스턴 헤럴드〉에 편지를 썼다.

지난여름에 늘어나는 매미나방, 텐트 나방, 모기의 수를 줄이기 위해 주 정부는 펜실베이니아, 뉴욕, 뉴잉글랜드의 넓은 지역에 DDT를 살포했다.

매사추세츠 주 덕스버리에 있는 새 보호지역 부근에 살고 있던 허킨스는 그 다음에 일어난 일들로 인해 소름이 끼쳤다.

그녀가 쓴 편지 내용은 다음과 같다.

'우리는 다음 날 아침 세 마리의 죽은 새를 발견했습니다. 이들은 우리 주위에 살면서 우리를 믿고 있었고 매년 우리 나무에

둥지를 틀던 새들이었어요. …… 이 모든 새들이 같은 방법으로 끔찍하게 죽었어요. 주둥이를 벌리고 있었고, 벌린 발톱을 고통스럽게 가슴에 모으고 있었어요.'

화가 난 사람은 허킨스뿐만이 아니었다. 많은 주민들이 편지를 보냈고, DDT 살포의 후유증으로 구역질을 경험했다. 그러나 공중보건 담당자들은 굽히지 않았다. 자신의 편지가 무시당하는 것을 견딜 수 없었던 올가 허킨스는 〈보스턴 헤럴드〉에 보낸 편지의 사본을 친구인 레이첼 카슨Rachel Carson에게도 보냈다. 4년 후 카슨은 《침묵의 봄Silent Spring》이라는 제목의 책을 출판했다.

이 책은 전 세계적인 베스트셀러가 되었고, 살충제의 위험을 세상에 알렸으며, 카슨이 전국적인 텔레비전 프로그램, 의회 청문회에 출석해 증언하도록 했고, 존 F. 케네디 대통령, 대법관 윌리엄 O. 더글더스, 가수 겸 작사가 조니 미첼과 같은 다양한 사람들로부터 칭송 받도록 했다. 이로 인해 카슨은 미국에서 가장 유명하고 가장 영향력이 큰 여성이 되었다. 그러나 불행하게도 레이첼 카슨은 하나의 비극적인 실수를 했다.

레이첼 카슨은 1907년 5월 27일에 펜실베이니아 주 스프링데일에서 네 자녀 중 셋째로 태어났다. 그녀의 아버지 로버트는 전기 기사, 보험 판매원, 야간 경비와 같은 다양한 일을 했다. 어머니 마리아는 아이들을 키우기 위해 가르치는 일을 그만두었다.

스프링데일은 풀 공장, 단조로운 거리, 육체노동자들로 알려진 살기 어려운 작은 읍이었지만 마리아는 레이첼의 어린 시절을 자연의 경이로움으로 채워주었다.

가까운 곳에 있는 숲, 과수원, 들판을 손을 맞잡고 걸으면서, 또는 알레게니 강의 둑을 걸으면서 마리아는 다양한 생명체의 생생한 모습을 설명해 주었다. 막내에게 헌신적이었던 마리아는 카슨이 대학에 다니던 몇 년을 제외하고는 카슨의 곁을 떠나지 않았으며 그녀가 글을 쓰도록 격려해주었다.

열다섯 살이던 1922년에 카슨은 〈세인트 니콜라스〉 잡지에 그녀의 미래를 엿볼 수 있게 하는 기사를 썼다. 애완견이었던 팔을 데리고 다녔던 카슨은 숲의 '장엄한 침묵이 스쳐가는 바람과 미국 휘파람새의 즐거운 노래 소리에 의해서만 방해를 받는다'고 묘사했다. 그녀는 오리올스, 메추라기, 뻐꾸기, 벌새를 사랑스럽게 묘사했고, '보석과 같은 알들을 가지고 있는' 새들의 보금자리를 설명했다.

카슨은 스프링데일의 지저분한 도로와는 전혀 다른 이상향을 발견했다. 또 다른 세상. 에덴 동산. 자신을 자연 속에 잠기게 할 수 있는 장소. 스프링데일의 풀 공장에서 나오는 사람이 만든 악취가 멀리 사라져 버린 장소.

1925년에 고등학교를 졸업한 후 카슨은 피츠버그의 펜실베이니아 여자대학(현재 차탐 칼리지)에 진학했다. 마리아는 거의 매주 주말마다 그녀를 방문했다. 영어 전공으로 대학에 입학했지만 카슨은 과학과 사랑에 빠져 식물학, 동물학, 조직학, 미생물학, 발생학 강의를 들었다.

1929년 우등으로 졸업한 카슨은 그해 여름 매사추세츠 주 우드 홀에 있는 권위 있는 해양 식물학 실험실 장학금을 받았다. 그곳에서 그녀는 바다와 사랑에 빠졌다. 그녀는 밤에 어린 숭어를 만났던 것을 다음과 같이 기록해 놓았다.

'내가 무릎까지 오는 흐르는 물에 서 있을 때 나를 향해 돌진해 오는 작은 생명체를 겨우 볼 수 있었다. 그때 나는 처음으로 나의 상상력을 물 밑으로 가져갔다.'

1929년에 카슨은 볼티모어의 존스 홉킨스 대학 박사과정에 들어갔다. 그러나 뜻대로 되지는 않았다.

레이첼은 1932년에 석사 학위를 받기 위해 메기의 신장 발전에 대한 연구논문을 제출했지만 그녀의 지도 교수는 그녀가 과학자가 되기에 충분한 자질을 가지고 있지 않다고 믿었다. 지도 교수에게서 버림받은 그녀는 다시는 다른 과학 실험을 하지 않았고, 박사학위도 받지 못했다.

다음 몇 년 동안 카슨은 노바 스코티아 해안에서의 참치잡이와 체사피크 만에서의 굴 양식, 볼티모어에서의 월동 물막이 말뚝, 사가소 해로의 장어 이동 등에 대해 〈볼티모어 선〉과 〈리치몬드 타임즈〉에 기사를 썼다. 그녀는 또한 엘크, 검은 멧닭, 연어, 청어, 들오리, 가지뿔 영양, 산 염소, 무스, 곰과 같은 특정한 종의 개체수가 위험할 정도로 줄어드는 데 대해서도 썼다.

카슨의 글은 어두운 쪽으로 선회하여 거의 멸종과 급격한 감소에 초점을 맞추었다.

1935년 레이첼 카슨은 메릴랜드 칼리지 파크에서 미국 어업국 현장 보조원으로 일하기 위해 존스 홉킨스를 그만 두었다. 그녀의 업부는 팸플릿을 작성하고 보도자료를 배포하는 일이었다. 다음 해에 카슨은 어업국의 정식 직원인 초임 해양 생물학자로 임명되었다. 그곳에서 그녀는 '물 아래에서의 로맨스'라는 라디오 프로그램을 위해 짧은 원고를 썼다. 2년 후 그녀는 미국에 혜성처럼 자신을 드러냈다.

1937년 9월에 카슨은 〈월간 애틀란틱〉에 '해저'이라는 제목의 기사를 썼다. 그녀는 '에베레스트 산의 정복은 역사 속으로 사라졌다. 탐험가의 깃발이 세계에서 가장 높은 봉우리 위에서 펄럭였고, 얼어붙은 대륙의 가장자리에서 휘날렸지만 알려지지 않는 넓은 세상이 남아 있다. 그것은 물의 세상이다'라고 썼다.

쥘 베른Jules Verne의 《해저 2만리》에 고무된 그녀는 바다 이야기를 계속 이어갔다.

'해양은 역설적인 장소이다. 900kg이나 되는 바다의 킬러 백상어의 고향이고, 지구상에 살았던 모든 동물 중에서 가장 큰 동물인 30m나 되는 흰긴수염고래의 고향이다. 그런가 하면 두 손으로 은하에 있는 별들의 수보다도 더 많은 수를 잡을 수 있는 작은 생명체의 고향이기도 하다.'

카슨은 'R. L. 카슨'이라고 서명했다. 여성이 쓴 과학 기사를 아무도 읽지 않을 것이라고 생각했기 때문이었다.

'해저'을 읽고 감명을 받은 시몬 & 쇼스터 출판사의 편집자들이 카슨에게 글쓰기를 권유했다. 1941년 11월 1일 레이첼 카슨은 《해풍 아래서》를 출판했다. 이번에는 자신의 이름을 사용했다.

어른들을 위한 책이었지만 이 책은 경이로운 세상에 대한 어린이 같은 감각을 가지고 있었다. 《해풍 아래서》는 북극권에서 아르헨티나로 이주하는 세발가락도요새인 실버바, 뉴잉글랜드에서 대륙붕으로 여행하는 고등어인 스콤버, 사가소 해로 가서 산란하기 위해 온 다른 많은 장어들을 만나는 미국 장어인 안궐라의 이야기였다.

한 비평가는 '여기에는 시가 있다'고 말했다.

더 많은 비평이 뒤따랐다. 〈뉴욕 타임즈〉는 이 책을 '아름답고 비범한 책: 생명을 향한 격렬한 투쟁의 놀랄만한 캔버스'라고 불렀다. 〈뉴요커〉 〈크리스천 사이언스 모니터〉 〈뉴욕 헤럴드 트리뷴〉 〈뉴욕 타임즈 북 리뷰〉 역시 이 책을 칭찬했다.

그러나 시기가 나빴다. 한 달 후에 일본이 진주만을 공격했고, 미국의 관심이 전쟁으로 쏠렸다. 1942년 6월까지 1200권이 안 되는 책만 팔렸다. 카슨의 인세는 689달러 17센트였다. 그녀는 '세상이 이 책을 놀라운 무관심으로 대했다'라고 유감스러워했다.

카슨은 책이 덜 팔린 것을 제2차 세계대전 탓으로 돌리지 않았다. 그녀는 책을 제대로 홍보하는 데 실패한 시몬 & 슈스터 출판사의 책임으로 돌렸다. 그녀는 출판 계약 해지를 요구했고 그들과는 더이상 책을 출판하지 않았다.

이러한 개인적인 좌절에도 불구하고 어업 및 야생 생물 서비스라고 명칭을 바꾼 어업국에서의 카슨의 주가는 계속 상승해 1949년에 모든 과학 출판물의 편집 책임자가 되었다.

1951년 7월 2일 옥스퍼드 대학 프레스는 카슨의 두 번째 책 《우리 주위의 바다》를 출판했다. 출판 한 달 전에 초록이 뉴욕에서 인쇄되었다. 반응이 압도적이었다. 역사상 가장 많은 편지가 잡지로 날아들었다. 카슨은 곧바로 유명인사가 되었다. 심지어는 신랄한 라디오 비평가 월터 윈첼Walter Winchell마저도 카슨의 다음 새 책을 고대하고 있다고 언급했다.

《우리 주위의 바다》는 창세기처럼 시작했다.

'전체가 벌거벗은 암석으로 되어 있는 대륙을 상상해보자. 이 대륙을 뒤덮고 있는 녹색 외투가 전혀 없는. …… 돌로 이루어진 육지를 상상해보자. 지나가는 바람과 빗소리 외에는 조용한 땅. 살아 있는 목소리가 없고, 구름의 그림자 외에는 아무것도 살아 움직이는 것이 없는.'

〈뉴욕 헤럴드 트리뷴〉은 《우리 주위의 바다》가 '우리 시대의 가장 아름다운 책들 중 하나'라고 했다. 시어도어 루즈벨트의 딸은 그녀가 읽은 가장 좋은 책이었다고 했다. 책이 출판되고 3주일 후 《우리 주위의 바다》는 뉴욕 타임즈 베스트셀러 목록에서 토르 헤이어달의 《콘-티키》, 헤먼 우크의 《케인 무티니》, 제임스 존스의 《지상에서 영원으로》 그리고 제롬 데이비드 샐린저의 《호밀밭의 파수꾼》 다음으로 다섯 번째 자리를 차지했다.

《우리 주위의 바다》는 9월에 1위로 올라선 뒤 39주 동안 유지했다. 그것은 새로운 기록이었다. 11월까지 10만부가 팔렸고, 3월까지 20만 부가 팔렸다. 〈이달의 책 클럽〉은 이 책을 이 달의 책으로 선정했으며 〈리더스 다이제스트〉는 이 책의 내용을 압축한 책을 출판했다. 《우리 주위의 바다》는 소동이 가라앉을 때까지 매주 4000부씩 130만 부가 팔렸고, 32개 언어로 번역되었다.

그러자 할리우드가 《우리 주위의 바다》를 영화로 만들었다. 〈타워링〉 〈포세이돈〉 〈어드벤처〉 〈스웜〉 〈해저로의 여행〉 〈우주에서의 미아〉와 같은 영화와 텔레비전 시리즈로 널리 알려진 '재앙 영화의 거장' 어윈 알렌Irwin Allen이 감독한 〈우리 주위의 바다〉는 아카데미 최고 다큐멘터리 영화상을 수상했다.

하지만 카슨은 이 영화를 싫어했으며 이 영화로 인한 모든 허식과 비현실적인 평판을 싫어했다. 또한 자크 쿠스토가 그녀를 그의 칼립소 여행에 초청했지만 거절했다.

카슨은 유명해지는 것을 싫어했지만 미국 문학상 중 가장 선망받는 '내셔널북어워드'를 비롯해 수많은 상을 수상했다. 미국 주요 신문의 편집자들은 투표를 통해 카슨을 '올해의 여성'으로 선정했다. 상 뒤에는 부가 따랐다. 《우리 주위의 바다》를 출판하기 전에 옥스퍼드 대학 프레스는 카슨에게 선인세로 1000달러를 미리 지불했다. 후에 그녀는 〈뉴요커〉로부터 7200달러를 연재료로 받았고, 〈리더스 다이제스트〉에서는 요약본의 대가로 1만 달러를 받았으며, 계속적인 판매 인세로 2만 달러, 영화 저작권으로 RKO로부터 2만 달러를 받았다. 이것을 모두 합하면 그녀 연봉의 네 배가 되었다.

재정적인 안정을 얻게 된 카슨은 집필에 전념하기 위해 어업 및 야생생물 서비스를 그만두었다.

《우리 주위의 바다》의 엄청난 재정적 성공에도 불구하고 〈뉴욕 타임즈〉〈뉴욕 헤럴드 트리뷴〉〈시카고 트리뷴〉에 전면광고를 게재했던 옥스퍼드가 자신의 책을 충분히 홍보하지 못했다고 믿었던 카슨은 아직 만족할 수 없었다.

그러나 슬프게도 레이첼 카슨의 인기는 오래 가지 않을 수도 있었다. 《우리 주위의 바다》를 쓰고 있을 때 43세였던 그녀는 가슴에서 두 개의 작은 종양을 제거했다. 병리학자가 양성 종양으로 진단했다. 이 진단은 후에 의심받게 되었다.

1955년 10월에 레이첼 카슨은 그녀의 다음 번 책인 《바다의 가장자리》를 출판했다. 이 책은 가끔 모험가로 변신하기도 하는 여행 가이드의 이야기였다.

다시 〈뉴요커〉가 시리즈로 연재했고, 비평가들이 칭찬했으며('카슨이 이 유익하고 놀라운 책을 다시 만들어냈다'), 사람들은 책을 샀다(7만 부 이상이 팔렸고, 〈뉴욕 타임즈〉 베스트셀러 목록에서 4위를 차지했다). 그리고 카슨은 그녀의 다음 출판인이었던 휴톤 미플린이 광고비로 2만 달러를 사용하고도 적절하게 홍보하지 못했다고 불만스러워 했다.

박사 학위가 없었고, 공공단체에 소속되어 있지 않았음에도 다음 번 책을 출판하기 직전인 1960년대 초에 레이첼 카슨은 미국의 가장 유명한 과학 작가였다. 사람들은 그녀를 좋아했고, 언론 매체들은 그녀를 믿었으며, 정부도 그녀에게 호의적이었다.

1962년에 레이첼 카슨은 살충제, 특히 DDT라고 부르는 살충제에 대한 분노와 전면적인 논쟁을 다룬 《침묵의 봄》을 출판했다. E. B. 화이트에서 인용한 첫 페이지에서부터 《침묵의 봄》은 주제를 명확하게 밝혀 놓았다.

화이트는 '나는 인류라는 종에 대해서 비관적이다. 자신의 이익을 위해서 지나치게 창의적인 능력을 가지고 있기 때문이다. 자연에 대한 우리의 접근은 자연을 이겨 복종시키는 것이다. 만약 우리 자신을 지구라는 행성에 적응시키고, 오만하게 자연을 대하는 대신 감사하는 마음으로 대한다면 우리가 살아남을 더 많은 기회를 가질 수 있을 것이다'라고 했다.

제목이 '내일을 위한 우화'인 첫 번째 장은 순수하고 아름다운 도시의 이야기로 시작했다.

'미국의 중심부에 모든 생명체들이 주변과 조화를 이루며 살아가는 작은 도시가 있었다' '곡식이 자라는 들판과 언덕에 과수원이 있는 번창하는 농장'을 가지고 있는 도시. '푸른 들판 위로 흰 구름이 떠가는' 도시. '다양한 새들이 많이 있는 것으로 유명한' 도시. 그러나 어두운 구름이 먼 곳에서 나타났다. '그런 다음 이상한 어두운 그림자가 뒤덮더니 모든 것이 변하기 시작했다. …… 이상한 질병이 닭들을 휩쓸었고, …… 소와 양들이 병에 걸려 죽었다. …… 길가는…… 마치 불이 지나간 것처럼 갈색의 마른 풀들이 줄지어 섰다. …… 냇물에는 아무것도 살지 않았고, …… 모든 곳에 죽음의 그림자가 있었다' 특히 새가 이 이상한 악마의 희생자가 되었다. '새들은 ……어디로 갔을까? 뒷마

당의 모이통은 버려져 있었고, 남아 있는 몇 마리의 새들은 죽어 가고 있었다. …… 그들은 심하게 떨고 있었고 날 수 없었다' 한 때는 '개똥지바퀴, 비둘기, 어치, 굴뚝새 그리고 다른 여러 가지 새들의 새벽 합창이 울려 퍼지던 도시가 이제는 아무 소리도 들리지 않는 침묵의 도시가 되었다'《침묵의 봄》. 고통받는 것은 새들만이 아니었다. 카슨에 의하면 선천성 장애, 간 질환, 백혈병으로 고통받는 어린이들이 늘어나고 있었다. 그리고 여성들은 불임으로 고통받고 있었다.

'어른들뿐만 아니라 어린이들에게서도 갑작스럽고 설명할 수 없는 죽음이 많아졌다. 어린이들이 잘 놀다가 갑자기 병에 걸려 몇 시간 안에 죽어 갔다'

카슨은 처음부터 앞으로 일어날 수도 있는 이야기를 하고 있는 것이 아니라 이미 일어난 일을 이야기하고 있다는 것을 명확히 했다. 그녀는 '많은 공동체가 이미 고통받고 있다. 우리가 모르는 사이에 죽음의 망령이 우리 위를 뒤덮고 있다'라고 했다.

《침묵의 봄》은 살충제에 관한 이야기였다. 그림 형제들Brothers Grimm의 이야기처럼 읽을 수 있는 책이었다.

더 심각한 것은 우리들의 노력에도 불구하고 해충들이 반격한다는 것이었다. 전보다 더 강하고 더 많은 해를 주는 해충으로 변해 있었다. 우리의 반응은 단순히 더 많은 화학물질을 만드는 것이었다. 1947년부터 1960년 사이에 합성 살충제의 생산량이 5600만kg에서 2억 8900만 kg으로 늘어났다. 레이첼 카슨에 의하면 자연에 대한 우리의 전쟁은 우리 자신에 대한 전쟁이 되어버렸다.

《침묵의 봄》이 출판되기 몇 년 전에 미국 농무부가 DDT 사용을 일부 제한하기는(하천 오염으로 인해) 했지만 카슨의 책이 이 살충제를 결국은 지구 표면에서 사라지게 한 운동을 점화시켰다.

《침묵의 봄》이 출판되기 한 달 전인 1962년 8월 29일에 존 F. 케네디 대통령이 기자회견장에 나타났다. 한 기자가 질문했다.

'대통령님, 과학자들 중에는 많은 양의 DDT와 다른 살충제의 사용으로 인한 장기적인 부작용의 위험 가능성을 염려하는 사람들이 있습니다. 농무부나 공중보건 담당 부서가 이에 대해 자세히 조사하도록 할 생각은 없으십니까?'

케네디는 '예, 그들이 이미 그렇게 하고 있는 것으로 알고 있습니다. 내 생각에, 특히, 물론, 카슨 양의 책 이후 그들이 이 문제를 조사하고 있습니다'라고 대답했다.

카슨의 책은 이미 영향력을 발휘하고 있었다. 아직 책이 출판되기도 전이었다. 케네디는 그해 여름 〈뉴요커〉에 연재되었던 세 편의 초록을 통해 이 책을 알고 있었다.

케네디 대통령이 이것을 알아차린 유일한 사람은 아니었다. 출판되기 직전에 여러 신문과 잡지가 이 책을 우호적으로 소개했다. 과학 기자겸 편집자였던 월터 설리반Walter Sullivan은 '새로운 책에서 그녀는 우리를 혼내 주려고 했고, 대체적으로 성공했다'라고 썼다.

출판되고 2주 동안 《침묵의 봄》은 6만 5000부가 팔렸다.

그리고 2주 후인 1962년 10월에 〈이달의 책 클럽〉이 15만 부를 팔았다. 여기에는 이 책을 '인류를 위한 이 세기의 가장 중요한 연대기'라고 한 미국 대법원 대법관 윌리엄 O. 더글러스William O. Douglas의 평가가 큰 도움이 되었다.

그 해 크리스마스에는 《침묵의 봄》이 〈뉴욕 타임즈〉 베스트셀러 목록 1위에 올랐고 31주 동안 1위를 유지했다.

이 책의 판매는 미국으로 한정된 것이 아니었다. 22개 언어로 번역된 《침묵의 봄》은 '현대에 가장 영향력 있는 책 중 하나'라는 평가를 받으며 국제적인 베스트셀러가 되었다. 후에 〈뉴욕 타임즈〉와 〈뉴욕 공공 도서관〉은 《침묵의 봄》을 20세기 가장 중요한 100권의 책 중 하나로 선정했다.

카슨은 환경 전문가가 되었다. 《침묵의 봄》이 출판되고 한 달 후 제인 하워드Jane Howard라는 기자가 〈라이프〉지에 '점잖은 폭풍의 중심: 《침묵의 봄》의 조용한 평가'라는 제목으로 카슨의 인물평을 실었다.

하워드는 카슨을 '무서운 상대'라고 부르고 새로운 운동의 지도자라고 했다. 하지만 카슨은 미국 절제 운동의 뛰어난 지도자를 언급하면서 '나는 캐리 네이션Carrie Nation의 십자군을 시작하고 싶지 않다'고 말했다. '나는 우리가 보존하지 않으면 다음 세대가 우리가 알고 있는 자연을 알 수 있는 기회가 없을 것 같아 이 책을 썼다. 손상은 되돌릴 수 없다'

하워드는 카슨을 초기 여성 운동가라고 소개하려고 했지만 카슨은 반대했다. 그녀는 '나는 남성이나 여성이 한 일에 대해 관심이 없고, 사람들이 한 일에 대해 관심이 있을 뿐이다'라고 말했다.

이 책이 출판되고 2달 후에 인기 있는 텔레비전 프로그램으로 〈60분 뉴스〉의 전신인 〈CBS 리포츠〉의 진행자 에릭 세바라이드Eric Sevareid가 레이첼 카슨을 인터뷰했다.

1962년 11월 이틀 동안 세바라이드는 전이된 유방암으로 고통받고 있던 카슨과 이야기를 나눴다. 그리고 17개월 후 카슨은 사망했다. 병세가 완연해 야위고 수척했으며 방사선 치료 후유증으로 빠진 머리카락을 감추기 위해 두꺼운 검은 가발을 쓰고 있었음에도 카슨은 단정한 모습이었다. 이 인터뷰가 몇 달 후에 방영될 것을 알고 있었던 세바라이드는 인터뷰 말미에 프로듀서 제이 맥멀렌을 돌아보며 '제이, 당신은 사망한 지도적인 여성을 찍은 거야'라고 말했다. 레이첼 카슨이 전이된 유방암으로 세상을 떠나기 1년 전인 1963년 4월 3일에 〈CBS 리포츠〉는 '레이첼 카슨의 《침묵의 봄》'을 방영했다.

이 쇼에서는 카슨이 로버트 H. 화이트-스티븐스라는 과학자와 대결했다. 이 쇼를 보는 대부분의 미국인들은 '독이 든 책'을 한 손에 들고 있는 카슨이 거칠고, 선정적이며 매서운 눈매를 가지고 있을 것이라고 생각했으며, 반면에 화이트-스티븐스는 실험복을 입고 있는 빈틈없는 남성 이론가일 것이라고 예상했다. 이때는 여성 과학자들은 거의 존재하지 않던 1960년대 초였다.

그러나 쇼는 그렇게 전개되지 않았다. 과장법을 풍부하게 사용했던 화이트-스티븐스는 '만약 사람들이 카슨 양의 가르침을 충실하게 따른다면 우리는 다시 암흑시대로 돌아갈 것이고, 곤충과 질병 그리고 해충들이 다시 지구를 지배하게 될 것입니다'

라고 말했다.

반면에 카슨은 조용하고 침착하게 '우리는 살충제의 유익한 점에 대해 들었습니다. 우리는 살충제가 안전하다는 말을 많이 들었지만 이것의 위험성에 대해서는 거의 듣지 못했고, 이것들의 실패와 비효율성에 대해서는 듣지 못했습니다. 그럼에도 사람들은 화학물질을 받아들이라고 요구받았고, 이들의 사용을 묵인하라고 요구 받았습니다. 우리는 전체적인 내용을 모르고 있습니다. 따라서 나는 균형을 맞추고 싶습니다'라고 설명했다.

마지막 말을 한 사람은 화이트-스티븐스가 아니라 카슨이었다.

'우리는 지금도 정복에 대해 이야기 하고 있습니다. 우리는 아직도 우리 자신이 장엄하고 놀라운 우주의 아주 작은 부분에 지나지 않는다는 것을 생각할 정도로 성숙하지 못합니다. 우리 인류는 지금 우리의 성숙과 우리의 지배력이 자연에 대한 것이 아니라 우리 자신에 대한 것이라는 것을 증명해야 하는 이전에는 경험하지 못했던 도전에 직면해 있습니다'

1500만 명의 미국인들이 〈CBS 리포츠〉를 시청했다. 레이첼 카슨은 하나의 현상이 되었다. 몇 주일 후 카슨은 투데이 쇼에 출연했다. 이것은 수백만 명의 미국인들에게 살충제의 위험을 경고하는 또 다른 기회가 되었다.

〈CBS 리포츠〉가 방영된 다음날 후버트 험프리 상원의원(민주당-미네소타)이 정부 운영위원회에 살충제를 포함한 환경 위험에 대한 의회 조사 시행을 요구했다.

1963년 5월 15일 레이첼 카슨은 스타 증인으로 나타났다. 쟁점은 살충제 사용을 폭넓게 감시할 것인가가 아니라 어떤 기관이 그 일을 할 것인가 하는 것이었다.

식품의약국, 농무부, 내무부, 건강 교육 사회복지부가 관할권을 놓고 경쟁했다. 카슨이 마이크 앞에 앉자 위원장이었던 아브라함 리비코프Abraham Ribicoff 상원의원(민주당-코네티컷)이 '당신이 이 모든 것을 시작한 사람입니다'라고 말했다.

카슨이 증언을 마친 후 어니스트 그루엔닝Ernest Gruening 상원의원(민주당-알칸사스)이 《침묵의 봄》이 '역사의 흐름을 바꿔 놓을 것'이라고 말했다. 리비코프 위원회 회의가 있고 이틀 후 카슨은 상무부에 나타나 '살충제 위원회'가 살충제의 사용을 감시하도록 하자고 요구했다.

10년 후 카슨의 '살충제 위원회'는 환경 보호국이 되었다.

레이첼 카슨의 유명세가 커지자 아침에는 피넛츠 만화의 소재로 등장하는가 하면 오후에는 백악관의 부름을 받았다(피넛츠 만화에서 루시가 피아노를 치고 있는 작은 소년 슈뢰더에게 이야기를 하고 있다. '레이첼 카슨이 우리 달이 태어났을 때 지구에는 바다가 없었다고 말했단다.' 그러자 슈뢰더가 '레이첼 카슨! 레이첼 카슨! 레이첼 카슨! 레이첼 카슨 이야기 좀 이제 그만하면 안돼요!'라고 소리 지른다. 그러자 루시가 '우리 여자들도 우리의 영웅이 필요하단다'라고 대답한다).

《침묵의 봄》이 출판된 후 카슨은 사망할 때까지 1년 반 동안에 환경 단체인 미국 이작 월톤 리그에서 '보존상'을, 국립 오두본 협회에서 '오두본 메달'을, 미국 지리협회에서는 '쿨럼 지오그래픽 메달'을 받았다. 그리고 동물 복지협회에서는 '슈바이처 메달', 여성 국립 책 협회에서는 '여성 양심상', 국립 야생 연합회에서는 '올해의 보존인상'을 받았다. 후에 그녀는 미국 예술문학 아카데미 회원으로 선출된 네 명의 여성 중 한 사람이 되어 불후의 문학 거장들과 어깨를 나란히 했다.

레이첼 카슨의 영향력은 사망(1964년) 후에도 오랫동안 지속되었다. 17년 후인 1981년에는 '자유의 대통령 메달'을 받았으며 그로부터 20년 후에는 지구 온난화를 다룬 영화 〈불편한 진실〉을 통해 또 다른 환경 운동을 점화시킨 앨 고어가 카슨을 '환경 운동의 어머니'라고 찬양했다. 그는 '《침묵의 봄》은 야생에서의 울부짖음으로 시작되어, 깊은 감상과 철저한 연구 그리고 뛰어난 논쟁으로 역사의 흐름을 바꿔 놓았다. 이 책이 없었더라면 환경 운동은 많이 지연되었거나 시작되지도 못했을 수도 있다'라고 말했다.

오늘날 40세 이하의 대부분의 사람들은 레이첼 카슨의 이름을 들어보지 못했을 것이다. 그러나 1960년대에는 거의 모든 미국인들이 그녀의 이름을 알고 있었다.

해리엣 비처 스토브Harriet Beecher Stowe의 《엉클 톰스 캐빈》이 인권 법률 제정의 계기를 제공했던 것처럼, 그리고 업톤 싱클레어Upton Sinclair의 《정글》이 식품의약품 법률 제정에 기여했던 것처럼 레이첼 카슨의 《침묵의 봄》은 환경 법률 제정에 기여했다.

레이첼 카슨이 죽고 6년이 지난 1970년 1월 1일 리처드 닉슨 대통령이 국가 환경정책법에 서명하고 '환경 시대가 시작되었다'고 선언했다. 이 후 곧 의회에서는 환경위원회, 환경보호국, 산업안전보건국을 설치하는 법률안과 대기오염 방지법, 수질오염 방지법, 연방 살균제 살충제 쥐약법, 식수 안전법, 환경 살충제 통제법, 독성 물질 통제법, 멸종위험종법을 제정했다.

1970년 4월 22일 수백만 명의 미국인들과 수천만 명의 세계인들이 첫 번째 지구의 날을 축하했다. 보존주의가 환경주의로 바뀐 것이다.

시에라 클럽(1892년 창립), 국립 오두본 협회(1905년 창립), 야생생명 기금(1947년 창립), 자연 보존(1951년 창립)과 같은 단체들은 자연 자원 보존과 국립공원의 발전을 목표로 했다.

그러나 맑은 물 행동이나 자연자원 방어위원회와 같은 환경보호 단체들은 자연 보존단체들과 달랐다. 이들은 좀 더 열정적이었고, 좀 더 적대적이었으며, 덜 관용적이었다. 그들은 오염 방지, 맑은 공기와 물의 보호에 초점을 맞추었다. 그들은 사람들을 좋은 사람들과 나쁜 사람들로 구분했다. 그들은 화학 산업체를 운영하는 나쁜 사람들이 더 이상 그 일을 계속할 수 있도록 내버려 두려고 하지 않았다. 레이첼 카슨의 책으로 인해 태어난 이런 새로운 단체들은 보존단체 사람들을 놀라게 했다. 보존단체 사람들은 누구도 첫 번째 지구의 날에 참여하지 않았다.

소동이 가라앉은 후에 보니 레이첼 카슨은 영웅이 되어 있었다. 시대의 흐름을 바꾸어 놓은 책이 출판된 후 50년 동안 운동량을 축적하기만 해온 환경보호 운동의 여신이 되어 있었다. 한 환경운동 참가자는 '《침묵의 봄》의 저자로서 우리가 생각하는 레이첼 카슨은 현대 환경보존주의를 탄생시킨 어머니이고, 세상을 뒤흔든 이야기의 전달자이다. 실제 레이첼 카슨은 이런 카슨을 만난 적이 없다. …… 그녀가 세상을 떠난 후에 우리가 알고 있는 높이 솟아올라 세상을 영원히 밝히고 있는 카슨 자신에게도 낯선 새로운 카슨이 만들어졌다'라고 말했다.

레이첼 카슨의 《침묵의 봄》이 살충제의 분별없는 사용에 오랫동안 여운이 남는 빛을 비추기는 했지만 여기에도 결함이 있었다. 모든 사람들이 《침묵의 봄》을 좋아한 것은 아니다.

일부 비판은 작가들에 의한 것이었다. 〈타임〉 지는 카슨의 과장하는 경향을 비난했다.

'과학자들, 의사들 그리고 다른 기술적으로 훈련 받은 사람들도 《침묵의 봄》으로 인해 충격을 받았다. 그러나 그 이유는 다르다. 그들은 놀라운 사건을 만들어내는 카슨의 능력은 인정했다. 그러나 그가 만들어낸 사건은 공정하지 못했고, 일방적이었으며, 지나치게 강조되었다. 그의 주장에서 발견되는 많은 두려운 일반화는 명백한 근거를 가지고 있지 않았다.'

다른 비판은 예상했던 대로 화학 산업에서 제기한 것이었다. 당시 세계에서 클로르덴, 헵타클로르, 엘드린과 같은 살충제의 최대 생산자 중 하나였던 벨시콜은 《침묵의 봄》이 출판된 후 호튼 미플린을 명예훼손으로 고발하겠다고 위협했다. 그러나 몇 달 후 공장 중 하나에서 방출된 다량의 엘드린이 강을 오염시켜 미시시피 강 하류에서 500만 마리의 물고기가 떠오르자 벨시콜의 관심은 다른 곳으로 향했다.

이런 비판이나 위협은 놀라운 것이 아니었다. 그러나 한 가지 비판은 그렇지 않았다. 미국 의무감 루터 테리는 DDT를 독과 동의어로 만듦으로서 세상이 가장 위협적인 킬러와 싸우는 데 유용한 강력한 무기를 잃게 될 것을 염려했다. 그의 염려에는 이유가 있었다.

DDT는 길고 풍부한 역사를 가지고 있다.

1874년 독일의 스트라스보르그 대학 대학원생 오트마 자이들러Othmar Zeidler가 그의 논문을 위해 새로운 물질을 만들려고 하고 있었다. 그는 황산 안에서 포수클로랄과 클로로벤젠을 결합했다. 그 결과물이 DDT(클로로디페닐트리클로로에테인)였다.

이 화학물질의 성질에 관심이 없었던 자이들러는 DDT의 성질을 규명하지는 않았다. 그는 새로운 물질을 만들어 졸업하고 싶을 뿐이었다. 그 결과 DDT는 65년 동안 선반 위에 놓여 있었다.

1939년 스위스 바젤에 있는 J. R. 가이기 회사의 직원이었던 폴 뮬러Paul Muller가 옷에 손상을 주지 않으면서 옷좀나방을 죽이는 방법을 연구하다가 우연히 자이들러가 만들었던 DDT를 발견했다. 그는 이 물질에 대한 새로운 사실을 알아내고 놀랐다. DDT는 좀나방뿐만 아니라 파리, 모기, 이, 진드기와 같은 세계에서 가장 치사율이 높은 질병을 옮기는 곤충들도 죽였다. 게다가 DDT의 살충 효과는 여러 달 동안 지속되었다.

제2차 세계대전이 발발하자 전쟁이 질병을 퍼트린다는 것을 알고 있었던 J. R. 가이기J. R. Geigy는 DDT의 제조법을 독일과 연합군에게 배포했다. 독일은 이것을 무시했지만 미국과 영국은 그렇지 않았다. 미국 신시내티 케미컬 워크스가 최초로 DDT를 대량 생산했다. 곧 14개 미국 회사와 여러 개의 영국 회사가 합세했다. DDT의 생산은 가장 알맞은 시기에 이루어졌다. 그 이유는 발진티푸스였다.

이가 옮기는 질병인 발진티푸스(리케치아 프로바체키)는 이것을 발견한 두 연구자 하워드 리케츠와 스타니슬라우 프로바체크의 이름을 따서 명명되었다. 두 사람 모두 이 질병으로 죽었다. 사람 몸에 기생하는 이가 발진티푸스 균을 포함하고 있는 똥을 피부 위에 싸놓았다. 심한 가려움으로 긁으면 세균이 피부 안으로 침투한 다음 혈액 안으로 들어갔다.

발진티푸스에 걸리면 오한, 열, 두통, 발진, 혼수상태, 죽음과 같은 증상이 뒤따랐다. 제2차 세계대전 동안에 전투에서 죽은 사람보다 발진티푸스로 죽은 사람들이 더 많았다.

1944년 1월 DDT가 발진티푸스가 유행하고 있던 이탈리아의 나폴리에서 처음 사용되었다. 이 박멸 센터를 설치한 다음 연합군은 매일 7만 2000 명의 이탈리아 시민들에게 DDT를 뿌렸다. 총 1300만 명의 이탈리아인들에게 DDT를 살포하자 3주 안에 전염병이 통제되었다.

1944년 말에는 매달 45만kg 이상의 DDT가 생산되었고 새로운 무기를 확보한 보건 담당관들은 수백만의 군인들에게 DDT를 뿌렸다. 또한 병영 전체를 DDT로 소독했으며, 해병대가 상륙하기 전에 섬 전체에 DDT를 뿌리기도 했다.

1945년에는 DDT의 생산량이 1600만kg에 달했다. 당시 독일이나 일본은 DDT를 사용하지 않았기 때문에 어떤 사람들은 DDT가 연합군이 승리하는 데 도움을 주었다고 주장하기도 했다.

DDT는 수용소 생존자들에게 기생하던 이를 박멸하는 데도 사용되었다. 베르겐-벨전에 있던 수용소와 관련된 이야기는 극적이다. 1945년 해방 당시 2만 명 이상의 포로들이 발진티푸스에 감염되어 있었다. 수용소를 해방시킨 영국 군인들은 수용소에 진입한 다음 처음 한 일이 생존자들을 소독하는 일이었다. 대부분의 포로들은 이 일에 회의적이었다.

수용소 생존자 중 한 명은 후에 다음과 같이 회고했다.

'병원에서 2일 내지 3일을 보낸 다음 우리는 처음으로 살충제인 DDT를 보았다. 영국 군인들이 DDT가 든 분무기를 병원으로 가지고 들어 왔을 때 우리 모두는 경멸의 태도로 그들을 바라보았다. 그들은 이 흰색 가루를 이용하여 수많은 이들을 모두 없애버리려 하고 있었다! 그리고 바로 우리 눈앞에서 기적에 가까운 일이 일어나기 시작했다. 끊임없이 괴롭히던 가려움과 심한 통증, 피부에 생겼던 구멍이 서서히 사라지기 시작했다. 동시에 우리가 느낀 이 위대한 안도감이 우리가 정말로 해방되었다는 것을 실감할 수 있도록 했다.' (베르겐-벨젠 포로 중 한 명이었던 안네 프랑크Anne Frank에게는 해방이 너무 늦게 찾아왔다. 그는 발진티푸스로 죽었다.)

1948년 DDT가 공중건강에 유익하다는 것을 밝혀낸 업적으로 폴 뮬러는 노벨 생리의학상을 수상했다.

그러나 발진티푸스의 위협은 어떤 질병보다 더 많은 사람들의 목숨을 앗아갔고, 아직도 많은 사람들을 괴롭히고 있는 말라리아의 위협에 비하면 아무것도 아니다. 학질모기에 물려 전염되는 말라리아 기생충은 간과 혈액을 감염시켜 고열, 오한, 출혈, 방향 감각 상실, 사망을 유발한다.

레이첼 카슨이 《침묵의 봄》을 출판하던 1962년에는 말라리아와 싸우는 가장 좋은 무기가 키니네나 클로로퀸과 같은 약품이나 모기장, 늪지 배수와 같은 환경관련 조치들이 아니었다. 논란의 여지는 있지만 말라리아와 싸우는 가장 좋고 가장 싸며 가장 효과적인 무기는 DDT였다.

남아프리카의 DDT 살포 프로그램 결과 1945년에는 1177명이나 발생했던 말라리아 환자가 1951년에는 61명으로 줄어들었다. 타이완에서는 1940년대 중반에 100만 명이 말라리아에 걸렸지만 1969년에는 9명으로 줄어들었다. 사르디나에서는 1946년에 7만 5000명이었지만 1951년에는 5명으로 줄어들었다.

말라리아는 미국에서도 심각한 문제였다. 1900년대 초에는 미국에서 매년 100만 명의 말라리아 환자가 발생했다. 주택의 발전, 생활수준의 향상, 모기 서식지의 통제로 인해 말라리아 환자의 수가 줄어들기는 했지만 여기에는 DDT 살포가 큰 도움을 주었다. 특히 농촌지역에서 효과적이었다. 1945년 1월과 1947

년 9월 사이에 MCWA(전쟁 지역에서의 말라리아 통제)가 실시한 프로그램의 일환으로 미국 남동부에서 300만 채 이상의 가옥에 DDT가 살포되었다. 1952년에 미국은 말라리아 청정지역으로 선포되었다(조지아 주 애틀랜타에 위치해 있던 MCWA는 명칭을 질병 통제 센터로 바꿨다).

1955년에 세계보건기구가 관장하는 세계보건총회가 DDT를 핵심으로 하는 세계적인 말라리아 박멸 프로그램을 시작했다. 이 프로그램이 행동을 개시한 1959년에 3억 명 이상이 DDT로 목숨을 구했다. 1960년에는 11개 나라에서 말라리아가 박멸되었다.

말라리아 환자의 수가 줄어들자 기대 수명이 늘어났고, 식량 생산, 땅의 가치, 상대적인 부 역시 증가했다.

WHO 프로그램으로 가장 많은 도움을 받은 나라는 1960년에 DDT 살포를 시작한 네팔일 것이다. 그 당시 200만 명 이상의 네팔인들이 말라리아로 고생하고 있었고, 이들 대부분은 어린이들이었다. 1968년에는 말라리아 환자의 수가 2500명으로 줄어들었다. 말라리아 통제 프로그램 이전에는 네팔의 기대 수명이 28세였지만 1970년에는 42세로 늘어났다.

모기가 옮기는 질병은 말라리아뿐만이 아니다. DDT는 황열

병과 댕기열의 발생도 극적으로 줄였다. 그리고 DDT는 벼룩도 죽인다. 쥐에 기생하는 벼룩은 발진열을 옮기고, 초원 들개나 땅다람쥐에 기생하는 벼룩은 흑사병을 옮긴다. 많은 나라에서 이러한 질병이 거의 사라진 것을 감안하여 1970년에 국립과학아카데미는 DDT가 5억 명의 생명을 구했다고 추정했다. DDT가 인류 역사상 다른 어떤 화학물질보다도 더 많은 생명을 살렸다고 할 수 있다.

하지만 환경보호주의자들은 그렇게 보지 않았다. 레이첼 카슨의 《침묵의 봄》에 의해 고무된 환경보호주의자들은 DDT의 제거를 목표로 했다.

1969년 위스콘신과 애리조나가 DDT의 사용을 금지했다. 미시간도 뒤따랐다. 지역 신문에 공식적인 사망기사가 실렸다.

'사망. DDT, 나이 95. 완고한 살충제 그리고 한때는 인도주의자. 제2차 세계대전의 가장 위대한 영웅 중 하나였지만 작가 레이첼 카슨에 의해 살인자로 지목된 후 명성이 사라짐. 병마에 시달리다 미시간에서 6월 27일에 사망함. 유족으로는 딜드린, 알드린, 엔드린, 클로르대인, 헵타클로르, 린데인, 톡사펜이 있음. 화환은 사양함.'

역설적인 것은 살아남아 있는 화학물질들이 DDT보다 인간에게 훨씬 더 위험하다는 것이었다.

살충제에 대한 대중들의 두려움을 알고 있었던 리처드 닉슨 대통령은 농무부에서 적절한 대체 살충제 개발이 가능하지 않을 것이라고 예상했음에도 불구하고 1970년 말까지 미국에서 DDT의 사용을 금지하겠다고 약속했다.

1972년에 새롭게 만들어진 환경보호국 책임자였던 윌리엄 러클하우스William Ruckelshaus가 범미보건기구, 세계보건기구 그리고 많은 미국 공중건강 옹호 단체들의 강력한 반대에도 불구하고 미국에서의 DDT 사용을 금지했다. 다른 나라들도 이에 따랐다.

공중보건 당국자들은 다가올 재앙을 예견하고 여러 국가들에게 DDT를 계속 생산할 것을 요구했지만 때는 이미 너무 늦었다. 1970년대 중반에 환경보호단체들의 압력을 받아 국제 DDT 지지 프로그램이 사라져버렸다. 《침묵의 봄》에 의해 고무된 사람들이 DDT로부터 모기를 구한 것이다. 대신 모기에 의해 죽어가는 어린이들을 구하지는 않았다.

DDT를 사다리로 삼아 미국은 시궁창을 나올 수 있었고, 학질

모기를 박멸하여 더 이상 시민들이 말라리아로 고통받지 않게 되었다. 그런 다음 환경보호라는 이름으로 미국인들은 사다리를 걷어버렸다. 이로 인해 개발 도상 국가들은 제대로 작동하지 않는 생물학적인 방법이나 그들에게 부담스러운 말라리아 치료제 중 하나를 선택해야 했다.

환경보호국이 미국에서 DDT 사용을 금지한 1972년 이후 약 5000만 명이 말라리아로 죽었다. 그들 중 대부분은 다섯 살 미만의 어린이들이었다.

《침묵의 봄》이 준 충격의 예는 얼마든지 있다.

1952년과 1962년 사이 인도에서 DDT 살포로 매년 발생하는 말라리아 환자의 수가 1억 명에서 6만 명으로 줄었다. 하지만 더 이상 이 살충제를 사용할 수 없게 된 1970년대 말에 말라리아 환자의 수는 다시 600만 명으로 늘어났다.

스리랑카에서 DDT 사용 전에는 280만 명이 말라리아로 고통받았다. DDT 살포를 중지한 1964년에는 단지 17명만이 말라리아에 걸렸다. 그러나 더 이상 DDT를 사용할 수 없게 된 1968년과 1970년 사이에는 스리랑카에서 말라리아가 크게 유행하여 1500만 명이 감염되었다.

1997년에 DDT 사용을 금지한 남아프리카에서는 말라리아 환자의 수가 8500에서 4만 2000으로 늘어났고, 사망자도 22명에서 320명으로 늘어났다.

결국 99개 나라에서 사라진 말라리아 대부분은 DDT를 사용해서 박멸했다. 때문에 작가 마이클 크라이튼은 'DDT의 사용 금지는 20세기에 있었던 가장 수치스러운 사건이다. 우리는 DDT 사용 금지가 가져올 결과에 대해 더 많은 것을 알고 있었지만 DDT의 사용을 금지했고, 이로 인해 세계의 많은 사람들이 죽어가는 것을 방치했다. 우리는 이에 대해 조금도 개의치 않았다'라고 썼다.

환경보호주의자들은 DDT를 독극물이라고 생각했다. 그들은 DDT의 사용을 금지하면 더 많은 사람들이 말라리아로 죽어 가겠지만, DDT의 사용을 금지하지 않으면 백혈병을 비롯한 여러 가지 암뿐만 아니라 다양한 다른 질병으로 고통을 받다 죽어갈 것이라고 주장했다.

그러나 이런 주장에는 한 가지 문제가 있었다. 《침묵의 봄》에서의 카슨의 경고에도 불구하고 유럽, 캐나다, 미국에서의 연구는 DDT가 간 질환, 조산, 선천성 장애, 백혈병 그리고 그녀가 주장했던 어떤 다른 질병도 유발하지 않는다는 것을 보여주었다. 실제로 DDT 시대에 미국에서 증가했던 암은 흡연으로 인해 발생하는 폐암이었다.

논란의 여지는 있지만 DDT는 지금까지 발명된 가장 안전한 살충제였다. DDT의 사용이 금지된 후 DDT 대신 사용하는 다른 어떤 살충제보다 DDT가 안전하다.

환경보호주의자들은 지구에 우리만 사는 것이 아니라고 주장한다. 우리는 다른 많은 생명체들과 함께 지구를 공유하고 있다는 것이다. 우리는 그들에게도 책임이 있는 것이 아닐까?

《침묵의 봄》의 마지막 역설은 레이첼 카슨이 DDT가 인간에게 주는 영향을 과장했을 뿐만 아니라 동물의 건강에 주는 영향에 대해서도 과장했다는 것이다.

레이첼 카슨은 처음에 책 제목을 《자연에 대항하는 인간》이라고 정했었다. 그러나 그녀의 대리인이었던 마리 로델Marie Rodell은 시적이지 못한 제목이라고 생각했다. 따라서 카슨에게 영국의 낭만파 시인 존 키츠John Keats가 쓴 '자비심 없는 아름다운 여인'라는 시의 '호수에서부터 풀들이 시들어가고/아무 새도 울지 않는다'라는 구절을 보여주었다.

이렇게 해서 《침묵의 봄》이라는 제목이 탄생했다. 카슨의 글은 확실했다. DDT가 새들을 죽이고 있다.

그러나 증거는 그녀의 주장과 달랐다.

겨울마다 국립 오두본 협회는 크리스마스 새 개체수를 조사한다. DDT를 사용하기 전인 1941년과 DDT를 적어도 20년 동안 사용한 후인 1960년에 26가지 새들의 개체수를 조사한 결과 모든 새들의 개체수가 증가했다. 《침묵의 봄》에서 카슨은 DDT가 찌르레기, 울새, 들종다리, 홍관조에게 해를 끼치는 특수한 경우에 초점을 맞췄다. 그러나 적어도 크리스마스 개체수 조사에 의하면 이 새들의 수는 오히려 약 다섯 배나 증가했다.

DDT에 의해 피해를 본다고 주장한 또 다른 새인 미국의 힘과 자유를 상징하는 독수리에 대해 카슨은 '울새와 마찬가지로 또 다른 미국 새도 멸종 위기에 처해 있다. 그것은 미국의 상징인 독수리이다. 독수리의 수는 지난 10년 동안 놀라울 정도로 줄어들었다'라고 썼다. 그 증거로 플로리다 서부 해안에 살고 있던 은퇴한 은행가 찰스 브롤리Charles Broley가 발견한 것을 인용했다.

브롤리는 탐파와 포트 마이어스 사이의 대머리독수리 둥지 수가 줄어드는 것을 알아냈다. 카슨은 이것이 DDT가 사용되기 이전(1940년 이전)의 일이라는 것과 서식지 파괴와 스포츠나 다른 것을 보호하기 위한 지나친 사냥이 그 원인이라는 것을 언급하지 않았다.

실제로는 DDT가 가장 많이 사용되던 1939년과 1961년 사이에 시행한 크리스마스 개체수 조사는 독수리의 개체수가 증가했다는 것을 보여주었다. 그 이유는 1940년에 제정한 독수리의 사냥이나 포획을 금지한 독수리 보호 법안 때문이었다. DDT의 사용이 금지되기 전 10년 동안 대머리독수리의 둥지 수는 두 배로 늘어났다.

DDT를 가장 많이 사용했던 기간 동안에 새들의 개체수가 증가한 것은 우연의 일치가 아니었다. DDT가 곤충으로 인해 생기는 말라리아, 뉴캐슬 병, 뇌염, 리케차두창, 기관지염과 같은 다양한 질병으로부터 새들을 보호해주었으며 식물에 해를 주는 곤충을 구제하여 새들이 먹을 수 있는 더 많은 씨앗과 과일을 확보할 수 있게 되었기 때문이었다.

레이첼 카슨은 국립 오두본 협회 회원이었을 뿐만 아니라 매년 시행되는 크리스마스 개체수 조사에도 참여했다. 따라서 새들 개체수 변화에 대한 자료를 가지고 있었을 것이다. 그러나 그녀는 그런 자료들을 무시했다.

《침묵의 봄》에서 카슨은 서식지 파괴, 알의 수집, 사냥이 새의 개체수를 줄이는 원인일 수 있다는 것을 전혀 언급하지 않았다.

그것은 살충제 마녀 사냥이었다.

도날드 로버트와 그의 동료들은 《뛰어난 가루: DDT의 정치적 과학적 역사》에서 '1960년대는 물론 현재의 《침묵의 봄》 독자들도 시적인 언어와 상상력에 감명 받는다. 그러나 훌륭한 문장과는 달리 과학적으로는 가볍다는 과학자들의 지적을 피해가기는 어렵다'라고 주장했다. 그리고 '화학과 자연 세계를 연구하는 과학자들이나 학생들은 《침묵의 봄》이 법률의 제정, 정책 수립, 질병 통제를 위한 세계적 전략에서 어떻게 과학을 배제시킬 수 있었는지를 납득하지 못하고 있다.'

1970년대 초 EPA가 DDT의 사용을 금지할 때 이미 인간 질병이나 야생 생물에게 주는 영향에 관한 많은 정보를 확보하고 있었다. 이런 정보들은 환경방어기금(EDF)이 주최한 청문회에서도 제시되었다. EDF 관리들은 대중이나 매체 그리고 정치가들이 DDT가 얼마나 해로운지만 듣기를 원했다. 따라서 그들은 다양한 환경보호주의자들을 불러 그들 대신에 증언하도록 했다.

그러나 건강 관련 관리들은 이러한 시도를 그대로 두고 볼 수 없어 화학, 독성학, 농업, 환경보건 분야의 전문가들을 증인으로 불렀다.

8개월 동안 계속된 청문회에서 125명의 증인이 증언했고, 365회의 전시가 있었으며 9312쪽짜리 보고서가 작성되었다. 청문회가 끝났을 때 청문회 조사관이었던 에드워드 스위니Edward Sweeney가 판결을 내렸다.

'DDT가 사람에게 암을 발생시키지 않으며 선천성 장애를 유발하지 않는다. 이것과 관련해 등록된 DDT의 사용이 민물고기, 강하구 생명체, 야생 조류나 야생 생명체들에게 해로운 영향을 주지 않는다. EDF는 충분한 증거를 찾아내지 못했다. 이 경우에 정의된 기본적인 목적을 위해 현재로서는 DDT의 계속적인 사용이 필요하다.'

새로 설립된 환경보호국의 책임자였던 윌리엄 러클하우스는 이 청문회에 참석하지 않았다. 청문회가 끝난 다음에 보고서를 읽지도 않았다.

1972년 6월 2일 러클하우스는 일방적으로 DDT의 사용을 금지시켰다. 그것은 대중들의 감정을 의식한 정치적인 결정이었다. 이는 국제적인 DDT 반대 운동을 점화시켜 세계에서 DDT 사용이 금지되도록 했다.

화학 회사들은 이것을 크게 개의치 않았던 것 같다. DDT는 농경에 사용되는 여러 가지 살충제 중 하나일 뿐이었다. 그리고 농업 시장이 공중건강 시장보다 훨씬 더 경제성이 있었다.

이제 DDT는 더 비싸면서도 사람들에게 훨씬 더 해로운 다른 농약으로 대체되었다.

레이첼 카슨은 많은 방법으로 중요한 경고를 했다. 그녀는 우리가 환경에 주는 충격에 좀 더 많은 관심을 가져야 한다고 주장한 첫 번째 사람이었다(실제로 기후 변화는 인간 활동의 직접적 결과이다). 그녀는 또한 DDT가 환경에 축적된다고 경고한 첫 번째 사람이었다(살포를 중지했지만 아직도 생태계에서 DDT와 DDT의 부산물이 발견되고 있다). 그리고 생물학적 곤충 통제가 중요할 것이라고 한 그녀의 예측은 옳았다(《침묵의 봄》이 출판되고 수십 년이 지난 다음 모기의 유충을 죽이는 바실루수 투린지엔시스 이스라엘렌시스(Bti) 세균이 말라리아 박멸 프로그램에 포함되었다).

불행하게도 레이첼 카슨은 한 걸음 더 나갔다. DDT가 어린이의 백혈병을 유발한다고 주장하고, 멀쩡하던 어린이가 몇 시간 후 죽을 수도 있다고 말한 순간 미국 시민들은 공포 속으로 몰아넣어졌다. 레이첼 카슨은 그녀가 주장했던 것과는 달리 과학자가 아니라 진실을 그녀의 편견에 맞추려고 했던 논객이었다.

《침묵의 봄》은 서정적이고, 호소력이 있었으며, 극적이었기 때문에 성공했다. 그러나 이 책이 이렇게 엄청나게 큰 충격을 준 데에는 또 다른 이유가 있었다. 《침묵의 봄》은 성서적이었다. 이 책은 우리가 우리의 창조자에게 죄를 짓고 있다는 생각에 호소했다.

이 책은 에덴동산에서부터 시작한다.

'미국 중심부에 모든 생명체들이 주변 환경과 조화를 이루며 살아가고 있는 마을이 있었다'

그러나 인간이 지식의 나무 열매를 먹고 경제성장이라는 거짓 신을 숭배하면서 낙원을 파괴하기 시작했다. 그 결과 '죽음의 그림자가 사람들과 땅 위에 드리우게 되었다.' 그리고 인간은 에덴에서 쫓겨나 그을린 땅에서 수고를 하며 모든 종류의 질병으로 고통받게 되었다.

그러나 사실은 레이첼 카슨의 에덴동산은 존재하지 않았다. 그리고 자연은 균형을 유지한 적이 없었다. 논쟁의 여지는 있지만 자연은 끊임없는 흐름이었고, 혼돈의 연속이었다. 간단한 사실은 어머니 자연이 그다지 어머니답지 못하다는 것이다. 자연은 우리를 죽일 수 있고, 우리가 반격하지 않으면 실제로 우리를 죽일 것이다.

한 과학자는 '카슨이 옛날에 있었던 미국 마을에 이상적인 생활의 그림을 그렸다. 이곳에서는 모든 것이 자연과 조화롭게 균형을 이루고 있었으며 행복과 만족이 끝없이 계속 되었다'라고 말했다.

'그러나 그녀가 그린 그림은 환상이었다. 그녀가 설명한 시골의 이상향은 기껏해야 35년 정도밖에 안 되는 짧은 평균수명에 의해 심하게 얼룩져 있었다. 그리고 갓 태어난 100명의 아기들 중 20명 이상이 5세 이하에서 죽는 높은 유아 사망률과 산후열과 폐결핵으로 20대에 죽는 어머니들 그리고 전해 여름의 흉년으로 길고, 어둡고, 추운 겨울을 보내면서 기아에 허덕이던 사람들과 집에 기생하는 각종 해충들에 의해 얼룩져 있었다. …… 틀림없이 그녀는 우리 시계를 사람들이 자연의 조화 속에 잠겨 겨우 자신을 지탱할 수 있었던 시대로 돌려놓아야 한다고 생각할 만큼 순진하지는 않았을 것이다.'

환경 과학자이고 《땅의 변화》의 저자인 윌리엄 크로논William Cronon은 카슨의 주장을 더욱 비논리적인 결말로 이끌어갔다.

'인류가 지구상에서 자연스럽게 살아갈 수 있을 것이라는 희망을 가질 수 있는 유일한 방법은 문명이 우리에게 준 모든 것을 버리고 에덴의 야생으로 돌아가 수렵과 채취 생활을 하는 것이라는 결론에 도달하는 것은 어렵지 않다. 우리가 자연에 들어감으로써 자연이 죽는다면 자연을 구하는 유일한 길은 우리를 죽이는 것뿐이다.'

생물학자였던 I. L. 볼드윈I. L. Baldwin도 비슷한 이야기를 했다.

'현대 농경, 현대 공중보건, 현대 문명은 자연이 진정한 균형으로 돌아가려는 것에 대항하는 잔인한 전쟁 없이는 존재할 수 없다.'

카슨은 그렇게 보지 않았다. 실제로는 존재하지 않았던 세상을 생각하고 있던 그녀는 모든 농경 사회가 곤충으로 인한 질병과 곤충으로 인한 기근에 시달렸다는 사실을 무시하고 '원시적인 농경 방법을 사용하던 농부들이 곤충들로 인한 어려움을 겪지 않았다'라고 썼다.

2006년에 세계보건기구가 실수를 알아차리고 사용을 반대하는 정치적 압력에 굴복하지 않고 DDT에 대한 태도를 바꿨다. 2006년 9월 15일 세계 말라리아 프로그램의 책임자인 아라타 코치Arata Kochi 박사가 새로운 정책을 발표했다.

'나는 나의 직원들과 전 세계 말라리아 전문가들에게 묻는다. '우리는 이 질병과 싸우기 위해 모든 가능한 무기를 사용했는가?' 그렇지 않다는 것이 확실하다. 말라리아에 대항하는 하나의 확실한 무기가 사용되지 않고 있다. 매년 100만 명에 가까운 어린이들의 (주로 아프리카에 있는) 목숨을 구하는 전쟁에서 세계는 그들의 집과 주거지에 살충제 사용을 주저하고 있다. 특히 디클로로디페닐트리클로로에테인 또는 DDT라고 알려진 가장 효과적인 살충제의 사용을 주저하고 있다.'

시에라 클럽은 코치를 지지했고, 살충제 행동 네트워크는 지지하지 않았다.

30년 이상 동안 말라리아가 창궐했던 나라들이 생명을 구하는 화학물질을 거부했다. 대체 살충제가 있었고 일부 대체 살충제가 사용되기도 했다. 그러나 어떤 화학물질도 DDT만큼 싸면서도 효과적이고, 효과가 오래 지속되지 못했다. 그 결과 어린이가 대부분인 수백만 명이 목숨을 잃었다.

카슨의 지지자들도 이러한 비판을 들었다. 그들은 카슨이 더 오래 살았다면 DDT의 사용 금지를 추진하지 않았을 것이라고 주장했다. 실제로 카슨이 《침묵의 봄》에서 '화학 살충제를 절대로 사용하지 말자고 주장하지는 않았다'라고 말했다. 그러나 그녀의 주장은 DDT가 백혈병, 간 질환, 선천성 장애, 조산 그리고 다른 많은 만성 질환을 유발한다는 것이었다.

영향력 있는 저자가 한편으로는 DDT가 백혈병(1962년에는 사형선고와 같았던)을 유발한다고 주장하면서 한편으로는 이 화학물질의 전면 금지가 아닌 다른 조치를 기대했다고 주장하는 것은 있을 수 없는 일이다.

레이첼 카슨은 《침묵의 봄》에서 '문제는 문명이 생명체 자체를 파괴하지 않고 생명체에 대한 잔인한 전쟁을 계속할 수 있는가 하는 것이다. 그리고 문명이라고 불리는 권리를 잃지 않으면서'라고 말했다. 《50의 침묵의 봄: 레이첼 카슨의 거짓 위기》의 공동저자인 로저 마이너스Roger Meiners는 이에 대해 다음과 같이 반박했다.

'이 수사적인 질문을 다른 것으로 바꾸어 놓았다. 새로운 기술이 부정적인 결과를 가져올지도 모른다는 이유로 기아와 질병을 줄일 수 있는 새로운 기술을 거부하는 모든 문명이(숲에 있는 가상적인 새를 위해 손 안에 들고 있는 실제 새를 포기하는 문명이) 문명이라고 불릴 자격을 가지고 있을까?'

레이첼 카슨과 DDT 사용금지로부터 배울 수 있는 교훈은 앞에서 이미 이야기했던 통계 자료가 모든 것을 말해준다는 것과 새로운 두 가지이다.

환경보호국(EPA) 관리들이 DDT의 사용 금지를 결정할 때, 그들은 선택할 수 있는 두 종류의 자료를 가지고 있었다.

하나는 화학, 독성학, 농경, 환경보건 분야에서 일하는 100명 이상의 전문가들이 만든 수백 개의 그래프와 그림을 포함하고 있는 9000쪽 이상의 보고서였다. 이 보고서는 DDT가 새들을 죽이지 않고, 물고기를 죽이지 않으며, 사람들에게 만성 질병을 유발하지 않는다고 결론짓고 있었다. 이 보고서는 엄청나게 지루했지만 정확했다.

또 다른 증거는 아름답게 쓰였고, 성서적인 배음으로 가슴을 뛰게 만드는 이야기인 레이첼 카슨의 《침묵의 봄》이었다. 그러나 전문가들의 보고서와는 달리 이것은 충분한 자료를 포함하지 않은 긴 일화였다.

예를 들면 DDT로 인해 독수리가 죽어간다는 것을 증명하기 위해 카슨은 새 관찰이 취미인 플로리다의 은퇴한 은행가의 관찰에 의존했다.

결국 DDT의 사용을 금지하기로 한 EPA의 결정은 자료를 기반으로 이루어지지 않았다. 그것은 잘못된 정보로 인한 공포를 기반으로 하고 있었다.

카슨의 이야기는 또 다른 교훈을 제공한다. 16세기 스위스 의

사이며 철학자였던 파라켈수스Paracelsus는 '복용하는 양이 독성 여부를 결정한다'고 말했다.

레이첼 카슨이 《침묵의 봄》을 썼을 때 그녀는 활발하게 활동하고 있던 공동체 의식을 가진 젊은 행동가들이 지지했던 1960년대의 자연 회귀 심리에 호소했다.

인간이 만든 활동이 환경을 파괴한다는 카슨의 기본적인 전제는 옳았다. 레이첼 카슨 덕분에 오늘 우리는 우리가 지구에 주는 충격에 좀 더 관심을 가지게 되었다. 하지만 불행하게도 카슨은 해로운 모든 물질은 농도나 복용량에 관계없이 완전하게 금지해야 한다는 무관용의 개념도 탄생시켰다. 많은 양의 DDT(농작물에 사용하는 것과 같은)가 해를 끼칠 가능성이 있다는 이유로 적은 양의 DDT(모기를 예방하기 위해 사용하는 것과 같은)의 사용도 금지해야 한다는 것이다. 어떤 면에서 레이첼 카슨은 사전예방원리의 초기 지지자였다. 그러나 마지막 장에서 소개할 암 검사 프로그램의 경우에서와 같이 우리는 지나치게 조심스러워 하지 않도록 조심해야 한다.

# 노벨상 질병

교만은 패망의 선봉이요
거만한 마음은 넘어짐의 앞잡이니라

잠언 16장 18절

오늘날의 비타민 제품 생산자들은 그들의 수십억 달러짜리 사업이 한 사람에게 큰 빚을 지고 있다는 사실을 알아야 한다. 노벨상 수상자인 그는 자신의 전공 분야에서 멀리 떨어진 곳을 거닐다가 많은 양의 비타민 보충이 오래 살고, 더 건강하게 한다고 우리가 믿도록 만들었다. 그러나 실제로는 많은 양의 비타민 보충이 암과 심장병의 위험을 증가시킬 뿐이다.

라이너스 폴링Linus Pauling은 천재였다.

1931년에 폴링은 미국 화학협회 저널에 〈화학 결합의 성격〉이라는 제목의 논문을 발표했다. 그 당시 화학자들은 이미 두 가지 다른 형태의 결합에 대해 알고 있었다.

한 원자는 전자를 주고 다른 원자는 전자를 받아들이는 이온결합과 원자들이 전자를 공유하는 공유결합이 그것이었다.

폴링은 화학 결합이 꼭 이 두 가지 중 하나일 필요가 없으며 그 중간의 결합도 가능하다고 했다. 이것은 놀랍고 새로운 개념이었고 최초로 양자물리학과 화학을 결합시킨 개념이었다.

화학결합에 대한 폴링의 설명은 매우 혁명적이고 시대를 앞서가는 것이어서 학술잡지의 편집자는 이 논문을 평가할 전문가를 찾기 어려웠다. 알베르트 아인슈타인도 '이것은 나에게 너무 복잡하다'라고 말했다.

이 논문 하나로 라이너스 폴링은 미국에서 가장 뛰어난 화학자에게 주는 랭뮈어 상을 받았고, 과학자에게 수여되는 가장 큰 명예인 국립과학아카데미 회원으로 선출되었으며, 과학과 엔지니어 분야에서 세계에서 가장 권위 있는 대학 중 하나인 캘리포니아 공과대학의 정교수가 되었다. 그때 그의 나이는 불과 30세로, 화학자로서의 인생을 막 시작하고 있을 때였다.

1949년 폴링은 사이언스에 〈겸상적혈구빈혈증: 분자 질병〉이라는 제목의 논문을 발표했다. 그 당시 과학자들은 백혈구가 둥근 원반 모양에서 얇고 좁은 낫 모양으로 바뀌면 겸상적혈구 질병으로 고통받는다는 것을 알고 있었다. 그들이 모르고 있었던 것은 그렇게 바뀌는 이유였다.

폴링은 겸상백혈구 질병을 앓고 있는 환자의 백혈구에 포함되어 있으면서 폐에서 몸으로 산소를 운반해 주는 헤모글로빈이 약간 다른 전하를 띠고 있다는 것을 발견했다. 이것은 과학자가 최초로 질병을 분자 단위에서 설명한 것이었다. 이로 인해 분자생물학 분야가 시작되었다.

1951년 폴링은 국립과학아카데미 초록에 〈단백질 구조〉라는 제목의 논문을 발표했다. 또 하나의 커다란 발견이었던 이 논문에서 폴링은 단백질이 스스로 접혀 인식할 수 있는 형태를 만든다는 것을 보여주었다.

이 논문이 출판될 당시 과학자들은 단백질이 아미노산들이 결합하여 만들어진다는 것은 알고 있었다. 그러나 단백질이 3차원에서 어떤 구조를 하고 있는지를 상상할 수 없었다. 그런데 폴링은 그것을 해냈다.

폴링이 설명한 단백질 구조 중 하나를 알파 헬릭스라고 부른다. 이것은 제임스 왓슨과 프란시스 크릭이 자연의 설계도인 DNA의 구조를 풀어내는 데 도움을 주었다.

1954년에 화학 결합과 단백질 구조에 대한 연구로 라이너스 폴링은 노벨 화학상을 받았다.

폴링은 실험실 밖에서도 활발하게 활동했다. 1950년대와 1960년대에 라이너스 폴링은 세계에서 가장 인정받는 평화 운동가가였다. 그는 원자 폭탄 개발을 반대했고, 정부 관리들에게 방사선이 인간의 DNA에 손상을 준다는 것을 받아들이도록 했다. 이와 같은 노력으로 첫 번째 핵실험 금지 조약이 체결되어 그는 두 번째 노벨상을 받았다. 이번에는 평화상이었다. 라이너스 폴링은 역사상 처음으로(그리고 현재까지도) 두 번의 노벨상을 단독으로 수상한 사람이 되었다. 1961년 폴링은 〈타임〉지의 표지 모델로 선정되었고 역사상 가장 위대한 과학자 중 한 사람이라는 찬사를 받았다.

그리고 1960년대 중반에 라이너스 폴링은 지적 절벽으로 떨어졌다.

그를 알고 있던 사람들에게는 지적 정열이 사라진 폴링이 놀랍지 않았다. 그런 징후가 그의 과학에 이미 보였기 때문이었다.

1953년에 폴링은 국립과학아카데미 초록에 〈핵산의 제안된 구조〉라는 제목의 논문을 발표했다. 폴링은 DNA가 삼중나선구조를 하고 있다고 주장했다(1년 안에 왓슨과 크릭이 이제는 유명하게 된 이중나선 구조를 제안했다). 그것은 그의 생애에 했던 단 한 번의 가장 큰 과학적 오류로, 그의 동료들이나 그가 쉽게 잊을 수 있는 일이 아니었다. 폴링은 단백질 구조를 생각하면서 수십 년을 보낸 반면 DNA 구조를 위해서는 단지 몇 달을 보냈을 뿐이었다. 그의 아내 아바 헬렌은 후에 '그게 그렇게 중요한 문제였더라면 좀 더 열심히 연구하지 그랬어요?'라고 말했다.

제임스 왓슨의 평가는 훨씬 더 신랄했다. '폴링 같은 거인이 기초 화학을 잊었다는 것'이 놀라웠다고 회고했다. '만약 학생이 비슷한 실수를 했다면 그가 칼텍의 화학과 학생 자격이 없다고 했을 것이다' 폴링은 칼텍 화학과의 교수였다.

그러나 폴링이 나락으로 추락하기 시작한 것은 그가 65세였던 1966년 3월 어느 날이었다. 폴링은 그의 과학적 성취를 인정하는 칼 노이베르그 메달을 받기 위해 뉴욕에 있었다. 연설 도중 그는 25년을 더 살아 과학적 연구가 어떻게 진행되는지 보고 싶다고 말했다. 폴링은 후에 '캘리포니아로 돌아온 후 나는 나의 연설을 들은 생화학자 어윈 스톤Irwin Stone으로부터 편지를 받았다. 그는 내가 만약 그의 추천대로 3000mg의 비타민 C를 복용하면 25년이 아니라 그보다 더 오래 살 수 있을 것이라고 말했다'라고 회고했다.

폴링은 스톤의 충고를 따라 1일 권장섭취량의 10배, 그 다음에는 20배 그리고 다음에는 300배의 비타민 C를 복용했고, 결국에는 하루 1만 8000밀리그램을 복용했다.

효과가 있었다. 폴링은 자신이 더 활발해졌고, 더 건강해졌으며, 이전보다 더 좋아졌다고 느꼈다. 더 이상 그를 수 년 동안 괴롭혔던 감기로 고생하지 않게 되었다.

젊음의 샘을 발견했다고 확신한 라이너스 폴링은 두 개의 노벨상을 배경으로 미국에서 주도적인 비타민 대량 투여 옹호자가 되었다. 그의 개인적인 경험을 바탕으로 폴링은 정신 질환, 간염, 소아마비, 폐결핵, 수막염, 사마귀, 뇌출혈, 위궤양, 장티푸스, 이질, 나병, 골절, 고공 공포증, 방사선 피폭, 뱀에 물린 데, 스트레스, 광견병 그리고 사람에게 알려진 모든 다른 질병에 다량의 비타민과 다양한 건강보조제의 복용을 권장했다. 그는 이제 광신자가 되어 있었다. 라이너스 폴링은 후에 그가 틀렸다는 것을 보여주는 모든 연구를 무시했다. 폴링의 주장이 분명하게 그리고 놀랍도록 틀린 경우에도 마찬가지였다.

라이너스 폴링과 어윈 스톤의 만남은 미국 비타민과 건강보조제 역사의 분수령이 되었다. 더욱 놀라운 것은 두 사람의 대조적인 차이였다. 폴링은 화학과 물리학 분야에서 든든하게 자리 잡고 있던 정통 교육을 받은 사람이었다. 반면에 폴링이 '생화학자'라고 부르기는 했지만 스톤은 대학에서 2년 동안 화학을 공부한 것이 전부였다. 그 후 그는 로스앤젤레스 칼리지에서 카이로프락틱(척추교정술이라고도 부르는)으로 명예학위를 받았고, 캘리포니아에 있는 비공인 통신학교 돈스바흐 대학에서 가짜 박사학위를 받았다. 폴링은 공식적인 증명 방법을 사용해 자연의 가장 깊숙한 곳에 숨겨져 있던 비밀을 밝혀내는 데 성공함으로써 그 결과를 주요 과학 저널에 발표했고, 그로 인해 노벨상을 받을 수 있었다. 하지만 스톤은 확실한 과학 자격증을 받은 적이 없었고, 의학이나 과학 잡지에 논문을 발표한 적도 없었다. 그는 모든 인간의 질병은 잘못 정렬된 척추 때문이라고 가르치는 로스앤젤레스 한 프로그램을 졸업한 것이 전부였다. 그럼에도 불구하고 폴링은 스톤의 계시를 비판 없이 받아들였다.

1970년에 라이너스 폴링은 미국인들에게 1일 권장량의 약 500배에 해당하는 3000mg의 비타민 C 섭취를 권장 하는 《비타민 C 그리고 일반 감기》를 출판했다. 이 책은 전국적인 베스트셀러가 되었다. 몇 년 안에 미국인 4명 중 1명에 해당하는

5000만 명의 미국인들이 폴링의 권유를 따랐다. 그러나 과학적 연구는 그를 지지하지 않았다.

비타민 C에 관한 그의 책을 출판하기 30년 전인 1942년에 미네소타 대학의 연구자들이 미국 의학협회 저널에 감기에 걸린 980명 중 비타민 C가 증상을 완화시킨 경우가 한 명도 없었다는 연구 결과를 발표했다.

폴링의 저서가 인기를 끌자 메릴랜드 대학, 토론토 대학 그리고 네덜란드의 연구자들이 다양한 연구를 수행했다. 그들은 지원자들에게 감기를 치료하거나 예방하기 위해 2000, 3000, 3500mg의 비타민 C를 투여했지만 역시 많은 양의 비타민 C가 아무 소용이 없다는 결과가 나왔다.

이러한 연구 결과를 바탕으로 전문적인 의학, 과학, 공중보건 관련 기관은 감기의 치료와 예방을 위해 비타민 C의 복용을 권장하지 않고 있다.

불행하게도 경고의 종을 울리지 않을 수 없게 되었다. 그러나 일단 판도라의 상자가 열린 다음에는 다시 주워 담을 수 없다. 미국인들이 비타민 C가 놀라운 약품이라고 인식한 다음에는 뒤로 돌릴 수 없었던 것이다.

여기에 라이너스 폴링은 비타민 C가 암을 치료한다고 주장하여 다시 한 번 추락했다.

1971년에 폴링은 비타민 C의 대량 투여가 미국의 암 발생을 10% 줄일 것이라고 썼다. 6년 후 그는 이 비율을 75%로 높였다. 폴링은 그의 충고를 따른다면 비타민 C가 우리를 어느 때보다 더 오래 살게 해 미국 평균 연령이 100년으로 늘어날 것이고, 다시 150년으로 늘어날 것이라고 예상했다. 《비타민 C 그리고 일반 감기》와 마찬가지로 그가 쓴 《암과 비타민 C 그리고 어떻게 오래 살고 더 좋게 느낄까》 역시 베스트셀러가 되었다. 라이너스 폴링의 유명세와 언론의 선호는 암 환자들이 그의 충고를 받아들이게 만들었다. 그리고 폴링의 영향력에 무방비 상태였던 의사들은 그가 옳은지를 두고 보는 수밖에 없었다.

1979년에 미네소타 주 로체스터에 있는 유명한 마요 진료소Mayo Clinic의 찰스 모어텔Charles Moertel과 동료들이 150명의 암 환자를 조사했다. 이들 중 반에게는 하루 권장량의 약 1500배에 해당하는 1만 mg의 비타민 C를 투여했고, 남은 반에게는 전혀 투여하지 않았다. 그리고 그 결과에 따라 그들은 〈진행 암을 가지고 있는 환자에게 비타민 C 다량 투여 치료의 실패: 통제된 시험〉이라는 제목의 논문을 뉴잉글랜드 의학 저널에 발표했다.

제목이 모든 것을 말해주고 있었다. 비타민 C는 효과가 없었다.

폴링은 격노했다. 틀림없이 모어텔이 제대로 연구를 진행하지 않았다고 믿었다. 그 후 폴링은 그가 믿고 있었던 실험의 오류를 찾아냈다. 모어텔이 이미 화학요법 치료를 받고 있던 환자들에게 비타민 C를 투여했기 때문에 비타민 C의 놀라운 치료 능력이 무력하게 되었다고 믿었다. 폴링은 이제 비타민 C가 화학요법 치료를 받지 않은 환자들에게만 효과가 있다고 믿게 되었다.

폴링의 지적이 옳았던 것은 아니었지만 모어텔은 암 환자를 상대로 또 다른 비타민 C 실험을 하지 않을 수 없었다. 이번에는 아직 화학요법 치료를 받지 않은 환자들을 상대로 했다.

1985년 그는 그의 두 번째 논문을 발표했다. 이번에도 아무런 차이가 없다는 내용을 뉴잉글랜드 의학 저널에 발표했다. 폴링은 정말로 화가 나서 모어텔이 '고의로 사기와 거짓 결과'를 발표했다고 비난했다. 그리고 모어텔을 고발할 것을 고려했지만 변호사들이 말렸다.

라이너스 폴링은 오랫동안 항상 옳기만 했었기 때문에 그가 틀릴 수 있다는 것을 상상할 수 없었다. 그가 분명하게 틀린 경우에도 마찬가지였다.

전기 작가와 동료들이 설명했던 것처럼 폴링의 실패는 그의 성격에서 예견할 수 있었다. 전기 작가 테드와 벤 고어첼Ted and Ben Goertzel은 '라이너스 폴링은 인류를 사랑하지만 사람들은 별로 중요하게 생각하지 않는 전형적인 예였다. 그는 가까운 친구가 없었다. 정치적으로 그는 다른 사람들의 생각을 참을 수 없어 했고, 자신만의 진리의 비전을 위한 십자군이었다'라고 기록했다. 폴링의 동료로 노벨 화학상 수상자였던 맥스 페루츠Max Perutz 역시 뛰어난 연구업적에 대해 폴링을 칭찬했지만 어두운 면에 대해서도 언급했다.

'폴링의 생애 마지막 25년 동안에 비타민 C가 그의 주요 관심사가 되어 화학자로서의 그의 명성을 훼손한 것은 비극이었다. 아마도 그것은 그의 가장 큰 실패인 그의 자만심과 관련이 있을 것이다. 어떤 사람이 아인슈타인의 의견에 반대하면 아인슈타인은 그것을 다시 생각해보았다. 그리고 자신의 생각이 틀렸다는 것이 밝혀지면 오히려 반가워했다. 그 오류로부터 벗어날 수 있다고 생각했기 때문이다. 그러나 폴링은 그가 잘못될 수 있다는 것을 절대로 받아들이려고 하지 않았다. 알파 나선 구조에 관한 폴링과 로버트 코리의 논문을 읽고 나는 그들의 계산에 문제가 있다는 것을 발견했다. 나는 폴링이 고마워할 줄 알았다. 그러나 그렇지 않았다. 그는 나를 심하게 공격했다. 그는 알파 나선에 대해 자신이 생각할 수 없었던 것을 다른 사람이 생각했다는 사실을 받아들이지 못했다.'

감히 그에게 반대했거나 그도 틀릴 수 있다고 믿었던 사람들에 대한 폴링의 비인간적인 처사 중에서도 아서 로빈슨Arthur Robinson의 이야기만큼 많은 사람들의 입에 오르내린 슬픈 이야기는 없을 것이다.

1973년 폴링은 캘리포니아 멘로 파크에 후에 라이너스 폴링 연구소로 바뀐 분자의학Orthomolecular Medicine 연구소를 설립했다. 그의 가장 큰 지원자는 제약 분야의 거인으로 세계에서 가장 큰 비타민과 건강보조 식품의 생산자 중 하나였던 호프만 라 로체Hoffman-La Roche였다. 폴링은 다른 연구자들이 다량의 비타민이 놀라운 약품이라는 것을 보여줄 수 없다면 자신이 증명하기로 결정했다.

연구소를 설립했을 때 폴링은 아서 로빈슨과 함께였다. 폴링은 연구소 소장이었고, 이사였으며, 이사회 회장이었다. 화학자로 캘리포니아 대학 샌디에이고를 졸업한 가장 뛰어난 학생이었던 로빈슨은 부소장이었고, 부이사였고, 회계 담당자였다. 로빈슨의 임무는 비타민 C에 대한 폴링의 이론을 증명할 실험적 증거를 제공하는 것이었다. 그러나 이는 실현되지 못했다.

1977년 아서 로빈슨은 피부암에 걸린 특수한 쥐로 실험했다. 일부 쥐에게는 인간으로 치면 1만 mg에 해당하는 비타민 C를 매일 투여했고, 다른 쥐들에게는 비타민을 전혀 투여하지 않았다. 그 결과는 놀라운 것이었다. 로빈슨은 비타민 C의 다량 투여가 암의 위험을 증가시킨다는 것을 발견했다.

로빈슨은 폴링과 그의 아내가 많은 양의 비타민 C를 복용하고 있다는 것을 알고 있었다. 염려가 된 그는 폴링에게 결과를 말해주었다. 로빈슨은 그때의 일을 다음과 같이 회고했다.

'그 당시(1970) 그와 그의 아내는 다음 10년을 위해서 하루에 적어도 1만 mg의 비타민 C를 복용하고 있었다. 나는 그녀가 엄청난 양의 돌연변이를 유발하는 물질로 위를 목욕시키고 있다고 지적했다.'(아바 폴링은 후에 위암으로 고통받았다.)

폴링은 그것을 믿지 않으려고 했고, 쥐들을 죽이라고 했으며, 로빈슨에게는 사직을 요구했다.

'그는 자신의 명성이 연구소에서의 모든 연구와 아이디어를 완전하게 통제할 수 있는 권한을 그에게 주었다고 주장했다. 라이너스는 내가 그의 요구에 동의하지 않으면 모든 직책에서 불

명예스럽게 해고하겠다고 통보했다. 여기에는 정년을 보장받은 연구 교수직도 포함되어 있었으며, 나의 경력에 해가 될 여러 가지 조치들도 포함되어 있었다.'

폴링의 지시에 따라 이사회는 로빈슨의 월급 지급을 중지했고, 연구소에서 쫓아냈으며, 그의 서류함을 잠갔다. 로빈슨은 조용히 물러나지 않았다. 그는 폴링을 상대로 2500만 달러 손해배상 소송을 제기했다. 100만 달러의 소송비용과 함께 5년을 끌었던 이 소송은 결국 50만 달러를 지급하는 것으로 마무리되었다.

아서 로빈슨의 발견은 쥐에만 한정된 것이 아니었다. 곧 다른 연구자들이 다량의 비타민이 사람에게서도 암의 발생을 증가시킨다는 것을 발견했다.

1994년 국립 암 연구소는 핀란드 국립 공중보건 연구소와 공동으로 2만 9000명의 핀란드 인들을 조사했다. 모두 담배를 피워 폐암의 위험을 가지고 있는 사람들이었다. 연구 대상자들은 다량의 비타민 E만 투여, 베타카로틴(비타민 A의 전구물질)만 투여, 두 가지 모두 투여, 아무것도 투여하지 않은 네 그룹으로 나누었다.

그 결과는 예상했던 것과 반대였다. 많은 양의 비타민을 투여한 사람들이 폐암으로 죽을 확률이 낮은 것이 아니라 더 높았다.

1996년에는 시애틀에 있는 프레드 허친슨 암 연구 센터에서 담배를 피우는 사람들과 마찬가지로 폐암에 걸릴 가능성이 많은 석면에 노출된 1만 8000명을 대상으로 연구를 진행했다. 연구 참가자들은 다량의 비타민 A, 베타카로틴, 두 가지 모두, 아무것도 주지 않은 그룹으로 나누었다. 그런데 이 연구는 도중에 갑자기 중단되었다. 다량의 비타민을 투여한 사람들에게서 극적으로 높은 비율의(비타민을 복용하지 않은 사람들보다 28%나 높은) 폐암과 심장 질환(17% 더 높은) 가능성이 발견되었기 때문이다.

2004년 코펜하겐 대학의 연구자들은 다량의 비타민 A, C, E와 베타카로틴의 투여가 장암의 발생을 억제하는지 보기 위해 17만 명을 대상으로 했던 14번의 연구를 종합했다. 폐암의 경우와 마찬가지로 비타민 투여자들은 따로 비타민을 먹지 않은 사람들보다 장암에 걸릴 확률이 높았다.

2005년에는 존스 홉킨스 의과대학의 연구자들이 13만 6000명을 대상으로 했던 19개의 연구를 평가하여 비타민을 복용한 사람들의 조기 사망률이 높다는 것을 발견했다. 같은 해에 미국의학협회 저널에 발표된 한 연구는 암을 예방하기 위해 많은 양의 비타민 E를 복용한 9000명을 조사했다. 이 연구에서도 비타민을 복용한 사람들이 암과 심장 질환에 걸릴 확률이 높았다.

2008년에 23만 명이 관련된 이때까지의 모든 연구를 종합한 결과에 의하면 많은 양의 비타민이 암과 심장 질병의 위험을 증가시켰다.

2011년에는 클리블랜드 진료소의 연구자들이 비타민 E만 복용, 셀레늄(미네랄)만 복용, 둘 다 복용, 아무것도 복용하지 않은 3만 6000명을 조사한 연구 결과를 발표했다. 이 연구에 의하면 많은 양의 비타민 E를 복용한 사람이 전립선암에 걸릴 확률은 17% 더 높았다.

라이너스 폴링의 비타민 대량 복용에 관한 의견은 두 가지 기본적인 오류를 범했기 때문에 틀렸다. 첫 번째 그는 좋은 것은 많을수록 좋다고 가정한 것이다.

비타민은 생명체에게 필수적이다. 충분한 비타민을 섭취하지 않으면 괴혈병(비타민 C 부족), 구루병(비타민 D 부족)과 같은 다양한 비타민 부족 증세를 겪는다. 비타민이 그렇게 중요한 이유는 비타민이 영양물질을 에너지로 바꾸는 것을 도와주기 때문이다.

그러나 여기에 함정이 있다. 영양물질을 에너지로 전환하기 위해서 우리 몸은 산화라는 과정을 이용한다. 산화 과정에서는 매우 파괴적인 자유 기free radical들이 발생한다. 전자에 대한 연구에서 자유 기들이 세포막, DNA, 심장에 혈액을 공급하는 동맥을 포함한 혈관을 손상시킨다는 것이 밝혀졌다. 그 결과 자유 기들이 암 발생, 노화, 심장병을 일으킨다. 실제로 우리가 영원히 살지 못하는 가장 큰 이유는 자유 기 때문이다.

자유 기의 작용을 억제하기 위해 우리 몸은 항산화제를 만든다. 비타민 A, 비타민 C, 비타민 E, 베타카로틴, 셀레늄, 오메가 3 지방산과 같은 물질들은 모두 항산화 작용을 한다. 이 때문에 항산화제를 풍부하게 포함하고 있는 채소나 과일을 많이 먹는 사람들은 암, 심장병에 걸릴 가능성이 적고, 더 오래 살 수 있다. 이 시점에서 폴링의 논리는 분명하다. 만약 음식물 안에 들어 있는 항산화제가 암과 심장병을 예방한다면 제조된 항산화제를 먹어도 같은 결과를 가져올 것이라고 생각한 것이다.

그러나 라이너스 폴링은 한 가지 중요한 사실을 무시했다. 산화는 새로운 암세포를 죽이기도 하고 막힌 동맥을 깨끗하게 하는 역할도 한다. 그런데 폴링은 사람들에게 많은 양의 비타민과 건강보조식품을 먹도록 하여 산화와 항산화 사이의 균형을 무너트리고 항산화 쪽으로 기울게 했던 것이다. 따라서 결과적으로 암과 심장병의 위험을 증가시켰다. 영화배우 메이 웨스트Mae

West의 말과는 달리 좋은 것도 지나치면 나쁠 수 있다는 것이 밝혀진 것이다(웨스트는 '좋은 것은 많을수록 더 좋다'라고 말했다. 그러나 그녀는 비타민이 아니라 섹스에 대한 이야기를 하고 있었다).

두 번째로 폴링은 음식물 안에 포함된 비타민이나 건강보조제가 실험실에서 정제되거나 제조된 것과 같다고 가정한 것이다.

이것 역시 틀린 가정이었다. 비타민은 식물 화학물질이다. 그것은 식물에 포함되어 있는 화학물질이라는 뜻이다. 음식물에 포함되어 있는 13가지 비타민(A, $B_1$, $B_2$, $B_3$, $B_5$, $B_6$, $B_7$, $B_9$, $B_{12}$, C, D, E, K)는 플라보노이드, 플라보놀스, 플라바노네스, 아이소플라보네스, 안토시아닌, 안토시아니딘, 프로안토시아니딘, 탄닌, 아이소티오시아네이트, 카로테노이드, 알릴 설파이드, 폴리페놀, 페놀산과 같은 복잡하고 긴 이름을 가진 수천 가지 다른 식물 화학물질에 둘러싸여 있다.

비타민과 다른 식물 화학물질의 차이는 부족했을 때 나타나는 증세이다. 괴혈병과 같은 결핍증이 있으면 비타민이고 그런 것이 없으면 비타민이 아니다.

그러나 실수하면 안 된다. 비타민이 아닌 식물 화학물질도 중요하다. 그런데 자연적인 주변 물질을 제외하고 많은 양의 비타민만을 섭취하라는 폴링의 추천은 적절하지 못한 것이었다. 예를 들면 캐더린 프라이스Catherine Price의 책《비타마니아》에서 설명하고 있는 것처럼 사과 반 개에는 5.7mg의 비타민이 들어 있지만 1500mg의 비타민 C가 할 수 있는 항산화작용을 한다. 사과 안에 들어 있는 식물 물질이 비타민 C의 효과를 강화하기 때문이다. 강력한 항균제인 베르베린을 포함하고 있는 골든실이라는 식물이 있다. 골든실을 먹으면 베르베린이 독성을 나타내지 않는다. 그러나 다른 식물 물질과 분리해 놓은 정제된 베르베린은 같은 양을 먹어도 독성을 나타낸다. 골든실에 포함되어 있는 다른 식물 물질이 베르베린의 독성 효과를 막아주고 있기 때문이다.

또 다른 예는 토마토에 들어 있고, 토마토로 만든 케첩이나 마리나라 소스에도 포함되어 있는 강력한 항산화제인 리코펜이다. 전립선암에 걸린 쥐 실험에 의하면 토마토 분말(토마토에서 발견되는 모든 종류의 식물 물질을 포함하고 있는)이 정제된 리코펜보다 종양의 크기를 훨씬 더 많이 줄일 수 있다. 한 마디로 말해 모든 것이 자연적이라는 라이너스 폴링의 주장은 자연스럽지 못한 것이었다.

폴링의 옹호로 인해 비타민과 건강보조제 산업이 시작되었다. 이에 대한 증거는 거짓 희망의 동화 속 세상인 GNC 센터를 걸어가 보면 발견할 수 있다.

줄 지어 서 있는 비타민과 건강보조제들이 건강한 심장, 작은 전립선, 낮은 콜레스테롤, 향상된 기억력, 즉각적인 체중 감소, 낮은 스트레스, 많은 머리카락, 더 나은 피부를 약속하고 있다. 모든 것들이 병 안에 포장되어 있다. 아무도 비타민이나 건강보조제는 규제를 받지 않는다는 사실에 관심을 기울이지 않는다. 따라서 회사들은 안전이나 효과에 대한 그들의 주장을 증명할 필요가 없다.

더 큰 문제는 상표에 표시된 성분이 실제 병 안에 들어 있는 것을 나타내지 않을 수도 있다는 것이다. 그리고 우리는 매주 적어도 하나 이상의 건강보조제가 건강에 해롭다는 것이 발견되어 퇴출되고 있다는 사실을 무시하고 있다.

모든 가게에서 팔리던 아미노산이었지만 병을 유발하는 것으로 밝혀졌던 트립토판도 그런 것들 중 하나였다. 트립토판으로 5000명이 병에 걸렸고 이 중 28명이 목숨을 잃었다.

옥시엘리트프로 역시 마찬가지였다. 체중 조절용으로 팔렸던 이 제품으로 인해 50명이 심각한 간 질환을 앓았고, 그중 한 명은 목숨을 잃고 다른 세 명은 간 이식을 받아야 했다.

퓨리티 퍼스트 재앙도 있었다. 코네티컷 회사에서 생산한 비타민에 강력한 신진대사 스테로이드가 포함되어 있다는 것이 발견되기도 했다. 아나볼릭 스테로이드는 북동부에 사는 수십 명의 여성들에게 남성화 증세가 나타나도록 했다.

라이너스 폴링의 유산은 혼합되어 있다. 그는 최초로 양자물리학과 화학을 결혼시켰고, 최초로 분자와 생물학을 연결시켰으며, 맥카시즘과 핵무기 확산에 반대했던 몇 안 되는 사람들 중 한 사람이었다. 그러나 인생의 후반에 시골 시장 장사꾼이나 100년 전에나 볼 수 있었던 뱀 기름을 파는 장사꾼과 별로 다를 것이 없는 사람이 되었고 매년 320억 달러의 매출을 올리는 비타민과 건강보조제 산업의 아버지가 되었다.

역사학자 알기스 발리우나스Algis Valiunas는 '라이너스 폴링은 그의 뛰어난 재능을 그의 실패로 지불했다. 그의 실패는 그의 재능이 끝났다는 것을 알게 해주었다. 그의 인생의 마지막만 보면 그가 이루어 놓은 놀라운 유산을 상상도 할 수 없을 것이다'라고 썼다.

그의 업적들을 이루기 위해서는 필요했던 엄격하고, 열심히 일하고 깊이 생각하던 사람이 자신의 연구소에서 수행했던 연구를 포함하여 그가 옳지 않다는 것을 계속적으로 보여주는 연구 결과는 받아들이려고 하지 않았던 것은 무엇 때문이었을까?

슬프게도 그런 사람은 폴링뿐만이 아니었다. 뛰어난 연구를 통해 여러 개의 상을 수상하여 국제적 명성을 가지고 있던 과학자들 중에는 자만으로 인해 재앙에 가까운 결말을 가져온 사람들이 많이 있었다.

두 사람은 AIDS와 관련이 있는 사람들이었다.

1981년 6월 5일에 질병통제예방센터[CDC]가 새로운 질병의 발생을 알리는 보고서를 발표했다. 로스앤젤레스에 사는 게이가 암 환자들이나 심한 면역결핍을 가지고 있는 사람들에게서만 나타나는 희귀한 진균성 폐렴에 걸린 것이다. 이 보고서에는 서로 관계가 없어 보이는 뉴욕과 로스앤젤레스에 사는 또 다른 게이들의 이야기도 포함되어 있었다. 전에는 건강했던 이 사람들은 매우 공격성이 강한 카포시 사코마라고 부르는 암에 걸려 있었다.

한 달 후 뉴욕 타임즈는 41명의 또 다른 카포시 사코마 환자를 보고했다. 이들 역시 모두 게이였다. 그 해 말까지 게이 중에서 270명의 비슷한 환자가 발생했고 그중 120명은 죽었다. 언론은 이것을 '게이 흑사병'이라고 불렀다.

1982년 9월 24일 CDC 관리가 이 병에 AIDS(에이즈, 후천성면역결핍증)라는 이름을 붙였다. 그리고 그들은 그 원인을 밝혀내기 위한 연구 팀을 구성했다.

증거들이 쌓이기 시작했다. 1982년 12월 10일 CDC는 처음으로 수혈을 받은 아기에게서 AIDS가 발생한 것을 보고했다. 다음 주 CDC는 또 다른 22건의 신생아 환자가 발생했다고 보고했다.

1983년 1월 7일에 CDC는 AIDS를 가지고 있던 남성과 성적 접촉을 통해 첫 번째 여성 AIDS 환자가 발생했다고 발표했다. 다음달 국립보건연구소NIH의 연구원이었던 로버트 갈로Robert Gallo가 레트로바이러스라고 불리는 바이러스가 AIDS를 일으킨다고 예측했다.

갈로의 예측은 놀라운 것이었다. 그때까지 레트로바이러스는 사람에게 해를 끼치지 않는 무해한 바이러스라고 알려져 있었다.

CDC는 갈로의 주장에 동의했다. AIDS는 성적 접촉이나 수혈을 통해 전달된 바이러스에 의해 발생하는 것으로 믿었다.

1983년 5월 20일에 럭 몬타그니어Luc Montagnier가 원인을 밝혀냈다. 그가 림프종 결합 바이러스Lymphadenopathy-Associated Virus라는

의미로 LAV라고 부른 바이러스를 찾아낸 것이다.

1984년 4월 23일 미국 보건복지부 장관이었던 마가렛 헤클러Margaret Heckler가 NIH의 로버트 갈로와 그의 동료들 역시 AIDS의 원인을 찾아냈다고 발표했다. 그들은 이 바이러스를 인체 T림프영양성 바이러스Human T-cell Lymphotropic Virus라는 의미로 HTLV-III라고 불렀다. 헤클러는 2년 안에 AIDS를 예방하는 백신을 개발할 수 있을 것이라고 예측했다(이것은 30년 전의 일이었다).

연구자들은 곧 LAV와 HTLV-III가 같은 바이러스라는 것을 알게 되어 인간 면역 결핍 바이러스라는 뜻으로 HIV라는 새로운 이름을 붙였다.

1985년에 미국 식약청FDA이 처음으로 혈액과 혈액제제의 상업적 HIV 시험을 인가했다. 1987년에는 FDA가 최초로 AZT(지도부딘)라고 부르는 항HIV 약품을 허가했다. 1989년까지 미국은 10만 명이 AIDS 바이러스에 감염되었다.

최초의 보고 이후 HIV에 대해 많은 것을 알게 되었다. 연구자들은 HIV가 자체 증식하여 결국은 우리 몸에서 가장 중요한 면역세포인 헬퍼 T-세포라고 부르는 면역세포를 죽인다는 것을 알게 되었다. 헬퍼 T-세포는 다른 면역세포가 항체를 만들거나 바이러스에 감염된 세포를 죽이는 것을 도와준다. 그리고 HIV는 한 번의 감염 동안에도 변이를 계속하여 면역체계를 무력화시켰다. 따라서 환자들은 수백 가지 다른 형태의 HIV를 보유하게 돼 항체로 대항할 수 없었고, 효과적인 백신을 만들 수도 없었다.

좋은 소식은 HIV가 자체 증식하는 방법을 더 잘 이해하게 된 연구자들이 매우 적극적인 항바이러스 약품을 만들 수 있었다는 것이다. 이 약품이 AIDS를 치료하지는 못했지만 적어도 치명적이었던 AIDS를 만성 감염병으로 바꾸어 놓을 수는 있었다.

이제 피터 듀스버그Peter Duesberg가 등장한다.

1987년 3월 듀스버그는 암 연구 저널에 AIDS는 그가 생각하기에 해롭지 않은 바이러스인 HIV에 의해 발생하는 것이 아니라 헤로인, 코카인, 게이들이 사용하는 아질산아밀(흥분제)과 같은 기분 전환용 약물의 장기 복용으로 발생한다고 주장하는 논문을 발표했다.

그의 가설은 어린이 환자나 오염된 혈액을 수혈 받은 혈우병 환자, 약물을 사용하지 않은 동성애자, AIDS 환자와의 접촉을 통해 감염된 여성들의 경우를 설명할 수 없었다. 대개의 경우 연구 공동체에서는 자신의 전공 분야와는 관계없는 일에 모험을 감행하는 괴짜가 발표한 근거가 모호한 논문은 무시해 버리지만 듀스버그는 그런 괴짜가 아니었다. 바이러스는 그의 전공 분야였다. 독일에서 훈련 받은 그는 캘리포니아 대학 버클리의 세포 및 분자 생물학과 정교수였다. 1970년에 암의 원인이 되는 특정한 바이러스 유전자를 최초로 발견하여 혜성처럼 등장한 그는 36세 때 정년 보장 교수가 되었다. 놀라운 연구 업적으로 피터 듀스버그는 1986년 국립과학아카데미 회원으로 선출되었다. 그리고 같은 해 NIH로부터 우수 연구자 연구비를 받았고 포가티 스칼라가 되었다.

1990년대에 AIDS의 원인으로 HIV를 연관시키는 더 많은 연구가 진행되자 듀스버그는 자신의 가설을 수정했다. 이제 그는 아프리카에서의 영양결핍이 AIDS의 원인이라고 했고, 부유한 아프리카인 환자들의 경우에는 항HIV 약물이 이 병의 원인이라고 주장했다. 수혈한 피에서 오염을 확인하지 못한 일부 혈우병 환자들이 문제였다.

듀스버그가 가장 설명하기 어려워했던 것은 세 명의 실험실 노동자가 실수로 고도로 정제된 순수한 HIV 복제 바이러스에 의해 감염된 사건이었다. 세 명 모두 게이가 아니었고, 기분 전환 약물을 복용하지 않았으며, 혈우병 환자도 아니었고, 영양 결핍도 아니었으며 아프리카에 살지도 않았다. 그중 한 명이 심각한 형태의 AIDS로 발전했다. 듀스버그는 다른 두 명이 AIDS로 발전하지 않은 것으로 보아 HIV가 AIDS의 원인이라는 것이 증명된 것은 아니라고 했다(AIDS를 부정하고 음모설을 믿고 있던 유명한 과학자는 듀스버그만이 아니었다. HIV가 AIDS의 원인이라는 증거가 확실해지자 노벨상을 수상한 케냐의 생태학자 왕가리 마타이^Wangari Maathai^는 과학자들이 생물학 무기로 사용하기 위해 실험실에서 HIV를 만들었다고 말했다. 그리고 폴리머라제 연쇄 반응^PCR^ 발견으로 노벨 화학상을 받은 캐리 물리스^Kary Mullis^도 HIV가 AIDS의 원인이라는 '과학적 증거가 없다'고 주장했다).

과학자들은 결국 피터 듀스버그와 그의 근거 없는 주장에 귀를 기울이지 않게 되었다. 그러나 듀스버그는 자신의 주장을 굽히지 않았다.

넬슨 만델라에게서 남아프리카 대통령직을 넘겨받은 뒤 1년이 지난 2000년에 타보 음베키 대통령이 AIDS 대통령 자문위원회를 구성하고 피터 듀스버그에게 위원장을 맡아 달라고 요청했다. 남아프리카 성인 중 5분의 1이 이 바이러스에 감염되어 있을 정도로 당시 남아프리카에는 어느 나라보다도 많은 HIV 보균자들이 있었다. 듀스버그와 마찬가지로 음베키도 AIDS 과학에는 결함이 많고, 항HIV 약물은 독이라고 믿고 있었다. 그는 과학자들을 나치 수용소의 의사들과 같이 생각했다. 음베키는 듀스버그의 주장을 근거로 AIDS로 고통받고 있던 남아프리카 인들에게 항HIV 약물을 사용하는 것을 거부했다. 그 결과 30만 명 이상의 남아프리카 인들이 이 질병으로 목숨을 잃었다.

듀스버그는 고집을 버리지 않고 있다.

'나는 내가 원했던 모든 학생들을 가졌고, 내가 필요로 했던 모든 실험실을 가졌으며, 국립과학아카데미의 회원으로 선출되었고, 올해의 캘리포니아 과학자로 선정되었다. 나의 모든 논문은 출판되었다. 나는 틀릴 수 없다. …… 내가 HIV가 AIDS의 원인이라는 주장을 의심하기 전까지는. 그 후 모든 것이 변했다.'

그러나 문제는 피터 듀스버그가 HIV가 AIDS의 원인이라는 주장에 의문을 가진 것이 아니라 HIV가 AIDS의 원인이라는 것을 보여주는 수많은 과학적 증거를 끝까지 부정한 것이었다. 라이너스 폴링처럼 듀스버그도 자신도 틀릴 수 있다는 것을 믿을 수 없었던 것이다.

피터 듀스버그는 HIV를 부정한 것에서 그치지 않았다. 그는 인간 유두종 바이러스HPV가 자궁경부암의 원인이라는 것도 믿지 않았다. 하랄트 추어 하우젠Harald zur Hausen은 이것을 밝혀내

2008년 노벨상을 받았다.

최근에 또 다른 노벨상 수상자가 과학에서 벗어났다. 프랑스의 뤽 몽타니에Luc Montagnier는 HIV가 AIDS을 일으킨다는 것을 발견하여 프랑수아즈 바레시누시와 함께 노벨상을 받았다.

노벨상 수상 2년 후 몽타니에는 라이너스 폴링이나 피터 듀스버그와 마찬가지로 황당한 주장을 하기 시작했다.

첫 번째로 몽타니에는 DNA 분자가 한 시험관에서 다른 시험관으로 원격이동(텔레비전 시리즈 스타 트랙에서 사람들을 원격이동시켰던 것과 비슷한 방법으로) 한다고 주장했다.

그리고 그는 동종요법이 효과가 있다고 주장했다. 동종요법은 이제는 옳지 않다는 것이 밝혀진 이론으로 물질을 하나의 분자도 남지 않을 때까지 희석하면 물이 그 안에 있던 물질을 기억한다는 것이다. 몽타니에는 '모든 것에서 동종요법이 옳다는 것은 아니다. 내가 지금 말할 수 있는 것은 고도의 희석이 옳다는 것이다. 어떤 것을 고도로 희석하면 아무것도 남는 것이 없는 것이 아니라, 원래의 분자를 흉내 낸 물의 구조가 남는다'라고 말했다(지구상에 있는 한정된 양의 물이 전에 있었던 곳을 기억하기를 원하는 사람은 없을 것이다).

마지막으로 몽타니에는 자폐증을 치료할 수 있다고 주장한 수많은 사람 중 한 사람이다. 몽타니에는 자폐증 환자의 피를 뽑아 원래의 피 분자가 하나도 남지 않을 때까지 희석하면 세균 DNA의 존재를 나타내는 전자기파를 감지할 수 있다고 했다. 자폐증을 세균 감염에 의한 것으로 보았던 것이다. 또한 자폐증뿐만이 아니라 알츠하이머 병, 파킨슨 병, 다발성 경화증, 류마티스성 관절염, 만성 피곤증 역시 세균 감염에 의한 것이라고 주장했다.

2011년 78세의 나이에 뤽 몽타니에는 프랑스를 떠나 중국 상하이의 지아오 통 대학으로 갔다. 자신이 옳다는 것을 증명하기 위해 몽타니에는 자폐증이 있는 200명의 아이들을 조사했다. 그리고 항생제를 투여한 어린이들에게서 '놀라운' 결과를 발견했다.

'우리는 계속적인 항생제 투여와 다른 약물 치료를 병행하는 장기적 치료의 효과를 관찰하고 있었는데 60%에서 뚜렷하게 호전되었고, 일부는 증세가 완전히 사라졌다. 이 어린이들은 이제 정상적인 학교에 갈 수 있게 되었고 가족의 품으로 돌아갈 수 있게 되었다!'

몽타니에는 자폐증 치료법이라고 믿었던 것을 발견한 후 그의 발견을 자신이 선임편집자로 있던, 아무도 구독하지 않는 잡지에 보냈다. 이 논문은 3일 만에 출판이 허락되었다.

그는 자신의 발견을 오스티즘 원이라고 알려진 페스티벌에서 발표하기 위해 시카고로 갔다.

고압 산소 치료법, 관장요법, 화학적 거세 요법으로 자폐증을 치료할 수 있다고 주장하는 사람들과 나란히 연단에 자리 잡은 몽타니에는 자폐증 어린이들에게 실제로 필요한 것은 장기적인 항생제 요법이라고 주장했다. 몽타니에는 주류 의학계의 반대를 예상했으며 그런 것이 의학적 이단아의 인생이라고 생각했다. 몽타니에는 '1983년에 우리가 분리해낸 바이러스가 AIDS의 원인이라는 것을 믿는 사람은 아주 소수였다. 나는 이 어린이들을 돕고 싶을 뿐이다'라고 말했다.

뛰어난 과학자였음에도 자신들의 길을 잃고 과학적 연구로 완전히 옳지 않다는 것이 증명된 이론과 결혼한 라이너스 폴링, 피터 듀스버그, 뤽 몽타니에에게는 무슨 일이 일어났던 것일까?

하나의 가능한 설명은, 그들은 오랫동안 강한 반대 앞에서도 항상 옳았기 때문에 자신들이 옳지 않다는 것을 상상할 수 없었다는 것이다. 또 다른 가설로는 천재와 미치광이 사이에는 아주 작은 차이만 있다는 것이다. 아니면 그들은 또 다른 화려한 성공으로 다시 한 번 세상의 주목을 받고 싶었는지도 모른다.

이유가 무엇이든 세 사람은 많은 해를 끼쳤다. 폴링은 사람들에게 다량의 비타민과 건강보조제를 먹도록 해 암과 심장병의 위험을 가중시켰다. 듀스버그는 간접적으로 수십만 명의 남아프리카인들이 AIDS로 죽도록 했다. 그리고 몽타니에는 자식들을 돕고 싶어 했던 부모들의 간절한 소망을 이용하여 전혀 도움이 되지 않는 약을 먹도록 해 그들의 건강을 해쳤다.

라이너스 폴링의 이야기에서 배울 수 있는 교훈은 영화 〈오즈의 마법사〉에서도 배울 수 있다.

무대 뒤에 있는 작은 사람에 주의하라.

처음 마주쳤을 때 오즈의 마법사는 소문을 통해 알고 있었던 것처럼 위대하고 강력해 보였다. 그의 목소리는 매우 컸고, 그의 행동은 위협적이었으며, 그의 머리는 크고, 초록색이었지만 어울리지 않게 지적이었다. 그런데 마법사의 실체는 예상했던 것과 달랐다. 토토가 뒤쪽 커튼을 잡아당기자 마법사는 주름살투성이의 늙은 사람으로 톤이 높은 콧소리를 내고 있었다.

정체가 드러나자 마법사가 '커튼 뒤에 있는 작은 사람에게 관심을 가지지 말라'고 말했다. 그러나 토토로 인해 드러난 것을 무시할 수 없었다.

깜짝 놀란 도로시가 '당신은 나쁜 사람이에요'라고 말했다. 마법사가 '아니란다. 얘야, 나는 좋은 사람이란다. 나는 단지 아주 나쁜 마법사일 뿐이란다'

결국 오즈의 마법사는 성공했다. 그가 훌륭한 마법사였기 때문이 아니라 훌륭한 정신과 의사였기 때문이었다.

같은 것을 과학에도 적용할 수 있다. 명성에 속지 말라. 무언가를 주장하는 과학자의 명성과는 별도로 모든 주장은 많은 증거를 바탕으로 판단해야 한다. 아무도 검증 없이 통과해서는 안 된다.

라이너스 폴링이 단백질이 특정한 형태로 접힌다고 주장했을 때, 또는 겸상 세포헤모글로빈이 다른 전하를 가지고 있다고 주장했을 때 그는 그것을 증명할 생화학적 증거를 가지고 있었다.

그러나 그가 비타민과 건강보조제가 더 오래 살 수 있다고 주장했을 때 그는 아무런 과학 학위도 없었고 과학 논문을 발표한 적이 한 번도 없는 어윈 스톤의 말 외엔 그의 주장을 증명해 줄 증거가 어디에도 없었다.

폴링은 비타민과 건강보조제가 기적의 약품이라는 자신의 믿음을 홍보하기 위해 '오즈의 마법사' 효과에 의존했다. 그는 사람들이 커튼 뒤에 있는 작은 사람을(자료의 부족) 무시하고 두 개의 노벨상을 받은 명성에 주목하기를 바랐다. 레이첼 카슨 역시 역동적인 이야기꾼이었고 미국에서 가장 믿을 수 있는 과학 작가였기 때문에 그의 주장은 널리 받아들여졌다. 라이너스 폴링과 마찬가지로 옥시코돈이 중독 없이 고통을 줄일 수 있다는 주장이나 전두엽백질절단술이 정신병을 치료할 수 있다는 월터 프리먼의 주장이 널리 받아들여진 것은 두 사람 모두 의학과 과학 사회에서 존경받던 사람들이었기 때문이었다. 그들의 주장이 옳다는 것을 나타내는 재현 가능한 자료를 제시했기 때문이 아니라 학문적 성공의 배지를 달고 있었기 때문에 그들은 사람들을 설득시킬 수 있었다.

마지막으로 HIV가 AIDS의 원인이 아니라는 피터 듀스버그의 주장이나 세균이 자폐증을 일으킨다는 뤽 몽타니에의 주장은 두 사람이 모두 바이러스 분야에서 뛰어난 학자였기 때문에 일반인들에게 널리 받아들여졌다. 그런데 핵심은 아무리 성공적이고 널리 알려져 있는 과학자라고 해도 개인적 경력과 인상적인 수상 경력 그리고 시적인 문장력이 아니라 그들의 주장을 증명할 수 있는 확실한 증거를 가지고 있어야 한다는 것이다.

# 과거로부터 배우기

과거를 돌아보기는 쉽다. 그리고 과학의 어두운 과거로부터 많은 교훈을 얻을 수 있다. 이런 교훈들을 전자담배, 방부제, 화학 수지, 자폐증 치료, 암 검사 프로그램, 유전자 변형 식품GMOs과 같은 오늘날의 다양한 발명품들에 적용하면 어떻게 될지 알아보기로 하자.

### 1. 모든 것은 통계 자료가 말해준다.

사실은 다른 과학자들이 다른 환경에서 다른 방법을 이용하여 비슷한 결과를 얻었을 때 나타난다. 이런 사실을 무시하면 불행한 결과를 불러온다.

얼핏 보기에는 이 교훈을 따르는 것이 쉬워 보인다. 그냥 자료를 조사해 보기만 하면 될 것처럼 보인다. 그러나 자료와 관련된 문제는 훨씬 복잡하다. 전 세계 의학 및 과학 잡지에 매일 4000편의 논문이 발표되고 있다. 쉽게 예상할 수 있듯 이 논문들의 질은 종 모양의 커브를 만든다. 일부는 매우 뛰어나고 일부는 형편없으며, 대부분은 그저 평범한 수준이다.

그렇다면 어떻게 좋은 자료와 나쁜 자료를 구별할 수 있을까? 저널의 질에 초점을 맞추는 것이 한 가지 방법이 될 수 있다. 그러나 그것도 완전하지는 않다. 엄격한 심사를 거치는 저널에도 지나치게 많은 커피를 마시면 췌장암에 걸린다고 주장하는 논문이 게재되기도 했고, 홍역 백신(MMR 백신)이 자폐증을 유발한다는 주장이나 작은 원자핵이 합쳐 큰 원자핵이 되는 핵융합이 상온의 물속에서(상온핵융합) 일어난다고 주장하는 논문이 실리기도 했다. 이런 주장들은 모두 다른 연구자들에 의해 옳지 않다는 것이 밝혀졌다(마크 트웨인은 '세상에서 문제가 되는 것은 너무 조금 알고 있는 사람들이 아니라 사실이 아닌 것을 너무 많이 알고 있는 사람들이다'라고 말했다).

그렇다면 저명한 과학 저널에 실린 결과를 완전히 믿을 수 없다면 무엇을 믿어야 할까? 그 답은 과학은 두 개의 기둥 위에 서 있다는 것이다. 하나가 다른 하나보다 더 믿을 만하다. 첫 번째 기둥은 심사위원의 심사이다. 논문이 출판되기 전에 그 분야의 전문가가 심사한다. 그러나 불행하게도 이 과정에도 오류가 있을 수 있다. 모든 전문가가 같지 않고 때로는 나쁜 자료가 끼어들기도 한다.

두 번째 기둥은 재현성이다. 연구자가 새로운 사실을 주장하는 논문을 발표하면 (MMR 백신이 자폐증을 유발한다고 주장하는 것과 같은) 후속 연구들이 그것이 옳은지 그른지를 가려낸다. 예를 들면 MMR이 자폐증을 유발한다는 논문이 발표된 직후 유럽, 캐나다 미국의 수백 명의 연구자들이 그 결과를 재현하려고 시도했다. 그러나 재현에 실패했다. 수십만 명의 어린들과 수천만 달러의 연구비가 관련된 수많은 연구를 통해 백신을 맞은 어린이가 맞지 않은 어린이보다 자폐증의 위험이 더 높지 않다는 것이 밝혀졌다. 훌륭한 과학은 결국 이긴다.

### 2. 모든 것에는 대가가 있다. 문제는 대가가 얼마나 큰가 하는 것이다.

가장 극적이고, 목숨을 구할 수 있고, 혁신적이고, 널리 받아들여지는 과학적이고 의학적인 발명도 (항생제나 위생 프로그램과 같이) 대가를 치러야 한다. 대가가 없는 것은 아무것도 없다.

최초의 항생제인 설파는 1930년대 중반에 발명되었다. 다음에는 제2차 세계대전 동안 대량 생산되었던 페니실린이 발명되었다. 항생제는 많은 생명을 살렸다. 항생제가 없었더라면 폐렴이나 수막염 그리고 다른 다양한 치명적인 감염 질병으로 수많은 사람들이 죽어가고 있을 것이다. 부분적으로는 항생제 덕분에 우리가 100년 전보다 30년이나 더 오래 살 수 있게 되었다. 그러나 항생제 내성균의 문제를 차치하더라도 항생제 사용으로 인한 결과 중 한 가지는 전혀 예상하지 못한 것이었다.

지난 10여 년 동안 연구자들은 미생물군계라고 부르는 것을 연구해왔다. 피부, 장, 코, 목구멍에 존재하는 세균의 수를 조사해온 연구자들은 최근 이런 세균들의 역할이 놀랍다는 것을 발견했다. 우리 몸을 덮고 있는 세균의 수와 종류가 부분적으로는 당뇨병, 천식, 알레르기, 비만에 걸릴 가능성을 결정한다. 더 놀라운 것은 항생제를 이용하여 세균을 바꾸어 놓으면 이러한 질병의 위험이 증가한다는 것이다.

여기서 얻을 수 있는 교훈은 분명하다. 필요할 때는 항생제를 사용해야 하지만 지나친 사용은 위험을 감수해야 한다.

항생제만이 예상하지 못했던 대가를 치르는 극적인 과학적 발명이 아니다. 심지어는 살모넬라, 시겔라, E. 콜리, A형 간염과 같은 음식이나 물과 관련된 질병을 크게 줄인 위생시설 프로그램도 예상하지 못했던 위험을 안고 있다. 선진국에서는 세균이나 바이러스 감염에 의한 치명적인 질병이 줄어들었지만 천식이나 알레르기와 같은 질병은 오히려 증가했다. 이것을 산업화 탓이라고만 할 수는 없을 것이다.

위생시설의 예상하지 못했던 문제는 뉴잉글랜드 의학 저널에 실린 '지저분하게 먹어라'라는 제목의 글을 통해 알 수 있다.

개발도상국의 어린이들은 태어날 때부터 세균 폭탄을 맞게 된다. 그 결과 그들의 장에는 선진국에서는 드문 기생충과 독성 물질을 분비하는 세균들이 많이 살게 된다. 이런 기생충이나 세균들로 인해 영양결핍에 걸리거나 죽을 수도 있지만 천식이나 알레르기로 고생할 가능성은 적어진다. 연구자들은 이것을 '위생가설'이라고 부른다.

핵심은 모든 것에는 항상 대가가 따른다는 것이다. 우리가 해야 할 일은 특정한 기술이 대가만큼의 가치가 있느냐 하는 것을 판단하는 일이다. 그리고 우리는 어떤 기술이 수십 년 또는 수백 년 우리 주위에 있었다고 해서 예외라고 생각해서는 안 된다. 모든 기술은 계속적으로 평가해야 한다. 아마도 가장 좋은 예가 전신마취이다.

전신마취는 150년 이상 사용되어왔지만 최근에 와서야 몇 년 동안 집중력과 기억력에 영향을 준다는 것이 밝혀졌다. 펜실베이니아 대학의 마취과 교수인 로데릭 G. 에켄호프Roderic G. Eckenhoff는 '부분 마취도 문제가 없는 것은 아니다'라고 말했다.

### 3. 시대정신을 주의하라.

현대 문화의 희생양인 세 가지 현대 기술이 있다.

**전자담배** 실제로 담배를 피우는 것이 아님에도 10대가 담배 피우는 모습을 싫어해서.

**유전자 변형 식품** 기술이 오만해 보여서, 자연의 질서를 바꾸려는 우리의 시도가.

**비스페놀 A(BPA)** 아기들의 플라스틱 젖병에서 녹아나올 수 있는 화학 수지여서.

이 세 가지 기술들은 이 기술들이 해를 준다는 것을 증명하기 위해 시행된 과학 연구의 희생양이며 언론에 의해 고통받고 있다. 따라서 이 기술들에 대한 부정적인 언론은 증거로부터 우리 눈을 가리지 말아야 한다.

2006년에 처음 미국에 도입된 전자담배는 전지로 작동하는 증발장치로 담배 없이 니코틴만 전달한다. 증발하는 액체 속에는 프로필렌글리콜, 글리세롤, 여러 종류의 캔디와 벨기에 와플이나 초콜릿 같은 풍미를 위한 물질도 들어있다. 인간이 발명한 것들 중 가장 파괴적인 담배와 아주 비슷한 전자담배는 거의 모든 과학자, 의사, 공중보건을 담당하는 공무원들로부터 저주를 받았다. 그 이유를 이해하는 것은 어렵지 않다.

첫째 전자담배에 포함되어 있는 니코틴은 중독성이 있으며 몸에 해로울 가능성이 있다. 특히 태아에게 나쁘다. 그리고 두통, 메스꺼움, 구토, 어지러움, 신경과민, 빠른 심장 박동을 유발할 수 있다. 니코틴을 포함하고 있지 않은 전자담배도 일부 있지만 그러나 대부분은 니코틴을 포함하고 있다.

다음은 알트리아, 레이놀즈, 임페리얼과 같은 대형 담배 제조회사들이 전자담배를 생산한다. 회사 운영자들은 전자담배를, 금연하려는 사람들을 위한 금연보조제라고 주장하지만 미국 시민들은 그다지 신뢰하지 않고 있다. 2012년에 전자담배 제조업체들은 잡지나 텔레비전 광고비로 1800만 달러를 지출했다. 1971년 이후 금지된 담배 광고와는 달리 전자담배 광고는 얼마든지 해도 된다. 그 결과 전자담배는 미국에서 연매출 35억 달러의 산업이 되었다. 일부에서는 2020년대에는 일반 담배를 앞지를 것이라고 예상하고 있다.

마지막으로 조 카멜의 광고를 생각나게 하는 일부 전자담배 광고는 청소년을 유혹하도록 특별히 설계되었다. 2014년 골든 글러브 시상식에서 줄리아 루이스 드레이퍼스Julia Louis-Dreyfus가 전자담배 피우는 모습을 보여 주었을 때 헨리 왁스만Henry Waxman(민주당-캘리포니아) 의원과 프랭크 팔론 주니어Frank Pallone, Jr., (민주당-뉴저지) 의원이 NBC 사장에게 전화를 걸어 이 여배우가 '어린이들에게 이 제품에 대한 잘못된 정보를 전했다'고 항의했다. 하지만 왁스만이나 팔론과 같은 사람들의 항의는 무시되었다. 전자담배는 청소년들 사이에서 큰 인기를 끌게 되었으며 2013년에 전혀 담배를 피우지 않았던 25만 명의 청소년들이 전자담배를 시도해 보았다. 2014년에는 160만 명의 미국 중고등학교 학생들이 전자담배를 시험했다. 이는 전 해에 비해 크게 증가한 수치이다.

실제로 미국 고등학생의 10% 이상이 전자담배를 시도하고 있다. 시간이 지나면 어린이 전자담배 파도가 어른 흡연의 홍수로 이어질 것이 뻔해 보인다. 그 결과 많은 사람들이 폐암으로 죽게 될 것이다. 매년 흡연으로 인한 48만 명의 죽음과 3000억 달러나 되는 의료비와 생산성 감소를 전자담배가 더욱 악화시킬 것으로 보인다.

이 모든 이유로 미국 암 협회, 미국 폐 협회, 질병통제예방센터, 세계보건기구, 미국 소아과 아카데미는 모두 전자담배를 강력하게 반대하고 있다. 내가 이 문제에 처음 접근했을 때 나도 그들의 주장에 전적으로 동의하는 것으로 끝날 뻔했다. 그러나 하나의 문제가 있었다. 통계 자료였다.

지난 5년 동안의 전자담배의 소비가 크게 증가한 것과는 반대로 흡연은 역사적 최소 수준으로 감소되었다. 여기에는 청소년 흡연도 포함된다. 예를 들어 CDC의 보고서에 의하면 2013년과 2014년 사이에 전자담배의 사용이 세 배로 늘어났지만 흡연은 극적으로 줄어들었다. 2005년에는 20.9%의 성인이 담배를 피웠지만 2014년에는 16.8%가 담배를 피워 20%가 줄어들었다. 2014년에는 50년 만에 처음으로 미국의 흡연자 수가 4000만 명 이하로 내려갔다.

전자담배가 흡연을 대체하고 있다는 또 다른 증거는 미성년자들에게 전자담배의 판매를 금지한 주에서는 성인들의 흡연이 증가했다는 것이다.

전자담배가 담배보다 더 안전하다는 것을 부정하는 사람은 아무도 없다. 담배와는 달리 전자담배는 암의 원인이 되는 타르를 내뿜지 않고, 심장 질환의 원인이 되는 일산화탄소와 같은 연소물을 배출하지 않는다. 니코틴-중지 치료의 선구자인 미카엘 러셀Michael Russell은 '사람들은 니코틴을 흡수하기 위해 담배를 피우지만 타르로 인해 죽는다'라고 말했다.

이것은 모두 우연의 일치일 수도 있다. 전자담배의 증가가 흡연자 수의 감소와 아무 관계가 없을 수도 있다. 그러나 그렇지 않다는 증거가 밝혀지기 전까지는 전자담배가 금연보조제라는 것을 부정하기에는 이르다. 시간이 해결해줄 것이다. 핵심은 전자담배를 반대하는 문화적 환경이 부적절하다는 것이다.

2015년 8월에 영국 보건성이 금연의 효과적인 방법으로 전자담배를 추천했다. 9개월 후인 2016년 4월에는 1518년에 창립된 영국 의사들의 단체인 왕립 내과의사 칼리지가 보건성의 결정을 지지했다. 영국 내과의사들은 전자담배를 사용하는 사람들이 니코틴 패치를 이용하는 사람들보다 금연 성공률이 높다는 연구 결과를 받아들였다.

전자담배와 마찬가지로 유전자 변형 생물도 시대정신의 희생양이다. 유전자 변형 생물은 '현대 생물공학 기술을 이용하여 유전 물질을 새롭게 배합하여 만들어낸' 모든 생물이라고 정의할 수 있다. 여기서 가장 핵심이 되는 단어는 '현대 생물공학 기술'이다.

인류 역사가 시작된 이래 우리는 유전적으로 우리 환경을 변화시켜왔다. 기원전 1만 2000년경부터 인류는 품종 개량이나 인위적인 선택을 통해 식물이나 동물을 길들이기 시작했다. 이것은 모두 특정한 유전적 특성을 선택하기 위한 것으로 현대 유전적 변형의 전단계라고 할 수 있다. 그럼에도 불구하고 환경보호주의자들은 과학자들이 자연을 변형하기 위해 실험실에서 DNA를 재조합하려고 했을 때 어느 때보다도 큰 충격을 받았다.

오늘날 유전공학을 가장 많이 사용하는 곳은 식품 생산이다. 유전공학을 이용하여 병충해에 강하고 극한 온도나 극한 환경에 잘 적응하는 작물을 개발했으며, 영양소가 풍부하면서도 보존기간이 길고 제초제에 강한 작물도 개발했다. 미국에서 생산되는 94%의 콩, 96%의 목화 그리고 93%의 옥수수가 유전적으로 변형된 것이다. 개발도상국에서는 54%의 곡물이 유전적으로 변형된 것이다. 이것은 특히 개발도상국 농부들에게 큰 도움을 주었다. 유전자 변형 기술의 이용으로 화학 살충제 사용은 37% 줄었고, 생산량은 22% 늘어나 농부의 수입은 72% 증가했다. 유전자 변형 종자가 더 비싸기는 하지만 살충제의 감소와 생산량 증가로 쉽게 상쇄되었다.

많은 사람들이 유전자 변형 식품이 다른 식품보다 더 위험하지 않을까 걱정하고 있지만 조심스런 과학적 연구는 그런 걱정을 할 아무런 이유가 없다는 것을 보여 주고 있다. 미국 과학진흥협회와 국립과학아카데미는 유전자 변형 식품의 이용을 지지하고 있다. 유전자 변형 식품을 특별하게 지지하지 않아온 유럽연합도 과학을 무시할 수 없었다.

2010년에 유럽연합 집행위원회는 다음과 같은 성명을 발표했다.

'25년이 넘는 기간 동안 500개의 연구 그룹이 관련된 130개 이상의 연구 프로젝트를 통해 얻어낸 중요한 결론은 생명공학 특히 유전자 변형 식품이 전통적인 육종 방법으로 만든 식품보다 자체적으로 더 위험하지 않다는 것이다.'

과학적 연구 결과는 분명하지만 일반인들은 계속 염려하고 있다. 최근의 갤럽 여론조사에 의하면 48%의 미국인들이 유전자 변형 식품이 소비자에게 심각한 위험을 초래한다고 믿고 있었다. 여론조사에 응한 많은 사람들이 유전자 변형 식품이라는 것을 상표에 명시해 소비자들이 어떤 것을 피해야 하는지를 알 수 있도록 하기를 원했다. 이 여론조사는 우리가 과학을 무시할 뿐만 아니라 역사마저 무시하려고 한다는 것을 보여주었다.

선택적 품종 개량과 사육으로 인해 오늘날 우리가 재배하는 작물은 이들의 조상과는 많이 다르다. 실제로 농부들이 특정한 작물의 육종을 위해 돌연변이를 이용하는 것은 우리가 돌연변이를 만들어내는 것과 다를 것이 없다. 두 가지 모두 같은 돌연변이이다.

유전자 변형은 생명을 구하는 약품을 만드는 데도 사용되고 있다. 당뇨병 치료에 사용되는 인슐린, 혈우병 치료에 사용되는 응고 단백질, 키가 작은 어린이들이 사용하는 성장 호르몬은 모두 유전공학 기술을 이용하여 만든다. 전에는 이런 제품들을 돼지의 췌장, 헌혈자, 죽은 사람의 뇌하수체에서 얻었다.

그럼에도 불구하고 유전자 변형 생물 반대자들은 단호하다. 최근에 물고기의 유전자를 포함하고 있는 토마토 이야기가 사람들의 관심을 끌었다. 프랑켄슈타인의 이미지가 환경보호주의자들이 유전자 변형 식품에 GMO 상표 부착을 더욱 밀어붙이는 계기를 제공했다.

예일 대학 의대 조교수이며 〈우주로 안내하는 회의론자〉라는 팟캐스트를 시작한 스티븐 노벨라Steven Novella는 이것을 다음과 같이 종합했다.

'여기의 실제 문제는 물고기 유전자를 가진 토마토가 있느냐가 아니라 누가 그것에 관심을 갖느냐이다. 물고기 유전자를 먹는 것이 실제로 물고기를 먹는 것보다 더 위험하지는 않다. 그리고 일부 추정에 의하면 사람 유전자의 70%는 물고기의 유전자와 같다. 우리도 물고기 유전자를 가지고 있고, 우리가 먹는 모든 식물도 물고기 유전자를 가지고 있다. 그냥 넘어가면 된다!'

유전자 변형 식품의 논쟁은 2015년에 비논리적으로 끝났다. 뉴욕 하원의원 토머스 J. 아비난티Thomas J. Abinanti가 모든 유전자 변형 백신을 금지하는 법안 1706을 제안했다. 대부분의 백신은 유전자가 변형된 것이다. 그렇지 않다면 사람들에게 '자연적인' 세균이나 바이러스를 주입해 병에 걸리도록 해야 할 것이다. 예를 들면 유전자 변형 소아마비 바이러스를 이용하여 우리는 미국과 대부분의 나라에서 소아마비를 없앴다. 백신은 유전적으로 변형해야 한다.

시대정신에 의해 가장 큰 어려움을 겪고 있는 화학물질은 비스페놀 A(BPA)이다.

1935년 듀폰화학 회사가 '화학을 통한 더 나은 생활'이라는 슬로건을 내걸었다. 1982년 듀폰은 여기에서 '화학을 통한'이라는 말을 빼버렸다. 후에 이 슬로건을 버리고 대신 '과학의 기적'으로 바꿨다. 미국인들에게는 '화학'이라는 단어가 친숙하지 않다. 우리는 화학이라는 이름이 붙은 모든 것에 부정적으로 반응하는 경향이 있다. 비스페놀 A의 경우에는 특히 그렇다.

1891년에 처음 합성된 BPA는 1957년이 되어서야 미국에서 플라스틱과 수지를 만드는데 상업적으로 사용되기 시작했다. 이 화학물질은 고글, 얼굴 보호대, 자전거 헬멧, 물병, 젖병, CD, DVD의 제조나 수도관의 내부 코팅, 수프나 청량음료용 금속 캔의 내부 코팅 등에 사용되고 있다. 재미있는 것은 BPA가 플라스틱을 깨끗하게 하고 강하게 하기 위한 물질로 개발된 것이 아니라는 것이다. 이것은 여성 생식기관을 조절하는 호르몬인 에스트로겐estrogen의 합성물질로 발명되었다. 그러나 BPA는 다른 합성 에스트로겐에 비해 4만 배나 약한 에스트로겐이었다. 따라서 버려졌다가 후에 플라스틱 가소제로 사용하게 되었다. 연구자들은 곧 물에 녹지 않는 이 약한 호르몬이 플라스틱이나 금속 용기에서 녹아나올 수 있다는 것을 발견하고 어린이들을 포함한 미국인들이 자기도 모르게 여성 호르몬을 먹게 될지도 모른다고 염려했다.

BPA가 해로울지 모른다고 염려한 연구자들은 쥐에 주는 영향을 조사해 BPA가 유방암, 전립선암, 조숙, 난소 종양, 비만 그리고 심지어는 집중력 결핍과도 관련이 있다는 것을 알아냈다. 계속해서 그들은 사람에 대한 조사를 통해 93%의 성인이 소변에 BPA 흔적을 가지고 있다는 것을 알아냈다. 〈타임〉 지의 기자는

'몸 안에 BPA를 가지고 있지 않으면 현대에 살고 있는 것이 아니다'라고 썼다.

이런 정보에 따라 플라스틱 용기를 만드는 회사인 날진이 모든 제품에서 BPA를 제거했다. 그리고 FDA는 젖병에 BPA 사용을 금지했다. 한 기자에 의하면 BPA는 이제 '세계에서 가장 비난받는 화학물질 중 하나가 되었다.' 그러나 DDT의 경우와 마찬가지로 BPA의 경우에도 사실과 다른 면이 있었다.

처음에 연구자들은 동물을 이용한 연구 결과를 재현할 수 없었다. 특히 BPA를 사람이 흡수하게 되는 양에 해당하는 양으로 동물 실험을 한 경우에는 더욱 그랬다. 하버드 위험 분석 센터가 2004년에 내놓은 보고서는 '적은 양의 BPA 효과를 증명할 확실한 증거가 없다'고 명시했다. 이 연구의 공동저자였던 글렌 사이프스Glenn Sipes는 '나는 적은 양의 생물학적 효과를 확인할 수 있다고 말하는 데 별 어려움 없었다. 그러나 왜 우리가 재현할 수 없는 이 연구들을 보고 있어야 하나? 왜 우리가 적은 양의 BPA가 영향을 준다는 것을 보여주기 위해 이렇게 열심히 노력해야 되는가? 왜 BPA의 문제가 흑이냐 백이냐 여야 하나?'라고 말했다.

2011년 사람에 대한 연구에서 적은 양의 BPA가 사람에게 해롭다는 증거가 없다는 것을 발견했다. 로덴트를 이용한 연구에서 BPA가 문제를 일으킨 것은 BPA를 로덴트에게 주사했기 때문이었다. 주사를 하면 5분 안에 BPA를 불활성으로 만들어 버리는 간을 통과하지 않게 된다. 주사하는 대신 BPA를 먹게 한 경우에는 사람이 흡수하는 양의 40배, 400배, 4000배에 해당하는 양을 먹여도 건강했다.

2014년 7월 FDA는 '현재 음식물에 함유된 정도의 BPA는 안전하다'고 발표했다. 마찬가지로 2008, 2009, 2010, 2011 그리고 2015년에 BPA에 대한 권고를 발표한 유럽 식품안전청도 BPA가 안전하다고 계속 발표했다.

두 기관은 BPA의 하루 섭취허용기준(TDI)를 설정했다. 이 기준은 보통 우리가 하루에 섭취하는 양의 1만 배에 해당하는 양이었다. 이것은 하루 500캔의 수프를 먹을 때 섭취하는 양이었다. 그럼에도 불구하고 오늘날에는 'BPAfree'라는 상표를 자랑스럽게 달고 있지 않은 물병을 찾아보기 어렵다.

BAP 연구를 의심해야 하는 또 다른 이유는 실험에 이용했던 쥐가 사람이 아니라는 것 때문이다. 동물을 이용한 모든 실험 결과는 조심스럽게 다뤄야 한다. 예를 들면 1970년대 초에 사카린이 로덴트에서 방광암을 발생시킨다는 연구 결과가 발표되었다. 그 결과 사카린이 포함된 모든 식품은 위험을 알리는 라벨을 붙여야 했다. 2000년 과학자들은 로덴트에게 일어났던 일이 하지만 사람에게는 일어나지 않는다는 것을 알아냈다. 사람의 소변과는 달리 로덴트의 오줌은 강한 산성이고 많은 양의 칼슘과 단백질을 포함하고 있다. 이 때문에 사카린을 먹은 로덴트는 오줌에 미세한 결정이 생겨 방광의 표면을 손상해 암으로 발전한다. 사람에게서는 이런 일이 일어나지 않는다. 2000년 12월 21일 FDA는 사카린을 포함한 식품에서 경고문을 삭제했다.

동물 실험 결과가 사람에게 그대로 적용된다면 개에게 심장 부정맥을 유발해 때로 죽음에 이르게 하는 초콜릿 역시 사람이 먹으면 안 된다. 개는 테오브로민이라고 부르는 초콜릿 속 있는 성분을 소량만 섭취해도 문제가 생긴다. 그러나 사람은 많은 양의 초콜릿을 먹어도 문제가 없다(내가 살아 있는 것이 그 증거이다).

동물 실험은 또 다른 이유로 잘못 적용될 수 있다. 동물에게는 효과가 있었던 것이 사람에게는 그렇지 않은 경우도 있다. 예를 들면 초기의 HIV 예방 백신 연구에서 실험용 쥐와 원숭이에서는 좋은 결과를 얻었지만 사람은 그다지 좋은 결과를 얻지 못했다. 펜실베이니아 대학의 백신 연구자 데이비드 워너David Weiner는 '쥐는 거짓말을 했고, 원숭이는 과장했다'라고 말했다.

화학적 이름을 가진 물질에 대한 우리의 거부감은 쉽게 없어질 것 같지 않다. 몇 년 전 코미디언 펜과 텔러Penn and Teller가 한 가지 실험을 했다. 그들은 캘리포니아에서 열린 박람회에 친구를 보내 일산화이수소dihydrogen monoxide가 우리 건강에 나쁘므로 이 화학물질을 금지하자는 청원에 서명을 받도록 했다. 이수소dihydrogen라는 것은 두 개의 수소 원자를 뜻했고, 일산화monoxide는 하나의 산소 원자를 뜻했으므로 일산화이수소는 물($H_2O$)를 의미했다. 그럼에도 화학물질명을 사용하여 그 친구는 수백 명의 사람들이 지구상에서 물을 금지하자는 데 동의하도록 할 수 있었다.

## 4. 빠른 치료를 조심하라.

전두엽절제 수술과 마찬가지로 정신병원이 성인 정신분열증 환자로 넘쳐나던 것은 이제 과거의 유물이 되었다. 정신분열증은 외래 진료를 받는 질병이 되었다. 어린이들에게서 가장 자주 발견되는 정신 질환인 자폐증도 마찬가지다. 그 결과 치료법을 발견해야 하는 부담이 공공시설에서 일하는 정신과 의사로부터 집에서 생활하고 있는 부모에게로 전가되었다.

불행하게도 과거의 정신과 의사들과 마찬가지로 부모들도 고통을 해소하기 위해 무슨 일이든 할 수 있을 정도로 절박한 상태에 있다. 그리고 우리는 전두엽절제술과 같이 소름끼치는 잘못된 중세의 치료법이 과거의 일이라고 생각하겠지만 사실은 그렇지 않다.

자폐증 어린이를 고압 산소 탱크에 넣고, 고막에 고통스런 압력을 가해 어린이가 목숨을 잃기도 했다. 그런가 하면 중금속과 화학반응을 하도록 만든 정맥 주사를 놓아 심정지로 목숨을 잃는 일도 있었다. 줄기 세포 치료를 받기 위해 멕시코나 다른 나라로 어린이를 데려가기도 한다. 최악의 경우에는 사이언톨로지의 신자였다가 건강전도사로 변신한 짐 험블Jim Humble이라는 사람의 치료를 받기도 한다. 그는 자신을 창세기 II 건강 교회의 대주교라고 부르고 있다. 인터넷 비디오에서 험블은 자신이 안드로메다은하에서 온 10억 살 된 신이라고 주장한다.

험블은 AIDS, 말라리아, 암, 알츠하이머병과 마찬가지로 자폐증도 장에 살고 있는 벌레 때문에 생긴다고 믿고 있다. 벌레를 죽이기 위해 그는 기적의 광물 또는 MMS라고 부르는 것을 발명했다. MMS는 아염소산나트륨과 구연산을 포함하고 있는데 이들이 결합하여 강력한 표백제인 이산화염소를 만든다. 어린이들이 마시거나 관장제로 사용하는 MMS는 자폐증 공동체에서는 매우 널리 알려져 있다.

자폐증이 벌레에 의해 생기는 질병이 아니라는 사실은 차치하더라도 문제는 소량의 MMS라도 메스꺼움, 구토, 설사, 장출혈, 호흡기 질환, 혈액 속의 적혈구가 깨지는 용혈 반응 그리고 발육 부진을 초래할 수 있다는 것이다. 2015년 10월에 한 미국 판매상이 이 제품을 판 혐의로 구속되었다. MMS는 적어도 한 명의 죽음과 관련되어 있다.

어린이에게 MMS 치료를 받게 하고 있는 부모들은 인터넷을 통해 자신들의 사연을 공유하고 있다. 그들은 고통으로 울고 있는 아이들 이야기를 하고, 변기에서 발견한 아이들의 장의 표피 사진을 보여주면서 벌레라고 믿고 있다. 그들은 아이들의 머리카락이 어떻게 빠지는지를 이야기하고, 아이들이 점차 무관심해지고 있으며, 이전의 감정을 잃어가고 있다는 이야기를 한다. 그들은 산업용 표백제로 아이들을 만성적으로 중독시킴으로써 조용하게 해 다루기 쉽게 만들고 있다.

결과적으로 전두엽절제 수술의 경우처럼 그들은 하나의 문제를 다른 문제로 바꾸고 있다. 그럼에도 불구하고 부모들은 서로를 격려하며 이것이 효과가 있다고 주장하고 있다.

전두엽절제 수술과 MMS 치료법의 차이는 놀라울 정도다. 전두엽절제 수술은 미국 의학협회, 미국 정신과의사회, 뉴잉글랜드 의학 저널의 승인을 받았다. 반면에 MMS 치료법은 어떤 전문가나 의학 단체의 승인도 받지 못했을 뿐만 아니라 FDA가 중지하라고 경고했다. 얼음송곳 전두엽 절제술은 존경받던 신경과 의사였으며 유명한 의과대학 교수였던 사람이 발명했지만 MMS 치료법은 지구로부터 250만 광년 떨어진 곳에서 왔다고 주장하는 사람이 발명했다. 이 내용만 본다면 사람들이 자신의 아이들의 입이나 직장에 공업용 표백제를 주입한 것보다 차라리 아이들에게 전두엽절제 수술을 받게 한 것을 훨씬 쉽게 이해할 수 있다.

억지스럽게 보일지는 모르지만 다음과 같은 시나리오를 생각해보자.

일단의 부도덕한 의사들이 자폐증을 치료하기 위해 전두엽절제 수술을 하는 진료소를 스위스에 개설했다. 이 진료소를 운영하는 의사들은 이것을 전두엽절제 수술이라고 부르지 않고 '새로운 시작' 수술과 같은 새로운 이름으로 부른다.

의사들은 매력적인 웹사이트를 개설하고 몇 분밖에 안 걸리는 외래 수술을 통해 자폐증을 유발하는 뇌 조직을 제거할 수 있다고 설명한다. 그들은 수술을 받은 후에 아이들의 말이 두 배로 늘어났고, 아이들이 자신의 문을 열었다고 증언하는 부모들의 증언을 포함시킨다.

만약 다른 은하에서 온 100만 살 먹은 신이라고 주장하는 어떤 사람이 어린이 학대로 이어지는 치료를 받기 위해 사람들이 줄을 서게 할 수 있다면 일부 유럽 진료소 의사가 외과적 수술을 빠른 치료법이라고 과대 선전해 사람들을 줄 세우는 것도 가능할 것이다. 물론 아직 그런 일이 일어난 적은 없다. 그러나 이것이 불가능하다고 믿을 이유가 없다. 치료가 가능하지 않는 것을 치료하기 위해 무엇이든지 할 수 있는 절박함이 있는 한 어떤 일이 일어날지는 아무도 모른다.

### 5. 섭취량이 독성 여부를 결정한다.

레이첼 카슨은 침묵의 봄에서 인간이 만든 활동이 환경을 파괴할 수 있다고 정확하게 예측했다. 레이첼 카슨 덕분에 우리는 우리가 지구에 주는 충격에 훨씬 더 관심을 가지게 되었다. 그러나 불행하게도 카슨은 무관용이라는 개념을 만들었다. 무관용은 해롭다는 것이 밝혀진 모든 물질은 완전히 금지시켜야 한다는 주장을 말한다. 농장에서 사용하는 다량의 DDT가 해로울 가능성이 있다면 모기를 퇴치하는데 사용하는 소량의 DDT도 금지해야 한다는 것이다. 그 결과 수백만 명의 어린이들이 말라리아로 목숨을 잃었다.

무관용의 원칙이 어떻게 해를 끼치는지를 보여주는 최근의 예는 백신에 사용되는 에틸수은이 포함된 방부제인 티메로살이다. 백신은 어린이들에게 주사하기 때문에 무방부제가 더 많은 걱정을 만들어낸다.

방부제는 1930년대에 처음으로 여러 번 사용하는 백신 약병에 첨가했다. 주사 바늘이 여러 번 고무마개를 통과하다 보면 균이 병 안으로 들어갈 수 있었기 때문이다.

1900년대 초에는 여덟 번째, 아홉 번째 또는 열 번째로 백신을 맞은 어린이들이 약병에 들어간 세균에 감염되어 심각한 문제가 되기도 했다. 에틸수은이 포함된 방부제를 백신에 첨가함으로써 이런 문제는 없어졌다. 그러나 1990년대 말에 의문이 생겼다. 대가는 무엇인가?

1999년에 일부 내과의사들이 백신에 포함된 수은에 어린이들이 너무 많이 노출되는 것이 아닌가 하는 염려를 하게 되었다. 1990년대 백신에 포함된 티메로살에는 1970년대 DDT에 일어났던 일과 아주 비슷한 일이 일어났다. 신중을 기하기 위해 유아용 백신에서 티메로살이 급하게 제거되었고, 티메로살이 포함된 제품에는 주홍글씨가 새겨졌다. 제조사들이 티메로살이 포함되지 않은 백신의 생산을 추진하고 있던 몇 년 동안에 B형 간염 백신과 같은 일부 백신에는 아직 티메로살이 포함되어 있었다. 약 10%의 병원이 티메로살이 포함되어 있는 B형 간염 백신을 사용하지 않기로 결정했다. 그 결과 미시간에서는 3개월된 아기가 B형 간염으로 숨졌고, 필라델피아에서는 B형 간염균을 가지고 있는 어머니에게서 태어난 여섯 명의 아기들이 백신을 맞지 못했다. 그들은 후에 간 경변과 같은 만성간질환이나 간암으로 고통받을 가능성이 크다.

이 병원들은 티메로살이 포함된 B형 간염 백신이 가져올 위험이 B형 간염이 주는 위험보다 크다고 잘못 가정한 것이다. 어린이들에게 사용하는 백신에서 티메로살을 제거한 뒤 몇 년 후에 이루어진 일곱 연구에서는 티메로살이 해롭지 않다는 것을 보여주었다. 유일한 위험은 실제 위험보다 높게 잡은 이론적 위험으로 인한 것이었다.

이런 일들이 어떻게 일어날 수 있었는지 이해하는 것은 어렵지 않다. 수은은 절대로 좋게 들리지 않는다(국립 중금속 인정 협회 같은 것은 존재하지 않는다). 많은 양의 수은은 분명히 해롭다. 실제로 일본 미나마타 만에서 화학 물질 누출에 의한 수은의 환경오염이나 이라크에서의 훈증 곡물로 수백 명의 어린이와 태아가 손상을 입었다. 그러나 지각에 포함되어 있는 수은을 피하기는 어렵다. 물로 만든 모든 음료수에는 (모유나 유아용 조제식을 포함해서) 모두 소량의 수은이 포함되어 있다. 소량의 수은은 해롭지 않다. 다량의 수은만이 해롭다. 소량의 수은이 해롭다면 우리는 다른 행성으로 이사를 가야 할 것이다. 백신에 포함되어 있는 수은의 양은 모유나 유아용 조제식에 포함되어 있는 수은보다 훨씬 적다. 그리고 수은만이 우리가 일상적으로 먹는 음식물에 포함되어 있는 유일한 중금속이 아니다. 우리 모두는 혈액에 카드뮴, 베릴륨, 탈륨, 비소와 같은 금속을 소량 가지고 있다. 그러나 이들의 양은 해를 끼치기에는 아주 적은 양이다.

불행하게도 우리는 독성 물질 연구가 밝혀낸 가장 중요한 교훈을 쉽게 배울 수 없을 것 같아 보인다. 섭취량이 독성 여부를 결정한다. 예를 들어 사람들이 많은 양의 물을 급하게 마시면 (대학 서클에서 신입생을 골리기 위해 하는 행사에서와 같이) 소듐을 지탱할 수 있는 능력을 벗어날 수 있다. 혈액의 소듐 수준이 떨어지면 발작이 일어날 수도 있다. 이것이 물이 뇌에 해롭다는 것을 의미하지는 않는다. 이것은 단지 물을 한꺼번에 너무 많이 마시면 안 된다는 것을 의미할 뿐이다.

한 잔의 커피에는 아세트알데히드, 벤즈알데히드, 벤젠, 벤조피렌, 벤조푸란, 카페인산, 카테콜, 1, 2, 5, 6 디벤잔트라신, 에틸벤젠, 포름알데히드, 푸란, 퍼푸랄, 하이드로퀴논, 디리모넨, 4-메틸카테콜, 스티렌, 톨루엔과 같은 물질들이 포함되어 있다. 이들 중 많은 것은 암을 유발하거나 DNA를 변화시키는 물질로 알려져 있다. 그러나 어떤 연구도 커피가 암을 유발한다는 것을 밝혀내지 않았다. 그것은 커피에 포함되어 있는 화학물질의 양이 안전한 수준보다 훨씬 적기 때문이다. 레이첼 카슨의 무관용이 실제 세계에서는 적용되지 않는다.

### 6. 지나치게 조심스러워 하는 것을 조심하라.

레이첼 카슨은 우리에게 조심하라고 가르쳤다. DDT가 사람들에게 해를 줄 수도 있으니 DDT의 사용을 금지하는 것이 당연하다고 했다. 그런데 앞에서 알아보았던 것처럼 DDT의 사용을 금지한 것은 이익보다 손해가 더 많았다.

BPA에 관해서도 또 다른 의견을 제시할 수 있다. 장난감에서 가소제를 제거하는 것이 무슨 해가 된단 말인가? FDA가 젖병에서 BPA를 금지하고 넬진이 자사의 모든 제품에서 BPA를 제거했을 때는 BPA가 안전한지 여부가 확실하지 않았다.

그렇다면 주의하는 차원에서 BPA를 제거하는 것이 잘한 일이 아닐까? 대답은 그렇다이다. 충분히 이유가 된다.

그러나 우리는 조심해야 한다. 우리는 주의한다는 이름하에 이익이 되는 것보다 손해가 되는 일을 더 많이 하는 것이 아닌지 살펴보아야 한다. 어린이의 장난감에서 가소제를 제거하는 것은 별다른 영향을 주지 않았지만 (그리고 별다른 영향을 주지 않을 것을 예상할 수 있었지만), 조심하기 위해 백신에서 티메로살을 제거 한 결정이나(부모와 의사들을 놀라게 하여), 공중보건프로그램에서 DDT의 사용을 금지한 결정은(대체 살충제가 더 비싸고 덜 효과적인 상황에서) 어린이들에게 고통을 안겨주었고, 그것은 충분히 예측 가능한 것이었다. 적어도 사전예방 원칙은 그것을 시행했을 때 아무런 해가 없다는 것을 전제로 해야 한다.

현대 의학에서 사전예방 원칙을 가장 잘 적용하고 있는 암 검사 프로그램에 대해 살펴보자.

지난 50년 동안 의사들과 과학자들은 일부 암은 예방할 수 있다는 것을 증명했다. 자외선 차단제는 피부암을 예방한다. B형 간염 백신은 가장 흔한 간암을 예방할 수 있다. 인간 유두종 바이러스 백신은 자궁경부암을 예방할 수 있다. 그리고 금연은 폐암을 예방할 수 있다. 이 네 가지 전략의 결과는 확실하다.

그러나 암의 정의가 변하고 있다. 더 좋게 변한다는 것은 아니다. 20년 전 의학 교과서에는 암을 '자연적으로 발생한 치명적인 질병'이라고 정의되어 있었다. 그러나 이것은 더 이상 암의 정의가 못된다.

현재 우리는 치명적이지 않은 암을 찾아내고 있다. 그것으로 인해 죽는 것이 아니라 그것과 함께 죽는 암이 그런 암이다. 치명적이지 않은 암을 찾아내는 과정에서 우리는 이익보다는 해를 보는 경우가 있다.

다트머스 의과대학의 교수인 길버트 웰치Gilbert Welch는 우리가 현재 겪고 있는 난처한 상황을 가장 잘 나타내는 비유를 제시했다. 그것은 농가 헛간의 비유이다.

새, 토끼, 거북이가 헛간에서 도망치려고 하고 있다고 상상해보자. 헛간의 문을 열면 이들은 다른 속도로 달아난다. 날아다니는 새들은 문을 닫을 사이도 없이 날아가버릴 것이다. 이때 새들은 어떻게 하더라도 목숨을 앗아가는 암을 나타낸다. 이런 암은 일찍 발견하더라도 별 도움이 되지 않는다. 어떻든 이 암으로 인해 죽을 것이다. 이런 암은 너무 공격적이다.

반면에 너무 느린 거북이는 효과적으로 도망가지 못한다. 거북이는 천천히 자라고 전이 가능성이 없어 치명적이지 않은 암을 나타낸다. 따라서 이런 암을 가지고 있는 사람은 다른 병으로 죽을 것이다. 이런 암이 그것으로 인해 죽은 것이 아니라 그것과 함께 죽는 암이다.

문을 빨리 닫으면 잡을 수 있는 토끼는 미리 찾아내는 것이 도움이 되는 암을 나타낸다. 이런 암을 조기에 발견하지 못하면 이 암으로 인해 목숨을 잃을 것이다. 그러나 조기에 발견하면 암 검사가 목숨을 구한 것이 된다.

암 검사는 토끼를 찾아냈을 때만 가치가 있다. 만약 새나 거북이만 발견한다면 생명을 살릴 수 없다. 자궁경부암을 발견하는 팝 스미어 검사, 대장암을 발견하기 위한 대장 내시경 검사와 같은 일부 암 검사는 생명을 구한다. 이 두 가지 검사는 많은 토끼들을 찾아냈다. 반면에 갑상선암, 전립선암, 유방암의 경우에는 조기 검사의 효과가 확실하지 않다. 존스 홉킨스 대학 의대 외과 의사로 많은 책을 쓴 아툴 가완디Atul Gawande는 '우리는 현재 거북이를 찾아내는 데 전력을 기울이는 많은 돈이 드는 거대한 의료 산업을 가지고 있다'고 말했다.

갑상선암부터 시작해보자.

1999년 대한민국 정부는 갑상선암의 조기 발견을 위한 전국적인 검사 프로그램을 시작했다. 검사에 사용된 방법은 사람이들을 수 있는 음파보다 진동수가 큰 음파로 몸 안을 검사하는 초음파 영상 진단법이었다. 몸 안으로 보낸 초음파는 반사되어 돌아온다. 다른 장기는 다른 정도로 초음파를 흡수한다.

대대적인 검사 프로그램으로 한국 의사들은 4만 명의 새로운 갑상선 환자를 찾아냈다. 이것은 검사 프로그램이 시작되기 이전보다 15배나 많은 숫자였다. 갑상선암은 한국에서 가장 일반적인 암이 되었다. 한 연구자는 이것을 '갑상선암의 쓰나미'라고 불렀다.

거의 모든 한국의 갑상선암 환자들은 갑상선을 완전히 절제하는 갑상선 절제 수술을 받았다. 그러나 이 수술은 대가를 지불해야 한다. 갑상선 절제 수술을 받은 사람들은 평생 동안 호르몬 주사를 맞아야 한다. 때로는 적당한 투여량을 결정하기 어렵다. 너무 많은 호르몬을 투여 받은 사람들은 땀 흘림, 가슴 두근거림, 체중 감소와 같은 증상으로 고통받는다. 반면에 너무 적은 양을 투여 받은 사람들은 졸음, 우울증, 체중 과다와 같은 증상을 보인다. 게다가 성대의 신경이 갑상선 가까이 지나가기 때문에 일부에서는 성대 마비가 오기도 한다. 그리고 칼슘 대사를 조절하는 부갑상선이 가까이 있어서 칼슘 대사의 문제로 어려움을 겪기도 한다. 또는 수술 후에 생명을 위협할 정도의 출혈이 발생하기도 한다.

처음 한국 보건 당국 관리들은 증상이 나타나기 전에 갑상선암을 발견하고 흥분했었다. 그 뒤 그들은 갑상선암으로 인한 사망률을 조사해 보았다. 차이가 없었다. 갑상선암으로 인한 사망자의 수는 대규모 검사 프로그램을 시행하기 전과 후가 똑같았다. 그런 검사의 결과는 갑상선 수술의 후유증으로 고통받은 수만 명의 한국인들뿐이었다.

갑상선암의 과잉 진료와 과다 치료의 문제는 한국에만 한정된 것이 아니다. 프랑스, 이탈리아, 크로아티아, 이스라엘, 중국, 오스트레일리아, 캐나다, 체코 공화국과 같은 나라에서도 갑상선암 환자의 수가 두 배로 늘었다. 미국에서는 세 배로 늘었다. 이 모든 나라들도 한국처럼 갑상선암으로 인한 사망자 수는 같은 수준을 유지하고 있다.

부검을 통한 연구로 갑상선암 검사의 문제가 무엇인지를 알게 되었다. 다른 원인으로 사망한 사람들의 3분의 1이 갑상선암을 가지고 있다는 것이 밝혀졌다. 일부 연구자는 만약 갑상선을 더 작은 부분으로 나누어 더 많이 조사했더라면 사망 당시에 갑상선암을 가지고 있었을 확률이 100%에 근접했을 것이라고 주장했다.

이것이 사람들이 갑상선암으로는 죽지 않는다는 것을 뜻하는 것은 아니다. 갑상선암으로도 죽는다. 미국에서 갑상선암으로 죽는 비율은 20만 명 중 1명이다. 갑상선암의 문제는 대부분의 갑상선암이 거북이거나 새라는 것이다. 갑상선암에는 검사를 의미 있게 만들 만큼 많은 수의 토끼가 존재하지 않는다.

다음 해에 미국에서 약 6만 명이 갑상선암 진단을 받을 것이다. 여성이 남성보다 세 배나 많을 것이다. 대부분은 갑상선 절제 수술을 받을 것이다. 그리고 그중의 일부만 진단의 효과를 볼 것이다. 대부분의 갑상선암이 생명과 관련이 없다면 이것을 암이라고 부르지 말아야 할 것이다.

전립선암 검사 역시 다시 조사해 보아야 한다.

1970년 애리조나 대학의 병리학 교수 리처드 애블린Richard Ablin은 전립선특이항원검사(PSA검사)를 발견했다. 전립선특이항원은 전립선에서 분비되는 효소이다. 전립선특이항원의 목적은 자궁경부의 점액을 파괴해 정자가 자궁에 들어가도록 하는 것이다.

전립선특이항원의 중요성을 처음으로 인식한 이들은 범죄학자들이었다. 강간 사건의 경우 범인이 정관 절제 수술을 받았거나 정자를 만들 수 없는 경우에도 전립선특이항원으로 정액의 존재를 증명할 수 있다.

다음에는 의사들이 전립선특이항원의 잠재적 가능성을 알아보았다. 전립선특이항원이 전립선암의 재발 여부를 결정하는 데 사용할 수 있다는 것을 알게 된 것이다.

다음에는 내과의사들이 전립선특이항원 검사를 전립선암의 유무를 진단하는 목적으로 사용하기 시작했다. 혈액 안의 전립선특이항원의 수준이 높으면 비뇨기과 의사들은 생검을 추천한다. 생검이 전립선암을 보여주면 전립선 전체를 절제하거나(전립선절제술) 전립선에 방사선 요법을 시행한다. 미국에서 전립선암을 진단받은 남자의 90%가 두 가지 치료법 중 한 가지 치료를 받았다.

전립선특이항원 검사로 인해 전립선암이 이제 미국에서 가장 많이 진단받는 비피부 암이 되었다. 그렇다면 전립선암으로 사망하는 사람들의 수는 어떻게 변했을까? 아무런 변화가 없었다. 전립선암으로 사망할 가능성은 지난 10년 동안 변하지 않았다. 실제로 다른 질병으로 죽은 사람들의 부검을 통해 60세 이상 남자의 50%가 전립선암을 가지고 있는 것으로 밝혀졌다. 85세 이상에서는 75%가 전립선암을 가지고 있었다. 다시 말해 갑상선암처럼 남자들은 전립선암 때문에 죽는 것이 아니라 정립선암을 가지고 죽을 가능성이 크다. 전립선암은 갑상선암과 마찬가지로 대부분이 새나 거북이이다.

2102년 미국 예방 서비스 태스크 포스는 전립선암 발견을 위한 전립선특이항원 검사를 하지 말 것을 권고했다. 그러나 이미 이로 인해 많은 손해가 발생한 후였다.

높은 전립선특이항원 검사는 통증, 출혈, 소변의 어려움, 입원을 필요로 하는 혈액 감염의 위험성이 있는 전립선 생검으로 이어졌다. 그리고 전립선암을 진단받았다는 정신적 트라우마 외에도 전립선암의 치료법이 매우 고통스럽다. 전립선 수술이나 방사선 치료는 일반적으로 실금이나 발기부전을 일으킨다. 게다가 1000명 중 5명이 전립선 수술로 죽는다.

이 모든 것이 아무런 효과 없이 치러야 할 대가이다. 태스크 포스가 권고를 발표하고 3년이 지난 2015년 전립선암으로 진단받는 사람들의 수가 줄어들었다. 많은 의사들이 이 메시지를 받아들였던 것이다.

태스크 포스가 권고를 변경하기 2년 전 전립선특이항원의 발견자인 리처드 애블린Richard Ablin이 〈뉴욕 타임즈〉에 사설을 기고했다. 전립선특이항원 검사에 드는 비용이 매년 30억 달러라는 것을 지적한 그는 '내가 여러 해 동안 분명히 하려고 노력해

온 것처럼 전립선특이항원 검사는 전립선암을 찾아낼 수 없다. 더 중요한 것은 이 검사가 생명을 위협하는 전립선암과 그렇지 않은 전립선암을 구별할 수 없다는 것이다. 나는 40년 전의 나의 발견이 그렇게 많은 비용을 필요로 하는 공중보건재앙을 불러 올 것이라고는 예상하지 못했다'라고 말했다.

유방암 진단을 위한 유방 촬영술 역시 새롭게 평가되고 있다. 1970년대 중반에 미국에 처음 도입된 유방 촬영술이 사람들의 목숨을 구한 것은 확실하지만 문제는 얼마나 많은 사람을 어떤 대가를 지불하고 살렸는가 하는 것이다.

2012년 아치 블레이어Archie Bleyer와 길버트 웰치Gilbert Welch가 뉴잉글랜드 의학 저널에 〈30년 동안의 유방 촬영술을 이용한 유방암 검사의 효과〉라는 제목의 논문을 발표했다. 그들은 유방 촬영술의 등장으로 미국의 유방암 환자가 두 배로 늘어났다는 것을 발견했다. 검사를 받은 10만 명의 여성 중 유방암으로 진단받은 사람은 112명에서 234명으로 늘어났다. 다시 말해 10만 명당 122명의 유방암 환자가 늘어난 것이다. 같은 기간 동안에 말기 유방암 환자(죽을 가능성이 큰)의 수는 10만 명당 102명에서 94명으로 줄어들었다. 이것은 112명 중 8명만이 진단의 혜택을 보았다는 것을 뜻한다. 여덟 명. 다른 사람들은 별 효과도 없는 유방 절제 수술, 방사선 치료, 약물 요법 치료를 받았다.

저자들은 유방 촬영술 검사 기간 동안에 유방암으로 죽은 환자의 수가 분명히 줄어들기는 했지만 감소의 대부분은 조기 진단 때문이 아니라 더 나은 치료 때문이었다고 결론지었다. 또한 유방 촬영술 검사를 시행했던 30년 동안에 10만 명의 여성들이 목숨과 관계없는 유방암을 진단받은 것으로 추정했다. 저자들은 '유방암 검사는 기껏해야 유방암으로 인한 사망률 감소에 적은 효과만 있었다'고 결론지었다.

100여 개국의 사례를 연구한 또 다른 연구도 유방 촬영 검사가 생명을 살린다는 오랜 생각을 의심하게 하고 있다. 연구자들은 나라마다 유방암 검사를 받는 여성의 비율이 다르다는 것을 발견했다. 어떤 나라에서는 40%의 여성들이 유방암 검사를 받고 어떤 나라에서는 60%의 여성들이 유방암 검사를 받는다. 만약 유방 촬영술이 효과가 있다면 더 많은 여성들이 유방암 검사를 받는 나라에서 유방암으로 사망하는 사람들의 비율이 낮아야 한다. 그러나 유방암으로 죽은 비율은 두 나라에서 같았다. 단 하나의 차이는 더 많은 여성들이 유방암 검사를 받는 나라에서 더 많은 여성들이 유방 절제 수술, 방사선 치료, 약물 요법을 받았다는 것이다. 확실한 도움도 받지 못하면서.

이 연구와 다른 연구의 결과로 유방 촬영술에 대한 권고가 변했다. 40세에서 74세 사이의 여성들에게 2년에 한 번씩 유방 촬영 검사를 받도록 했었지만 현재 미국 예방 서비스 태스크 포스에서는 검사 시작 연령을 40세에서 50세로 바꿨다.

암이라고 부르지만 암이 아닌 것이 너무 많다. 그 결과 여성들이 쓸데없는 고통을 겪고 있다.

2015년 2월에 언론인인 크리스티 아쉬반덴Christie Aschwanden이 미국 의학협회 저널에 '나는 왜 유방 촬영 검사를 받지 않기로 했는가?'라는 제목의 사설을 썼다. 아쉬반덴은 이 검사가 다섯 가지 가능한 결과를 가져올 수 있다고 했다.

첫 번째는 '암이라고 의심한 만한 것이 없다'는 것이다. 두 번째는 '다른 검사를 위해 불려가서 암이 아닌 것을 위해 생검과 같은 검사를 받고 걱정으로 잠 못 이루는 밤을 보내는 것'이다. 세 번째는 '유방 촬영 검사를 받지 않았으면 아무 문제가 없었을 암을 발견하는 것이다. 이런 경우에는 유방 촬영 검사로는 위험한 암인지를 구별할 수 없기 때문에 위험하지 않는 암도 '치료'할 수밖에 없다. 네 번째는 '유방 촬영 검사가 매우 공격적이어서 치료가 가능하지 않아 대부분 죽음으로 이어질 암을 발견하는 것이다. 이 경우에는 더 일찍 암을 발견했더라도 결국은 암으로 죽게 될 것이다. 그러나 조기 진단으로 더 오랫동안 암 치료를 받으며 살아야 할 것이다' 다섯 번째는 '유방 촬영 검사를 통해 치료가 가능한 위험한 암을 발견해 생명을 구하는 것이다.'

최근 연구 자료를 이용하여 아쉬반덴은 유방 촬영 검사가 목숨을 구할 확률이 0.16%라고 했다. 그녀는 '유방 촬영 검사는 유방암으로 죽는 것을 방지하기보다는 약물 요법이나 방사선 치료와 같이 내 인생을 어지럽힐 몸에 해로운 치료를 통해 해롭지 않은 암을 '치료'할 가능성이 훨씬 더 크다. 나에게 그것은 더 이상 고려해 볼 필요가 없다'라고 결론지었다.

과학자들이 나쁜 암과 해가 없는 암을 분명하게 구별할 수 있는 유전적이거나 생화학적인 표지를 발견할 때까지는 우리는 암이 아닌 암들을 과잉 진단하고 과잉 치료하는 고통을 계속 받아야 할 것이다. 그리고 실제로는 그렇지 않으면서 우리의 생명을 구했다고 말하고 있을 것이다.

오늘날 매년 약 7만 명의 여성들이 생명을 위협하지 않는 유방암 진단을 받고 있다. 우리의 지나친 조심이 필요 없는 걱정, 불안, 몸을 허약하게 만드는 수술을 유발하고 있다.

### 7. 커튼 뒤에 숨어 있는 작은 사람에 관심을 가져라.

오늘날에는 오즈의 마법사 효과를 바탕으로 의학적이거나 과학적 충고를 하는 사람들을 발견하는 것은 어렵지 않다. 건강 관련 분야의 권위자들은 모두 그들의 화려한 명성이 증거의 부족을 숨겨주기를 바란다. 그리고 그들은 변하는 것을 싫어한다. 커튼 뒤의 사람이 사실은 작은 사람일뿐이라는 것이 밝혀지는 경우에도 그들은 대개 부당하다고 주장한다. 그들의 주장이 틀린 것이 아니라 그들이 지도록 악마가 음모를 꾸몄다고 주장한다.

예를 들면 1998년에 영국의 내과의사 앤드류 웨이크필드Andrew Wakefield가 홍역-볼거리-독일 홍역MMR 백신이 자폐증을 유발한다고 주장했다. 이에 영국의 수천 명의 부모들이 MMR 백신을 맞히지 않았다. 그 결과 수백 명이 병원에 입원했고, 그 중 네 명이 홍역으로 목숨을 잃었다. 공중보건과 대학 공동체에서는 더 많은 연구를 실시했다. 그들이 얻은 결과는 분명하고 일관되었으며 재현 가능했다. MMR 백신이 자폐증을 유발하지 않는다는 것이었다. 앤드류 웨이크필드는 틀렸던 것이다.

웨이크필드가 자신의 가설이 틀릴 수 있다는 것을 인정하는 진정한 과학자였다면 많은 증거들을 살펴보고 한 발 물러났어야 한다. 그러나 그는 그렇게 하지 않았다. 웨이크필드는 어떤 과학자도 가지면 안 되는, 자신의 생각은 절대로 틀릴 수 없다는 가설을 가지고 있었다. 따라서 자신이 MMR이 자폐증을 유발한다고 했으면 그것은 사실이어야 했다. 그래서 그는 자신의 주장이 틀렸다는 것이 밝혀졌을 때 모든 사이비 과학자들이 하는 일을 했다. 그는 다른 연구자들이 자신이 발견한 것을 찾아내지 못하는 것은 그들이 모두 제약 회사들의 영향을 받았기 때문이라고 주장하는 도깨비를 찾아냈다. 웨이크필드는 여러 대륙의 수천 명의 연구자들, 공중보건 담당자들, 학자들, 소아과 의사들이 모두 제약 회사의 주머니 속에 있다고 우리가 믿기를 바랐다. 그런 영향이 없다면 자신의 이론이 틀릴 리가 없다고 주장했다.

라이너스 폴링 역시 마찬가지였다. 비타민 C가 암을 치료할 수 있다는 그의 가설이 뉴잉글랜드 의학 저널에 발표된 두 뛰어난 연구에 의해 부정되었을 때 그는 저널을 고발하겠다고 위협했다. 폴링에 의하면 문제는 그의 주장이 옳지 않은 것이 아니라 (그는 두 개의 노벨상을 받은 라이너스 폴링이었다) 그를 패배시키려는 의학계의 음모였다. 의학계는 수십 년 동안 현금을 확보하게 해준 비싼 화학 치료제를 비타민 C와 같이 값이 싼 제품으로 대체하는 것을 허용하는 데 관심이 없다는 것이다.

만약 웨이크필드와 라이너스 폴링의 가설이 옳았다면 후속 연구들이 그것이 옳다는 것을 보여 주었어야 했다. 잘 설계된 연구가 그들의 주장을 반박하자 그들은 그들이 틀렸다는 것을 발견한 사람들을 공격하는 것을 선택했다. 그들은 훌륭한 변호사들과 같은 행동을 했다. 모든 것이 음모라고 주장한 것이다(법률 격언에는 법률이 당신 편에 있을 때는 법률을 이용하고, 사실이 당신 편에 있을 때는 사실을 이용하지만, 둘 다 당신 편이 아닐 때는 증인을 공격하라는 말이 있다).

연구자들이 음모를 이야기할 때는 그들의 가정이 모래 위에 지어진 집이 아닌지 의심해 보아야 한다. 권위자의 명성을 이용하여 사실이라고 주장하는 말이 호소력이 있을는지는 몰라도 그것이 옳다는 것을 의미하지는 않는다. 수학자로 사이비 과학을 폭로한 노먼 레빗Norman Levitt은 '갈릴레이가 반역자라고 해서 모든 반역자들이 갈릴레이는 아니다'라는 유명한 말을 했다. 그들이 아무리 열심히 당신을 설득하려고 해도 진실을 숨길 수는 없을 것이다.

# 에필로그

역사는 우리가 영원히 수정해야 할 실수이다

사랑과 기술의 황제The Tsar of Love and Techno, 안토니 마라Anthony Marra

판도라의 호기심이 그녀를 이겼을 때 그녀는 금지된 상자를 열어 배고픔, 질병, 아픔, 가난, 범죄, 악의가 세상으로 달아나도록 했다. 하나 남아 있는 것은 희망뿐이었다. 판도라가 상자를 다시 열었을 때 많은 할 일을 가지고 희망이 세상으로 들어갔다.

오늘날 용어는 변했지만 개념은 그대로 남아 있다. 이제는 판도라의 상자에서 달아난 악마들이 흑사병, 세균, 바이러스, 균, 기생충, 독극물, 암, 심장병, 통증과 같은 구체적인 이름으로 불리지만 이 모든 것은 고통을 주고 생명을 단축시킨다. 우리는 과학과 의학의 진보가 제공해주는 더 나은 세상에 대한 희망을 가지고 이런 것들에 대항해서 싸웠다. 이런 악마들을 밀어내기로 한 우리의 선택은 우리가 이들과 전쟁을 해야 한다는 것을 의미한다. 모든 진보는 대가를 지불해야 한다. 우리의 임무는 대가가 너무 크지 않은지를 알아내는 것이었다. 백신, 항생제, 위생 프로그램처럼 그 대가가 크지 않은 경우도 있었다. 그러나 트랜스지방, 전두엽절제 수술, 다량의 비타민의 경우에는 대가가 컸다. 이런 경우에는 대가를 계산하는 것이 쉬웠다. 하지만 아편 제제나 합성비료와 같이 많은 경우에는 계산이 훨씬 더 어렵다. 단기적으로 이익이 되지만 장기적으로는 큰 손해가 될 수도 있다.

결국 우리는 과학을 통해서 더 나은 생활을 하게 될 것이라는 희망을 버리지 않고 있지만 모든 과학적 진보를 조심스럽게 접근해야 하고 눈을 크게 뜨고 있어야 한다. 그리고 우리의 실수로부터 배워야 하고, 더 현명하게 대처해야 한다.

## 감사의 말

나는 이 책을 쓰는 동안 인내를 가지고 기다려 주고 계속적으로 나를 이끌어준 내셔널 지오그래픽의 수잔 타일러 히치콕에게 감사드린다. 원고를 꼼꼼하게 읽어준 루이스 벨, 제프리 베르겔슨, 데이빗 고르스키, 샤롯 모저, 브리안 피셔, 윌 오핏, 보니 오핏, 샐리 사텔, 로라 벨라에게도 감사드린다.

# 참고 문헌


## 전체

Grant, John. *Discarded Science: Ideas That Seemed Good at the Time*. Surrey, England: Facts, Figures & Fun, 2006.

Grant, John. *Corrupted Science: Fraud, Ideology, and Politics in Science*. Surrey, England: Facts, Figures & Fun, 2008.

Grant, John. *Bogus Science: Or, Some People Really Believe These Things*. Surrey, England: Facts, Figures & Fun, 2009.

Livio, M. *Brilliant Blunders: From Darwin to Einstein—olossal Mistakes by Great Scientists That Changed Our Understanding of Life and the Universe*. New York: Simon & Schuster, 2013.

## 신이 만든 약품

Adams, Taite. *Opiate Addiction: The Painkiller Addiction Epidemic, Heroin Addiction and the Way Out*. Petersburg, Florida: Rapid Response Press, 2013.

Anonymous. "Closing Arguments Made in Trial of Doctor in Oxy-Contin Deaths," *New York Times*, February 19, 2002.

Anonymous. "Doctor Given Long Prison Term for 4 Deaths Tied to OxyContin," *New York Times*, March 23, 2002.

Ballantyne, J. C., and J. Mao. "Opioid Therapy for Chronic Pain," *New England Journal of Medicine* 349 (2003): 1943–1953.

Belluck, P. "Methadone, Once the Way Out, Suddenly Grows as a Killer Drug," *New York Times*, February 9, 2003.

Booth, Martin. *Opium: A History*. London: Simon & Schuster, 1996.

Brownstein, M. J. "A Brief History of Opiates, Opioid Peptides, and Opioid Receptors," *Proceedings of the National Academy of Sciences* 90 (1993): 5391–5393.

Califf, R. M., J. Woodcock, and S. Ostroff, "A Proactive Response to Prescription Opioid Abuse," *New England Journal of Medicine* 374 (2016): 1480–1485.

Carise, D., K. L. Dugosh, A. T. McLellan, et al. "Prescription Oxy-Contin Abuse Among Patients Entering Addiction Treatment," *American Journal of Psychiatry* 164 (2007): 1750–1756.

Catan, Thomas, and Evan Perez. "A Pain-Drug Champion Has Second Thoughts," *Wall Street Journal*, December 17, 2012.

Centers for Disease Control and Prevention. "Prescription Painkiller Overdoses in the US," www.cdc.gov/vitalsigns/painkilleroverdoses, 2012.

Centers for Disease Control and Prevention. "CDC Guideline for Prescribing Opioids for Chronic Pain—nited States, 2016," *Morbidity and Mortality Weekly Report* 65 (2016): 1–49.

Cicero, T. J., M. S. Ellis, and H. L. Surratt. "Effect of Abuse-Deterrent Formulation of Oxycontin," *New England Journal of Medicine* 367 (2012): 187–189.

Clines, F. X., and B. Meier. "Cancer Painkillers Pose New Abuse Threat," *New York Times*, February 9, 2001.

Courtwright, David T. Dark Paradise: *A History of Opiate Addiction in America*. Cambridge: Harvard University Press, 2001.

Courtwright, D. T. "Preventing and Treating Narcotic Addiction—Century of Federal Drug Control," *New England Journal of Medicine* 373 (2015): 2095–2097.

Dormandy, Thomas. *Opium: Reality's Dark Dream*. New Haven: Yale University Press, 2012.

Fernandez, Humberto, and Therissa A. Libby. *Heroin: Its History, Pharmacology, and Treatment*. Center City, Minnesota: Hazelden, 2011.

Flascha, Carlo. "On Opium: Its History, Legacy and Cultural Benefits," *Prospect Journal*, May 25, 2011.

Frakt, Austin. "Dealing With Opioid Abuse Would Pay for Itself," *New York Times*, August 4, 2014.

Frankenburg, Frances R. *Brain–Robbers: How Alcohol, Cocaine, Nicotine, and Opiates Have Changed Human History*. Santa Barbara, California: Praeger, 2014.

Frazier, I. "The Antidote," *The New Yorker*, September 8, 2014.

Grattan, A., M. D. Sullivan, K. W. Saunders, et al. "Depression and Prescription Opioid Misuse Among Chronic Opioid Therapy Recipients with No History of Substance Abuse," *Annals of Family Medicine* 10 (2012): 304–311.

Harris, Nancy. *Opiates*. Farmington Hills, Michigan: Greenhaven Press, 2005.

Jayawant, S. S., and R. Balkrishnana. "The Controversy Surrounding OxyContin Abuse: Issues and Solutions," *Therapeutics and Clinical Risk Management* 1 (2005): 77–82.

Katz, D. A., and L. R. Hays. "Adolescent OxyContin Abuse," *Journal of the Academy of Adolescent Psychiatry* 43 (2004): 231–234.

Kolata, G., and S. Cohen. "Drug Overdoses Propel Rise in Mortality Rates in Young Whites," *New York Times*, January 16, 2016.

Meier, B. "Overdoses of Painkiller Are Linked to 282 Deaths," *New York Times*, October 28, 2001.

Meier, B. "At Painkiller Trouble Spot, Signs Seen as Alarming Didn't Alarm Drug's Maker," *New York Times*, December 10, 2001.

Meier, B. "Official Faults Drug Company for Marketing of Its Painkiller," *New York Times*, December 12, 2001.

Meier, B. "Doctor to Face U.S. Charges in Drug Case," *New York Times*, December 23, 2001.

Meier, B. "OxyContin Prescribers Face Charges in Fatal Overdoses," *New York Times*, January 19, 2002.

Meier, B. "A Small-Town Clinic Looms Large as a Top Source of Disputed Painkillers," *New York Times*, February 10, 2002.

Meier, B. "OxyContin Deaths May Top Early Count," *New York Times*, April 15, 2002.

Meier, Barry. Pain Killer: A "*Wonder*" *Drug's Trail of Addiction and Death*. New York: Vook, 2013.

Meier, Barry. *A World Full of Hurt: Fixing Pain Medicine's Biggest Mistake*. New York: The New York Times Company, 2013.

Meldrum, Marcia L. *Opioids and Pain Relief: A Historical Perspective*. Seattle: IASP Press, 2003.

Mundell, E. J. "FDA OK's 'Abuse Deterrent' Label for New Oxycontin," *HealthDay News*, April 16, 2010.

Nicolaou, K. C., and T. Montagnon. *Molecules That Changed the World: A Brief History of the Art and Science of Synthesis and Its Impact on Society*. Weinheim, Germany: Wiley-VCH Verlag GmbH & Co., 2008.

Paulozzi, L., G. Baldwin, G. Franklin, et al. "CDC Grand Rounds: Prescription Drug Overdoses— U.S. Epidemic," *Morbidity and Mortality Weekly Report* 61 (2012): 10–13.

Perrone, M. "U.S. Struggles to Limit Painkillers," *Philadelphia Inquirer*, December 20, 2015.

Poitras, G. "Oxycontin, Prescription Opioid Abuse and Economic Medicalization," *Medicolegal and Bioethics* 2 (2012): 31–43.

Portenoy, R. K., and K. M. Foley. "Chronic Use of Opioid Analgesics in Non-Malignant Pain: Report of 38 Cases," *Pain* 25 (1986): 171–186.

Quinones, Sam. *Dreamland: The True Tale of America's Opiate Epidemic*. New York: Bloomsbury Press, 2015.

Rosenblatt, R. A., and M. Caitlin. "Opioids for Chronic Pain: First Do No Harm," *Annals of Family Medicine* 10 (2012): 300–301.

Rudd, R. A., N. Aleshire, J. E. Zibell, and R. M. Gladden. "Increases in Drug and Opioid Overdose Deaths—nited States, 2000–2014," *Morbidity and Mortality Weekly Report* 64 (2016): 1378–1382.

Tavernese, Sabrina. "C.D.C. Painkiller Guidelines Aim to Reduce Addiction Risk," *New York Times*, March 15, 2016.

van Zee, A. "The Promotion and Marketing of OxyContin: Commercial Triumph, Public Health Tragedy," *American Journal of Public Health* 99 (2009): 221–227.

Volkow, N. D., and A. T. McLellan. "Opioid Abuse in Chronic Pain—isconceptions and Mitigation Strategies," *New England Journal of Medicine* 374 (2016): 1253–1263.

Wikipedia. "Felix Hoffmann," https://en.wikipedia.org/wiki/Felix_Hoffmann.

Zack, I. "Pain in the Asset," *Forbes*, February 5, 2001.

Zweifler, J. A. "Objective Evidence of Severe Disease: Opioid Use in Chronic Pain," *Annals of Family Medicine* 10 (2012): 366–368.

## 마가린의 커다란 실수

Aro, A., A. F. M. Kardinaal, I. Salminen, et al. "Adipose Tissue, Isomeric Trans Fatty Acids, and Risk of Myocardial Infarction in Nine Countries: The EURAMIC Study," *Lancet* 345 (1995): 273–278.

Ascherio, A., C. H. Hennekens, J. E. Buring, et al. "*Trans*-Fatty Acids Intake and Risk of Myocardial Infarction," *Circulation* 89 (1994): 94–101.

Ascherio, A., E. B. Rimm, E. L. Giovannucci, et al. "Dietary Fat and Risk of Coronary Heart Disease in Men: Cohort and Follow Up Study in the United States," *British Medical Journal* 313 (1996): 84–90.

Baylin, A., E. K. Kabagambe, A. Ascherio, et al. "High 18:2 Trans-Fatty Acids in Adipose Tissue Are Associated with Increased Riskof Nonfatal Acute Myocardial Infarction in Costa Rican Adults," *Journal of Nutrition* 133 (2003): 1186–1191.

Clifton, P. M., J. B. Keogh, and M. Noakes. "Trans Fatty Acids in Adipose Tissue and the Food Supply Are Associated with Myocardial Infarction," *Journal of Nutrition* 134 (2004): 874–879.

Cowley, R., D. Gibson, and C. Sewell, "History of Eating in the United States: Margarine Vs. Butter," http://historyofeating.umwblogs.org/butter.

Dijkstra, A. J., R. J. Hamilton, and W. Hamm (eds.). *Trans Fatty Acids*. Oxford: Blackwell Publishing, 2008.

Downs, S. M., A. M. Thow, and S. R. Leeder. "The Effectiveness of Policies for Reducing Dietary Trans Fat: A Systematic Review of the Evidence," *Bulletin of the World Health Organization* 91 (2013): 262–269.

Ferdman, R. A. "The Generational Battle of Butter Vs. Margarine," *Washington Post*, June 17, 2014.

Gorelick, R. "FDA Trans-Fat Ban Threatens Berger Cookies," *Baltimore Sun*, November 22, 2013.

Hallock, B. "Rise and Fall of Trans Fat: A History of Partially Hydrogenated Oil," *Los Angeles Times*, November 7, 2013.

Harvard University School of Public Health, "Shining the Spotlight on Trans Fats," http://hsph.harvard.edu/nutritionsource/transfats/#big_changes.

Hu, F. B., M. J. Stampfer, J. E. Manson, et al. "Dietary Fat Intake and the Risk of Coronary Heart Disease in Women," *New England Journal of Medicine* 337 (1997): 1491–1499.

Katan, M. B., P. L. Zock, and R. P. Mensink. "Trans Fatty Acids and Their Effects on Lipoproteins in Humans," *Annual Reviews of Nutrition* 15 (1995): 473–493.

Khazan, O. "When Trans Fats Were Healthy," *The Atlantic*, November 8, 2013.

Kolata, G. "Mediterranean Diet Shown to Ward Off Heart Attack and Stroke," *New York Times*, February 25, 2013.

Lemaitre, R. N., I. B. King, T. E. Raghunathan, et al. "Cell Membrane *Trans*-Fatty Acids and the Risk of Primary Cardiac Arrest," *Circulation* 105 (2002): 697–701.

Mensink, R. P., P. L. Zock, A. D. M. Kester, and M. B. Katan. "Effects of Dietary Fatty Acids and Carbohydrates on the Ratio of Serum Total to HDL Cholesterol and on Serum Lipids and Apolipoproteins: A Meta-Analysis of 60 Controlled Studies," *American Journal of Clinical Nutrition* 77 (2003): 1146–1155.

Mozaffarian, D., M. B. Katan, A. Ascherio, et al. "Trans Fatty Acids and Cardiovascular Disease," *New England Journal of Medicine* 354 (2006): 1601–1613.

O'Connor, A. "Study Questions Fat and Heart Disease Link," *New York Times*, March 17, 2014.

Oh, D., F. B. Hu, J. E. Manson, et al. "Dietary Fat Intake and Risk of Coronary Heart Disease in Women: 20 Years of Follow-Up of the Nurses Health Study," *American Journal of Epidemiology* 161 (2005): 672–679.

Oomen, C. M., M. C. Ocke, E. J. M. Feskens, et al. "Association Between Trans Fatty Acid Intake and 10-Year Risk of Coronary Heart Disease in the Zutphen Elderly Study: A Prospective, Population-Based Study," *Lancet* 357 (2001): 746–751.

Pietinen, P., A. Ascherio, P. Korhonen, et al. "Intake of Fatty Acids and Risk of Coronary Heart Disease in a Cohort of Finnish Men: the Alpha-Tocopherol, Beta-Carotene Cancer Prevention Study," *American Journal of Epidemiology* 145 (1997): 876–887.

Remig, V., B. Franklin, S. Margolis, et al. "Trans Fats in America: A Review of Their Use, Consumption, Health Implications, and Regulation," *Journal of the American Dietetic Association* 110 (2010): 585–592.

Ross, J. K. "The FDA Wants to Ban Berger Cookies, the World''s Most Delicious Dessert," www.reason.com, November 23, 2013.

Rothstein, William G. *Public Health and the Risk Factor: A History of Uneven Medical Revolution*. Rochester, New York: University of Rochester Press, 2003.

Schleifer, D. "Fear of Frying: A Brief History of Trans Fats," https://nplusonemag.com/online-only/online-only/fear-frying/.

Schleifer, D. "The Perfect Solution: How Trans Fats Became the Healthy Replacement for Saturated Fats," *Technology and Culture* 53 (2012): 94–119.

Shaw, Judith. *Trans Fats: The Hidden Killer in Our Food*. New York: Pocket Books, 2004.

Stampfer, M. J., F. M. Sacks, S. Salvini, et al. "A Prospective Study of Cholesterol, Apolipoproteins, and the Risk of Myocardial Infarction," *New England Journal of Medicine* 325 (1991): 373–381.

Stender, S., and J. Dyerberg. "High Levels of Industrially Produced Trans Fats in Popular Fast Foods," *New England Journal of Medicine* 354 (2006): 1650–1652.

Stender, S., A. Astrup, and J. Dyerberg. "Ruminant and Industrially Produced Trans Fatty Acids: Health Aspects," *Food & Nutrition Research*, March 12, 2008, doi:10.3402/fnr.v52i0.1651.

Taubes, G. "The Soft Science of Dietary Fat," *Science* 291 (2001): 2536–2545.

Thomas, L. H., P. R. Jones, J. A. Winter, and H. Smith. "Hydrogenated Oils and Fats: The Presence of Chemically-Modified Fatty Acids in Human Adipose Tissue," *American Journal of Clinical Nutrition* 34 (1981): 877–886.

United States Food and Drug Administration. "Trans Fat Now Listed with Saturated Fat and Cholesterol," www.fda.gov/Food/Ingredients PackagingLabelling/Nutrition/ucm274590.htm.

van Tol, A., P. L. Zock, T. van Gent, et al. "Dietary *Trans* Fatty Acids Increase Serum Cholesterylester Transfer Protein Activity in Man," *Atherosclerosis* 115 (1995): 129–134.

Whoriskey, P. "The U.S. Government Is Poised to Withdraw Longstanding Warnings About Cholesterol," *Washington Post*, February 10, 2015.

Willett, W. C., M. J. Stampfer, J. E. Manson, et al. "Intake of Trans Fatty Acids and Risk of Coronary Heart Disease Among Women," *Lancet* 341 (1993): 581–585.

### 공기로부터 빵 대신 피를

Charles, Daniel. *Between Genius and Genocide: The Tragedy of Fritz Haber, Father of Chemical Warfare*. London: Jonathan Cape, 2005.

Goran, Morris. *The Story of Fritz Haber*. Norman: University of Oklahoma Press, 1967.

Haber, L. F. *The Poisonous Cloud: Chemical Warfare in the First World War*. Oxford: Clarendon Press, 1986.

Hager, Thomas. *The Alchemy of Air: A Jewish Genius, a Doomed Tycoon, and the Scientific Discovery that Fed the World and Fueled the Rise of Hitler*. New York: Broadway Books, 2008.

Smil, Vaclav. *Enriching the Earth: Fritz Haber, Carl Bosch, and the Transformation of World Food Production*. Cambridge: MIT Press, 2001.

Stern, Fritz. *Dreams and Delusions: The Drama of German History*. New Haven: Yale University Press, 1999.

Stoltzenberg, Dietrich. *Fritz Haber: Chemist, Nobel Laureate, German, Jew*. Philadelphia: Chemical Heritage Press, 2004.

## 미국의 우성 종족

### The Republican Primary

Clement, Scott. "Republicans Embrace Trump's Ban on Muslims While Most Others Reject It," *Washington Post*, December 14, 2015.

Cruz, Ted. "Cruz Immigration Plan," www.tedcruz.org/cruz-immigration-plan.

Haberman, Maggie. "Donald Trump Deflects Withering Fire on Muslim Plan," *New York Times*, December 8, 2015.

Hussain, Murtaza. "Majority of Americans Now Support Donald Trump's Proposed Muslim Ban, Poll Shows," *The Intercept*, March 30, 2016.

Osnos, Evan. "The Fearful and the Frustrated," *The New Yorker*, August 31, 2015.

Savage, Charlie. "Plan to Bar Foreign Muslims by Donald Trump Might Survive a Lawsuit," *New York Times*, December 8, 2015.

Ye Hee Lee, Michelle. "Donald Trump's False Comments Connecting Mexican Immigrants and Crime," *Washington Post*, July 8, 2015.

### Madison Grant and The Passing of the Great Race

Bryson, Bill. *One Summer: America, 1927*. New York: Doubleday, 2013.

Black, Edwin. *War Against the Weak: Eugenics and America's Campaign to Create a Master Race*. Washington, D.C.: Dialogue Press, 2003.

Chesterton, G. K. *Eugenics and Other Evils: An Argument Against the Scientifically Organized State*. Seattle: Inkling Books, 2000.

Cohen, Adam. Imbeciles: *The Supreme Court, American Eugenics, and the Sterilization of Carrie Buck*. New York: Penguin Press, 2016.

Grant, Madison. *The Passing of the Great Race, Or, the Racial Basis of European History*. New York: Charles Scribner's Sons, 1916.

Lagnado, Lucette Matalon, and Sheila Cohn Dekel. *Children of the Flames: Dr. Josef Mengele and the Untold Story of the Twins of Auschwitz*. New York: William Morrow and Company, 1991.

Lombardo, Paul A. *Three Generations, No Imbeciles: Eugenics, the Supreme Court, and* Buck v. Bell. Baltimore: Johns Hopkins University Press, 2008.

Lombardo, Paul A. *A Century of Eugenics in America: From the Indiana Experiment to the Human Genome Project*. Bloomington: Indiana University Press, 2011.

Naftali, Timothy. "Unlike Ike," *New York Times Book Review*, September 26, 2015.

Nourse, Victoria. "When Eugenics Became Law," *Nature* 530 (2016): 418.

Oshinsky, David. "No Justice for the Weak," *New York Times Book Review*, March 20, 2016.

Perl, Gisella. *I Was a Doctor in Auschwitz*. Tamarac, Florida: Yale Garber, 1987.

Posner, Gerald L., and John Ware. *Mengele: The Complete Story*. New York: Cooper Square Press, 1986.

Spiro, Jonathan Peter. *Defending the Master Race: Conservation, Eugenics, and the Legacy of Madison Grant*. Burlington: University of Vermont Press, 2009.

### 마음 뒤집기

Braslow, Joel. *Mental Ills and Bodily Cures: Psychiatric Treatment in the First Half of the Twentieth Century*. Berkeley: University of California Press, 1997.

Connett, David. "Autism: Potentially Lethal Bleach 'Cure' Feared to Have Spread to Britain," *The Independent*, November 23, 2015.

Dully, Howard, and Charles Fleming. *My Lobotomy*. New York: Three Rivers Press, 2007.

El-Hai, Jack. *The Lobotomist: A Maverick Medical Genius and His Tragic Quest to Rid the World of Mental Illness*. Hoboken: John Wiley & Sons, 2005.

Freeman, W., and J. W. Watts. "Prefrontal Lobotomy: The Surgical Relief of Mental Pain," *Bulletin of the New York Academy of Medicine* 18 (1942): 794–812.

Fuster, Joaquin M. *The Prefrontal Cortex: Fourth Edition*. San Diego: Academic Press, 2008.

Grimes, D. R. "Autism: How Unorthodox Treatments Can Exploit the Vulnerable," *The Guardian*, July 15, 2015.

Johnson, J. *American Lobotomy: A Rhetorical History*. Ann Arbor: University of Michigan Press, 2014.

Kent, Deborah. *Snake Pits, Talking Cures, & Magic Bullets: A History of Mental Illness*. Brookfield, Connecticut: Twenty-First Century Books, 2003.

Larson, Kate Clifford. *Rosemary: The Hidden Kennedy Daughter*. New York: Houghton Mifflin Harcourt, 2015.

Lynn, G., and E. Davey. "'Miracle Autism Cure' Seller Exposed by BBC Investigation," *BBC News*, London, June 11, 2015.

Miller, Bruce L., and Jeffrey L. Cummings (eds.). *The Human Frontal Lobes: Functions and Disorders: Second Edition*. New York: The Guilford Press, 2007.

Miller, M. E. "The Mysterious Death of a Doctor Who Peddled Autism "Cures' to Thousands," *Washington Post*, July 16, 2015.

Momsense (blog). "The Miracle Mineral Solution Sham and What You Can Do About It," www.itsmomsense.com/mms-sham.

Nasaw, David. *The Patriarch: The Remarkable Life and Turbulent Times of Joseph P. Kennedy*. New York: Penguin Press, 2012.

Newitz, A., "The Strange, Sad History of the Lobotomy," http://io9.com/5787430/the-strange-sad-history-of-the-lobotomy.

Partridge, Maurice. *Pre–Frontal Leucotomy*. Oxford: Blackwell Scientific Publications, 1950.

Pressman, Jack D. *Last Resort: Psychosurgery and the Limits of Medicine*. Cambridge: Cambridge University Press, 1998.

Raz, Mical. *The Lobotomy Letters: The Making of American Psychosurgery*. Rochester: The University of Rochester Press, 2013.

Shorter, Edward. *A History of Psychiatry: From the Era of the Asylum to the Age of Prozac*. New York: John Wiley & Sons, 1997.

Shutts, David. *Lobotomy: Resort to the Knife*. New York: Van Norstrand Reinhold, 1982.

Valenstein, Elliot S. *Great and Desperate Cures: The Rise and Decline of Psychosurgery and Other Radical Treatments for Mental Illness*. CreateSpace Independent Publishing Platform, 2010.

Whitaker, R. *Mad in America: Bad Science, Bad Medicine, and the Enduring Mistreatment of the Mentally Ill*. New York: Basic Books, 2002.

Willingham, E. "Here"s Why Authorities Searched the Offices of Controversial Autism Doctor Bradstreet," *Forbes*, July 9, 2015.

## 모기 해방 전선

Allen, Arthur. *The Fantastic Laboratory of Dr. Weigl: How Two Brave Scientists Battled Typhus and Sabotaged the Nazis*. New York: W. W. Norton, 2014.

Carson, Rachel. *The Sea Around Us*. New York: Oxford University Press, 1950.

Carson, Rachel. *The Edge of the Sea*. New York: Houghton Mifflin, 1955.

Carson, Rachel. *Silent Spring*. New York: Houghton Mifflin, 1962.

Carson, Rachel. *The Sense of Wonder*. New York: Harper & Row Publishers, 1965.

Darrell, Ed. "Setting the Record Straight on Rachel Carson, Malaria, and DDT," Millard Fillmore"s Bathtub (blog), https://timpanogos.wordpress.com/2007/06/19/setting-the-record-straight-on-rachel-carson-malaria-and-ddt, June 19, 2007.

Driessen, Paul. *Eco–Imperialism: Green Power, Black Death*. Bellevue, Washington: Free Enterprise Press, 2003.

Dunlap, Thomas R. *DDT, Silent Spring, and the Rise of Environmentalism: Classic Texts*. Seattle: University of Washington Press, 2008.

Kinkela, David. *DDT & the American Century: Global Health, Environmental Politics, and the Pesticide that Changed the World*. Chapel Hill: The University of North Carolina Press, 2011.

Kudlinski, Kathleen V. *Rachel Carson: Pioneer of Ecology*. New York: Puffin Books, 1988.

Lawlor, Laurie. *Rachel Carson and Her Book That Changed the World*. New York: Holiday House, 2012.

Lear, Linda. *Rachel Carson: Witness for Nature*. New York: Houghton Mifflin Harcourt, 1997.

Lear, Linda. *Lost Woods: The Discovered Writing of Rachel Carson*. Boston: Beacon Press, 1998.

Lytle, Mark Hamilton. *The Gentle Subversive: Rachel Carson, Silent Spring, and the Rise of the Environmental Movement*. New York: Oxford University Press, 2007.

Meiners, Roger, Pierre Desrochers, and Andrew Morriss (eds.). *Silent Spring at 50: The False Crisis of Rachel Carson*. Washington, D.C.: Cato Institute, 2012.

Musil, Robert K. *Rachel Carson and Her Sisters: Extraordinary Women Who Have Shaped America"s Environment*. New Brunswick, New Jersey: Rutgers University Press, 2014.

Oreskes, Naomi, and Erik K. Conway. *Merchants of Doubt: How a Handful of Scientists Obscured the Truth on Issues from Tobacco Smoke to Global Warming*. New York: Bloomsbury Press, 2010.

Pearson, Gwen. "DDT, Junk Science, Malaria, and Insecticide Resistance," https://membracid.wordpress.com/2007/06/13/ddt-malaria -insecticide-resistance, June 13, 2007.

Pearson, Gwen. "Setting the Record Straight on Rachel Carson," https://membracid.wordpress.com/2007/06/25/setting-the-record -straight-on-rachel-carson, June 25, 2007.

Roberts, Donald, Richard Tren, Roger Bate, and Jennifer Zambone. *The Excellent Powder: DDT's Political and Scientific History*. Indianapolis: Dog Ear Publishing, 2010.

Souder, William. *On a Farther Shore: The Life and Legacy of Rachel Carson*. New York: Broadway Books, 2012.

Strickman, Daniel, Stephen P. Frances, and Mustapha Debboun. *Prevention of Bug Bites, Stings, and Disease*. New York: Oxford University Press, 2009.

## 노벨상 질병

### Linus Pauling

Goertzel, Ted, and Ben Goertzel. *Linus Pauling: A Life in Science and Politics*. New York: Basic Books, 1995.

Hager, Thomas. *Force of Nature: The Life of Linus Pauling*. New York: Simon & Schuster, 1995.

Hager, Thomas. *Linus Pauling and the Chemistry of Life*. Oxford: Oxford University Press, 1998.

Marinacci, Barbara (ed.). *Linus Pauling in His Own Words: Selections from His Writings, Speeches, and Interviews*. New York: Simon & Schuster, 1995.

Mead, Clifford, and Thomas Hager (eds.). *Linus Pauling: Scientist and Peacemaker*. Corvallis: Oregon State University Press, 2001.

Newton, David E. *Linus Pauling: Scientist and Advocate*. New York: Facts on File, 1994.

Offit, Paul. *Do You Believe in Magic? The Sense and Nonsense of Alternative Medicine*. New York: HarperCollins, 2013.

Pauling, Linus. *Vitamin C and the Common Cold*. San Francisco: W. H. Freeman and Company, 1970.

Pauling, Linus. *Vitamin C, the Common Cold, and the Flu*. San Francisco: W. H. Freeman and Company, 1976.

Pauling, Linus, and Ewan Cameron (eds.). *Cancer and Vitamin C: A Discussion of the Nature, Causes, Prevention, and Treatment of Cancer with Special Reference to the Value of Vitamin C*. Philadelphia: Camino Books, 1979 (updated 1993).

Pauling, Linus. *How to Live Longer and Feel Better*. Corvallis: Oregon State University Press, 1986.

Price, Catherine. *Vitamania: Our Obsessive Quest for Nutritional Perfection*. New York: Penguin Press, 2015.

Serafini, Anthony. *Linus Pauling: A Man and His Science*. Lincoln, Nebraska: Paragon House Publishers, 1989.

Sherrow, Victoria. *Linus Pauling: Investigating the Magic Within*. Austin: Raintree Steck-Vaughn Publishers, 1997.

Valiunas, A. "The Man Who Thought of Everything," *The New Atlantis*, Spring 2015.

### Peter Duesberg

Cohen, J. "The Duesberg Phenomenon," *Science* 266 (1994): 1642–1644.

Cohen, J. "Duesberg and Critics Agree: Hemophilia Is the Best Test," *Science* 266 (1994): 1645–1646.

Cohen, J. "Fulfilling Koch"s Postulates," *Science* 266 (1994): 1647.

Cohen, J. "Could Drugs, Rather Than a Virus, Be the Cause of AIDS?" *Science* 266 (1994): 1648–1649.

Kalichman, Seth. *Denying AIDS: Conspiracy Theories, Pseudoscience, and Human Tragedy*. New York: Copernicus Books, 2009.

Nattrass, Nicoli. *The AIDS Conspiracy: Science Fights Back*. New York: Columbia University Press, 2012.

### Luc Montagnier

Butler, D. "Trial Draws Fire," *Nature* 468 (2010): 743.

Enserink, M. "French Nobelist Escapes "Intellectual Terror" to Pursue Radical Ideas in China," *Science* 330 (2010): 1732.

Gorski, D. "Luc Montagnier: The Nobel Disease Strikes Again," http://scienceblogs.com/insolence/2010/11/23/luc-montagnier-the-nobel-disease-strikes, November 23, 2010.

Gorski, D. "The Nobel Disease Meets DNA Teleportation and Homeopathy," http://scienceblogs.com/?s=the+nobel+prize+meets+dna+teleportation, January 14, 2011.

Gorski, D. "Luc Montagnier and the Nobel Disease," June 4, 2012, http://www.sciencebasedmedicine.org/luc-montagnier-and-the-nobel-disease.

Montagnier, L. "Autism: The Microbial Track," www.autismone.org/content/keynote-microbial-track.

Salzberg, S. "Nobel Laureate Joins Anti-Vaccination Crowd at Autism One," *Forbes*, May 27, 2012.

Ullman, D. "Luc Montagnier, Nobel Prize Winner, Takes Homeopathy Seriously," *Huffington Post*, January 30, 2011.

## 과거로부터 배우기

### MMR Vaccine and Autism

Chen, R.T., and F. DeStefano. "Vaccine Adverse Events: Causal or Coincidental?" *Lancet* 351 (1998): 611–612.

Dales, L., S. J. Hammer, and N. J. Smith, "Time Trends in Autism and in MMR Immunization Coverage in California," *Journal of the American Medical Association* 285 (2001): 1183–1185.

Davis, R. L., P. Kramarz, K. Bohlke, et al. "Measles-Mumps-Rubella and Other Measles-Containing Vaccines Do Not Increase the Risk for Inflammatory Bowel Disease: a Case-Control Study from the Vaccine Safety Datalink Project," *Archives of Pediatric Adolescent Medicine* 155 (2001): 354–359.

DeStefano, F., and W. W. Thompson. "MMR Vaccine and Autism: an Update of the Scientific Evidence," *Expert Review of Vaccines* 3 (2004): 19–22.

DeStefano, F., T. K. Bhasin, W. W. Thompson, et al. "Age at First Measles-Mumps-Rubella Vaccination in Children with Autism and School-Matched Control Subjects: a Population-Based Study in Metropolitan Atlanta," *Pediatrics* 113 (2004): 259–266.

Farrington, C. P., E. Miller, and B. Taylor. "MMR and Autism: Further Evidence Against a Causal Association," *Vaccine* 19 (2001): 3632–3635.

Fombonne, E., and S. Chakrabarti. "No Evidence for a New Variant of Measles-Mumps-Rubella-Induced Autism," *Pediatrics* 108 (2001): E58.

Honda, H., Y. Shimizu, and M. Rutter, "No Effect of MMR Withdrawal on the Incidence of Autism: a Total Population Study," *Journal of Child Psychology* and Psychiatry 4 (2005): 572–579.

Kaye, J. A., M. Mar Melero-Montes, and H. Jick, "Mumps, Measles, and Rubella Vaccine and the Incidence of Autism Recorded by General Practitioners: a Time Trend Analysis," *British Medical Journal* 322 (2001): 460–463.

Madsen, K. M., and M. Vestergaard. "MMR Vaccination and Autism: What Is the Evidence for a Causal Association?" *Drug Safety* 27 (2004): 831–840.

Miller, E. "Measles-Mumps-Rubella Vaccine and the Development of Autism," *Seminars in Pediatric Infectious Diseases* 14 (2003): 199–206.

Public Health Laboratory Service. "Measles Outbreak in London," *Communicable Diseases Report Weekly* 12 (2002): 1.

Stratton, K., A. Gable, and P. M. M. Shetty. "Measles-Mumps-Rubella Vaccine and Autism," Institute of Medicine, Immunization Safety Review Committee. Washington, D.C.: National Academies Press, 2001.

Taylor, B., E. Miller, C. P. Farrington, et al. "Autism and Measles, Mumps, and Rubella Vaccine: No Epidemiological Evidence for a Causal Association," *Lancet* 353 (1999): 2026–2029.

Taylor, B., E. Miller, R. Lingam, et al. "Measles, Mumps, and Rubella Vaccination and Bowel Problems or Developmental Regression in hildren with Autism: a Population Study," *British Medical Journal* 324 (2002): 393–396.

Wakefield, A. J., S. H. Murch, A. Anthony, et al. "Ileal- Lymphoid-Nodular Hyperplasia, Non-Specific Colitis, and Pervasive Developmental Disorder in Children," *Lancet* 351 (1998): 637–641(retracted).

Weiss, S. "Eat Dirt—he Hygiene Hypothesis and Allergic Diseases," *New England Journal of Medicine* 347 (2002): 390–391.

Wilson K., E. Mills, C. Ross, et al. "Association of Autistic Spectrum Disorder and the Measles, Mumps, and Rubella Vaccine: a Systematic Review of Current Epidemiological Evidence," *Archives of Pediatric and Adolescent Medicine* 157 (2003): 628–634.

## Thimerosal

Andrews, N., E. Miller, A. Grant, et al. "Thimerosal Exposure in Infants and Developmental Disorders: a Retrospective Cohort Study in the United Kingdom Does Not Show a Causal Association," *Pediatrics* 114 (2004): 584–591.

Centers for Disease Control and Prevention. "Thimerosal in Vaccines: a Joint Statement of the American Academy of Pediatrics and the Public Health Service," *Morbidity and Mortality Weekly Report* 48 (1999): 563–565.

Centers for Disease Control and Prevention. "Recommendations Regarding the Use of Vaccines that Contain Thimerosal as a Preservative," *Morbidity and Mortality Weekly Report* 48 (1999): 996–998.

Clark, S. J., M. D. Cabana, T. Malik, et al. "Hepatitis B Vaccination Practices in Hospital Newborn Nurseries Before and After Changes in Vaccination Recommendations," *Archives of Pediatric Adolescent Medicine* 155 (2001): 915–920.

Fombonne, E., R. Zakarian, A. Bennett, et al. "Pervasive Developmental Disorders in Montreal, Quebec, Canada: Prevalence and Links with Immunization," *Pediatrics* 118 (2006): 139–150.

Gundacker, C., B. Pietschnig, K. J. Wittmann, et al. "Lead and Mercury in Breast Milk," *Pediatrics* 110 (2002): 873–878.

Heron, J., J. Golding, and the ALSPAC Study Team. "Thimerosal Exposure in Infants and Developmental Disorders: a Prospective Cohort Study in the United Kingdom Does Not Show a Causal Association," *Pediatrics* 114 (2004): 577–583.

Hviid, A., M. Stellfeld, J. Wohlfahrt, et al. "Association Between Thimerosal-Containing Vaccine and Autism," *Journal of the American Medical Association* 290 (2003): 1763–1766.

Institute of Medicine (US) Immunization Safety Review Committee, D. Stratton, A. Gable, and M. C. McCormick (eds.). *Immunization Safety Review: Thimerosal–Containing Vaccines and Neurodevelopmental Disorders*. Washington, D.C.: National Academies Press, 2001.

Marsh, D. O., T. W. Clarkson, C. Cox, et al. "Fetal Methylmercury Poisoning: Relationship Between Concentration in Single Strands of Maternal Hair and Child Effects," *Archives of Neurology* 44 (1987): 1017–1022.

Nelson, K. B., and M. L. Bauman. "Thimerosal and Autism?" *Pediatrics* 111 (2003): 664–79.

Parker, S. K., B. Schwartz, J. Todd, et al. "Thimerosal-Containing Vaccines and Autistic Spectrum Disorder: a Critical Review of Published Original Data," *Pediatrics* 114 (2004): 793–804.

Thompson, W. W., C. Price, B. Goodson, et al. "Early Thimerosal Exposure and Neuropsychological Outcomes at 7 to 10 Years," *New England Journal of Medicine* 357 (2007): 1281–1292.

Verstraeten, T., R. L. Davis, F. DeStefano, et al. "Safety of Thimerosal-Containing Vaccines: a Two-Phased Study of Computerized Health Maintenance Organization Databases," *Pediatrics* 112 (2003): 1039–1048.

## E-cigarettes

American Academy of Pediatrics. "Electronic Nicotine Delivery Systems," *Pediatrics* 136 (2015): 1018–1026.

Brown, J., E. Beard, D. Kotz, et al. "Real-World Effectiveness of E- Cigarettes When Used to Aid Smoking Cessation: A Cross-Sectional Population Study," *Addiction* 109 (2014): 1531–1540.

Clarke, T. "Youth E-Cigarette Data Prompts Call to Speed Regulation," Reuters, April 18, 2015.

Davidson, L. "Vaping Takes Off as E-Cigarettes Break Through $6BN," *Telegraph*, June 23, 2015.

Farsalinos, K. E., and R. Poisa. "Safety Evaluation and Risk Assessment of Electronic Cigarettes as Tobacco Cigarette Substitutes: A Systematic Review," *Therapeutic Advances in Drug Safety* 5 (2014): 67–86.

Friedman, A. S. "How Does Electronic Cigarette Access Affect Adolescent Smoking?" *Journal of Health Economics*, October 19, 2015, doi:10.1016/j.healeco.2015.10.003.

Green, S. H., R. Bayer, and A. L. Fairchild. "Evidence, Policy, and E-Cigarettes—ill England Reframe the Debate," *New England Journal of Medicine* 374 (2016): 1301–1303.

Haelle, T. "Teen Vaping Triples: E-Cigarettes, Hookahs Threaten Drop in Teen Tobacco Use," *Forbes*, April 17, 2015.

Haelle, T. "E-Cigarettes Benefit Public Health If Used to Replace Smoking, Say British Doctors," *Forbes*, April 28, 2016.

Herzog, B. "Will Electronic Cigarettes Pass Combustible Cigarette Sales Within the Next 10 Years," www.breatheic.com/blog/will-electronic-cigarette-pass-combustible-cigarette-sales-within-the-next-10-years-2/.

Jamal, A., I. T. Israel, E. O"Connor, et al. "Current Cigarette Smoking Among Adults—nited States, 2005–013," *Morbidity and Mortality Weekly Report* 63 (2014): 1108–1112.

Jamal, A. J., D. M. Homa, E. O"Connor, et al. "Current Cigarette Smoking Among Adults—nited States, 2005–2014," *Morbidity and Mortality Weekly Report* 64 (2015): 1235–1240.

Klein, J. D. "Electronic Cigarettes Are Another Route to Nicotine Addiction for Youth," *Journal of the American Medical Association Pediatrics*, September 8, 2015, doi:10.1001/jamapediatrics.2015.1929.

McNeill, A. B., C. R. Hitchman, P. Hajek, and H. McRobbie. *E–Cigarettes: An Evidence Update, A Report Commissioned by Public Health England.* Public Health England, August 2015.

Nitzkin, J. "E-Cigarettes: A Life Saving Technology or a Way for Tobacco Companies to Re-Normalize Smoking in American Society," *The Food and Drug Law Institute* 4 (2014): 1–17.

Nitzkin, J. "Understanding the Crusade Against E-Cigarettes," rstreet.org, November 23, 2015.

Nocera, J. "Is Vaping Worse Than Smoking?" *New York Times*, January 27, 2015.

Satel, S. "What's Driving the War on E-Cigarettes?" National Review, June 1, 2015.

Satel, S. "The Year in E-Cigarettes: The Good, the Bad, the Reason for Optimism," *Forbes*, December 31, 2015.

## Bisphenol A

Groopman, J. "The Plastic Panic: How Worried Should We Be About Everyday Chemicals," *The New Yorker*, May 31, 2010.

Hall, H. "Phthalates and BPA: Of Mice and Men," Science-Based Medicine, December 13, 2011.

Hengstler, J. G., H. Foth, T. Gebel, et al. "Critical Evaluation of Key Evidence on the Human Health Hazards of Exposure to Bisphenol A," *Critical Reviews in Toxicology* 41 (2011): 263–291.

Hinterthuer, A. "Just How Harmful Are Bisphenol A Plastics?" *Scientific American*, September 2008.

Kennedy, L. "Bisphenol A Is Harmless," The Skeptics Society Forum, March 11, 2013.

## Cancer Screening

Ablin, R. J. "The Great Prostate Mistake," *New York Times*, March 9, 2010.

Ahn, H. S., H. J. Kim, and H. G. Welch. "Korea"s Thyroid Cancer "Epidemic"—creening and Overdiagnosis," *New England Journal of Medicine* 371 (2014): 1765–1767.

Ahn, H. S., and H. G. Welch. "South Korea"s Thyroid Cancer "Epidemic"—urning the Tide," *New England Journal of Medicine* 373 (2015): 2389–2390.

Ashwanden, C. "Why I"m Opting Out of Mammography," *Journal of the American Medical Association Internal Medicine* 175 (2015): 164–165.

Bangma, C. H., S. Roemeling, and F. H. Schroder. "Overdiagnosis and Overtreatment of Early Detected Prostate Cancer," *World Journal of Urology* 25 (2007): 3–9.

Bernstein, Lenny. "After New Guidelines, U.S. Sees Sharp Decline in Prostate Cancer Screenings—nd Diagnoses," *Washington Post*, November 17, 2015.

Bleyer, A., and H. G. Welch, "Effect of Three Decades of Screening Mammography on Breast-Cancer Incidence," *New England Journal of Medicine* 367 (2012): 1998–2005.

Elmore, J. G., and R. Etzioni. "Effect of Screening Mammography on Cancer Incidence and Mortality," *Journal of the American Medical Association Internal Medicine* 175 (2015): 1490–1491.

Esserman, L., Y. Shieh, and I. Thompson. "Rethinking Screening for Breast Cancer and Prostate Cancer," *Journal of the American Medical Association* 302 (2009): 1685–1692.

Etzioni, R., D. F. Penson, J. M. Legler, et al. "Overdiagnosis Due to Prostate-Specific Antigen Screening: Lessons from U.S. Prostate Cancer Incidence Trends," *Journal of the National Cancer Institute* 94 (2002): 981–990.

Garas, G., A. Qureishi, F. Palazzo, et al. "Should We Be Operating on All Thyroid Cancers?" Paper presented at the Fifth Congress of the International Federation of Head and Neck Oncological Societies, July 26–0, 2014, New York, Abstract P0085.

Gawande, A. "Overkill: An Avalanche of Unnecessary Medical Care Is Harming Patients Physically and Financially. What Can We Do About It?" *The New Yorker*, May 11, 2015.

Grady, Denise. "Early Prostate Cancer Cases Fall Along with Screening," *New York Times*, November 17, 2015.

Hafner, Katie. "A Breast Cancer Surgeon Who Keeps Challenging the Status Quo," *New York Times*, September 28, 2015.

Harding, C., F. Pompei, D. Burmistrov, et al. "Breast Cancer Screening, Incidence, and Mortality Across US Counties," *Journal of the American Medical Association Internal Medicine* 175 (2015): 1483–1489.

Kaplan, K. "Screening Mammograms Don"t Prevent Breast Cancer Deaths," *Los Angeles Times*, July 6, 2015.

Kolata, G. "Study Points to Overdiagnosis of Thyroid Cancer," *New York Times*, November 5, 2014.

Kolata, G. "It"s Not Cancer: Doctors Reclassify a Thyroid Tumor," *New York Times*, April 14, 2016.

Lee, J-H, and S. W. Shin. "Overdiagnosis and Screening of Thyroid Cancer in Korea," *Lancet* 384 (2014): 1848.

McCullough, M. "When Mammograms Are More Harm Than Help," *Philadelphia Inquirer*, July 12, 2015.

Moyer, V. A., on behalf of the U.S. Preventive Services Task Force. "Screening for Prostate Cancer: U.S. Preventive Services Task Force Recommendation Statement," *Annals of Internal Medicine* 157 (2012): 120–134.

Narod, S. A., J. Iqbal, V. Giannakeas, et al. "Breast Cancer Mortality After a Diagnosis of Ductal Carcinoma In Situ," *Journal of the American Medical Association Oncology*, August 20, 2015.

Penson, D. "The Pendulum of Prostate Cancer Screening," *Journal of the American Medical Association* 314 (2015): 2031–2033.

Rapaport, L. "Less Frequent Cancer Screenings Possible for Many People, Doctor Says," Reuters, May 18, 2015.

Sammon, J. D., F. Abdollah, T. K. Choueiri, et al. "Prostate-Specific Antigen Screening After 2012 US Preventive Services Task Force Recommendation," *Journal of the American Medical Association* 314 (2015): 2077–2079.

Shute, N. "Overdiagnosis Could Be Behind Jump in Thyroid Cancer Cases," National Public Radio, February 21, 2014.

Shute, N. "More Mammograms May Not Always Mean Fewer Cancer Deaths," National Public Radio, July 7, 2015.

Tanner, L. "Less Prostate Cancer and Screening After New Guidance," Associated Press, November 17, 2015.

Volmer, R. T. "Revisiting Overdiagnosis and Fatality in Thyroid Cancer," *American Journal of Clinical Pathology* 141 (2014): 128–132.

Welch, H. G., and W. C. Black. "Overdiagnosis in Cancer," *Journal of the National Cancer Institute* 102 (2009): 605–613.

Welch, H. G., and P. C. Albertson. "Prostate Cancer Diagnosis and Treatment After the Introduction of Prostate-Specific Antigen Screening: 1986–2005," *Journal of the National Cancer Institute* 101 (2009): 1325–1329.

Welch, H. G., D. H. Gorski, and P. C. Albertson. "Trends in Metastatic Breast and Prostate Cancer—essons in Cancer Dynamics," *New England Journal of Medicine* 373 (2015): 1685–1687.

## Genetically Modified Organisms

Ewen, S. W., and A. Pusztai. "Effect of Diets Containing Genetically Modified Potatoes Expressing *Galanthu nivalis* Lectin on Rat Small Intestine," *Lancet* 354 (1999): 1353–1354.

Flam, F. "Defying Science and Common Sense, New York Bill Would Ban GMOs in Vaccines," *Forbes*, February 26, 2015.

Klumper W., and M. Qaim. "A Meta-Analysis of the Impacts of Genetically Modified Crops," *PLOS One* 9 (2014): 1–7.

Novella, S. "No Health Risks from GMOs," *Skeptical Inquirer*, July/August, 2014.

# 찾아 보기